品 質 管 制

口 林 成 益 / 著

Quality Control

自　序

　　品質管制的觀念及技能是現代人所必須具備的知識，尤其，目前企業已進入全面品質管理的時代，不瞭解品質管制的觀念及技能，更難以配合企業全面品質管理工作的推行，這將形成企業推行全面品質管理工作的障礙，如此，勢必為企業所淘汰，故學習品管的知識與觀念，是每個職場工作者與即將離開校園的莘莘學子，正面臨的重要課題。

　　本書是針對大專院校學生的品管課程內容，加以蒐集、整理、彙編而成，共分為十一章，除了品質管制觀念的介紹外，尚有品質管制的技能與手法，如管制圖之製作與研判、抽樣計劃、QC 七大手法、新 QC 七大手法，可靠度工程概論，田口式品質工程等內容，適合大專院校品管科目一學期的課程，本書除了考量有志於從事品質管制工作所需的技能外，在每章節中，附有範題，以及每章節末，附有習題及歷屆試題，以提供有志於繼續深造的莘莘學子，作為升學複習之用，盼能對其在升學與就業上有所助益。

　　筆者雖竭盡所能，努力撰寫與校正，然疏漏在所難免，尚祈國內先進、教授學者，不吝批評指正，不勝感激。

林成益　謹識

目　錄

第 一 章

品質管制的基本概念

品質管制的意義

　　在今日科技發展一日千里的時代，產品的更新與汰換是日以繼夜不斷進行，品質的優劣是促使企業不斷求新求變的動力，再加上消費意識的提昇，消費者對品質的認同更加刺激企業的競爭，在優勝劣敗的競爭規則下，企業界無不卯足全力，以最低成本製造出最佳的品質，以求獲得消費者的青睞，也由於社會型態的逐漸轉變，產品的品質已不再是針對製造業的有形產品而言，亦包括了服務業的無形的服務。

　　因此，品質的觀念，已存在各行各業之中，品質亦成為各企業每天追求的目標，身處於今日社會的我們，實在有必要對品質的觀念加以瞭解，方不致於在此發展快速的社會中，慘遭淘汰。

品質的意義

　　品質的好壞，除了製造廠商的認可外，尚須考量消費者的認同與感受，所以，對於產品品質的定義，必須分別以生產者及消費者的觀點來加以界定，若以消費者的角度來說，品質可定義為「能滿足消費者之需求及期待之產品，是適當的品質，而不一定是最好的品質」，因為產品除了品質好以外，尚須考慮成本問題，生產最佳的品質，但因成本太高，致使市場消費者不認同而不予以購買，故品質與售價是必須兼顧的，而若以生產者的角度來說，品質可定義為「在現有的生產技術，製造能力及獲取合理的利潤下，生產出消費者所滿意的品質」，此滿意的品質亦是消費者以目前售價及其相對之產品品質，兩相權衡之下，所得到的一個最適品質。

針對品質的意義，在生產者方面，有所謂「設計品質」與「製造品質」的考量，所謂的「設計品質」，是指生產者在推出產品之前，考量產品的售價及其生產成本，以求得產品的利潤最大化，在利潤最大化的產品品質為設計品質，而所謂的「製造品質」是指在同一預定的品質水準下所製造的產品，品質未必相同，或多或少將產生不良品，為了加強產品品質的一致性，必須針對製程加以檢驗，加強管理措施，如此成本因不良品數減少而降低，但因管理費用增加而提高，故最佳的製造品質強調在品質總成本最低時的品質。

　　除了以上品質的意義外，世界各國知名的品管專家，都曾對品質下過定義，茲舉出較具代表性的定義，分述如下：

　　1.品質是適合使用的。
　　2.品質是消費者認可條件下最好的狀況。
　　3.品質是可使買方滿意的程度。
　　4.品質是產品出廠後對社會所造成的損失。

品質管制的意義

　　不管是製造業的有形產品或服務業的無形服務，這些產品品質都可能因某些因素而產生變異，這些產生變異的因素有很多，費根堡博士（Dr.Feigenbaum）曾提出影響品質因素的10M，即人員（Men）、機器（Machine）、材料（Materials）、方法（Method）、管理（Managemenet）、士氣（Morale）、激勵（Motivation）、錢（Money）、行銷（Market）、其他（Miscellaneous），這些因素都足以使產品品質發生變異，而品質管制的工作就是要針對這些變異加以防止並剔除，其管制的工作有一定的步驟，如費根堡博士認為的管制措施為：

訂立品質標準→評估現況$\xrightarrow[標準]{超出}$矯正行動

戴明博士（Dr.Deming）所提的 PDCA 管制循環爲：

計劃(Plan)→執行(Do)→檢查(Check)→修正行動(Action)

裘蘭博士（Dr.Juran）所提出的品質管制三部曲

品質規劃→品質控制→品質改善

　　這些管制步驟，皆是爲提昇品質所必須採用的方法，因此，品質管制的意義就是「依生產計劃製造符合規定的產品，並使產品在生產過程中，達到當初所預定的品質標準，所使用的一系列活動或方法」。

品質管制的演進

　　費根堡博士（Dr.Feigenbaum）曾在他所著的《全面品質管制》一書中，將品質管制自製造工作開始時至1980年分爲五個階段。此外，目前品管作業演進，尚有人提出自動適應的品質管制階段，茲分別敘述如下：

　　第一階段爲操作員品管（Operator Quality Control）此階段爲自製造工作開始至1900年，操作工人必須自行製造並管制其製品的品質。

　　第二階段爲領班品管（Foreman Quality Control）此階段，由於工廠型態的建立，大多數工人集中在一起從事同類性質之工作，由一個領班負責管理、監督，並擔任品管工作。

　　第三階段爲檢驗員品管（Inspection Quality

Control） 此階段由於工廠規模愈趨於龐大，領班已無法兼顧品管工作，乃設置檢驗員從事品管工作，故此階段已開始實施抽樣檢驗，且已有管制圖的出現。

第四階段為統計品管階段（Statistical Quality Control） 此階段乃將統計方法、理論應用於品質管制上，在此階段產生了 Dodge－Roming 抽樣計劃表及 MIL－STD－105抽樣計劃表。

第五階段為全面品管（Total Quality Control） 此階段的品質管制工作已由過去傳統工業中只由製造或品管部門負責品管工作，擴及到研究發展設計、物料管理、製程管制、銷售服務、品質保證等與品質有關之各部門及人員，亦即全體員工都應共同參與品質管制工作，此觀念首先由費根堡博士所倡導。

第六階段為自動適應品管（Automatic Adaptive Quality Control） 此階段由1980年至今，由於此時期的電腦設備及網路普及，可利用這些資訊設備，來製造或檢測產品品質是否發生變異，其觀念與全面品管無多大差異，只不過是利用資訊設備來實施全面品管的各項工作。

全面品質管制

費根堡博士主張擴大品質管制的作業範圍，以品質機能為考量重心，將工廠內各項活動整合，使成為一個完整系統來進行品管工作，至此，品管工作已不再單指檢驗工作，而是一種協調、管理的工作，各部門經由協調、相互配合，人人參與品管工作，才能提昇品質。因此，費根堡的全面品質管制（Total Quality

Control，TQC）乃是包含了設計管制、進料管制、製程管制、成品管制、銷售服務以及品質保證等各項活動，由各部門、各階層的每一位員工，均負起品質好壞的責任，扮演不同的品管角色。因此，全面品管所強調的品管，不再是只針對產品品質而言，尚須包括成本、交貨期以及售後服務，如此，才能全面提昇產品的品質，創造最高的利益。

　　費氏當初所提出的全面品管是主張由具有品管專業知識的人員，進行推動與執行的工作，各部門均設置品管專家指導各部門品管工作，各部門人員只要遵從品管專家所擬訂的程序，按部就班的進行，即可做好品管工作，但是，往往在品管專家與作業人員意見不同時，常會形成對立的情況，且各部門設置品管專家並採用直線式組織由上至下的溝通模式，也往往造成各部門溝通協調的不良，品質管制的工作也因此無法順利進行。日本在1960年代引進了全面品質管制的理念，但在做法上稍加改變，除了公司各部門全員參與品管工作外，並強調人性化的因素，注重員工、顧客及廠商之間的滿意度，並建立品管圈，由各部門成員相互討論來解決問題以代替品管專家的完全主導，因此，日本的全面品管經過改良之後成效頗佳，特稱爲全公司品質管制（Company Wide Quality Control，CWQC）

品質稽核與品質保證

　　品質管制稽核（Quality Control Audit，Q.C.A），乃指自成品檢驗後至消費者使用前，由產品中抽取樣本，以顧客的角度，進行產品檢驗，以判定產品性能是否符合當初的預定標準以及顧客的需要，以此作爲公司整個品管、政策、計劃推行以及產

品品質的診斷工作，其主要目的是要促使各單位能加強品質管制，並使公司內部主管人員能徹底瞭解產品出廠品質，並確保品質保證的有效落實。

品質保證（Quality Assurance，QA）

　　石川馨博士曾說「品質保證是生產者與消費者間有關品質的一種約束或契約」，生產產品的廠商對於售出的產品品質具有社會道義責任，以及受法律的約束，如此，消費者在購買產品時，才得以受到保障，而廠商所提供的品質保證，是一項無形資產，是一項商譽，對公司品質形象的提昇，具有決定性的影響。而品質保證的範圍則從產品完成，到售出後的各項有關品質的活動，包括有：

　　1.品質稽核。
　　2.顧客抱怨分析。
　　3.售後服務。
　　4.市場品質的追蹤及分析。
　　5.消費者對品質的滿意度報告。

品質組織

　　管理的工作，必須在健全的組織架構下運行，才能達到實際的功效，品管的工作，亦須有專責的部門或機構來推動，才能發揮品質管制的效能，因此，公司內部應建立正式品質管制組織，來推展各項品質管制工作，並負責傳遞各項品質資訊給相關人員，對所產生的品管問題，採取必要的改善措施，為了使品管工作能順利進行，品管單位不宜附屬於生產或製造單位，應獨立自

成一單位，才能有超然的立場，進行品質之改善（圖1-1）爲品質管制組織，品管課爲一獨立單位，廠長下設置品管委員會，專責各部門品管事務之協調。

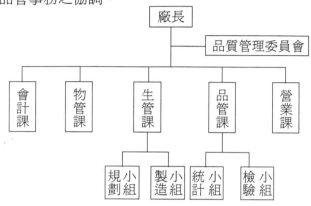

圖1-1　品質管制組織

除了以上所述之正式品質管制組織外，公司內部亦可在各部門成立其他品管組織，如品管圈、品管小組、品管專案團隊等，針對現場所面臨的各項品管問題，經由現場成員互相討論，尋求解決問題的方法，或者將問題彙總，交由統籌規劃整個公司的品管單位來解決，如此，公司的整個品管問題，才能透過各種品管組織加以發覺，加以改善，以達到提昇品質的目標。

品質成本

費根堡博士在《全面品質管制》一書中對品質成本所作的定義爲：「爲求達到與維持某種品質水準而支出的一切成本及因不能達到該水準而發生的損失成本，統稱爲品質成本（Quality Cost）」由此可知，爲促使品質達到標準所花的一切費用，均可

列入品質成本，品質成本可分為四大類：

預防成本（Prevention Costs）

此項成本是為了防止不良品發生所支出的費用，包括：

1.品管計劃，制度之設計費用。

2.品管教育訓練費用。

3.製程研究分析費用。

4.檢驗設備之設計發展費用。

5.召開品管會議費用。

6.新產品之檢驗費用。

鑑定成本（Appraisal Costs）

此項成本是為維持既定的品質標準，而進行評估鑑定所支出的費用包括：

1.進料檢驗、製程檢驗及成品檢驗所花的費用。

2.檢驗材料及人工費用。

3.檢驗設備之折舊及維護費用。

4.品質稽核成本。

內部失敗成本（Internal Failure Costs）

此項成本是在產品未交給顧客前，因不能達到公司之品質規格標準所產生不良品而導致的費用，包括：

1.不良品之報廢費用。

2.不良品之重置加工費用。

3.不良品所造成之衝擊、協調等管理費用。

4.分析不良品原因所支出之費用。

5.因發生不良品而使設備閒置之成本。

外部失敗成本（External Failure Costs）

此項成本是指產品到達顧客手中，因不能達到品質規格要求所產生的費用，包括：

1. 售後服務成本。
2. 退貨及重置成本。
3. 商譽損失成本。
4. 抱怨處理費用

費根堡針對美國各工業之統計，認爲預防成本約佔品質成本的5%，鑑定成本25%，失敗成本70%，由此可知大多數的品質成本，均耗費在不良品的剔除與修護上，屬於事後補救所花的成本，未來應針對此品質成本結構加以適度調整，提高預防成本，作好事前預防，可降低其他三種成本，至於要提高多少，並無一致的定論。預防與鑑定成本兩者可加以控制，故合稱「自由裁量的成本」（Discretionary Costs）而兩種失敗成本則無法控制，合稱爲「結果的成本」（Consequential Costs），自由裁量的成本隨著品質的提昇有逐漸增加的趨勢，而結果的成本，因品質的提昇而逐漸下降，因此最適的品質成本結構在兩者成本總合最低之處，如（圖1-2）所示：

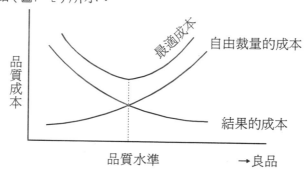

圖1-2　品質成本結構

另外，在 D.E.Mogan 與 W.G.Ireson 所創的「最佳成本的品質改進系統」（Quality Improvement Through Cost Optimization System，QUICO，System）中亦將品質成本分為可控制的成本（Controllable Costs）與結果的成本（Resultant Costs），與前述之品質成本意義幾近相同。

習題

1. 最佳的設計品質是在　(A)成本最低　(B)利潤最小　(C)成本最高　(D)利潤最大　時的品質水準。

2. 依據品質管制演進的階段，在操作工人的品管階段後（第一階段）即進入那一階段　(A)領班品管階段　(B)檢驗員品管階段　(C)統計品管階段　(D)全面品管階段。

3. PDCA 管制循環中的 C 代表　(A)成本　(B)溝通　(C)檢查　(D)便利。

4. 最先提倡全面品管的是　(A)石川馨　(B)蕭華特　(C)費根堡　(D)亨利福特。

5. 最佳的製造品質是在　(A)總成本最低　(B)總利潤最大　(C)總成本最高　(D)總利潤最小　之處。

6. 品質計劃應由何人來推動才能確保成功　(A)品管經理　(B)生管人員　(C)公司最高主管　(D)品質工程師。

7. 在品質成本中，增加何項成本，可使其他二項成本降低　(A)失敗成本　(B)預防成本　(C)鑑定成本　(D)以上皆非。

8. 下列何者應歸入外部失敗成本　(A)工具維修保養成本　(B)重作修理成本　(C)處理顧客抱怨及售後服務成本　(D)以上皆非。

9. 產品稽核應屬於那一類成本　(A)預防成本　(B)鑑定成本　(C)內

部失敗成本　(D)外部失敗成本。

10.下列何者屬於品質成本中之預防成本　(A)品質教育訓練成本　(B)品質規劃所耗費之成本　(C)品質工程擬定之成本　(D)以上皆是。

11.下列何者屬於品質成本中之內部失敗成本　(A)重新檢驗　(B)報廢品　(C)重加工　(D)以上皆是。

12.下列何者不屬於品質成本中之外部失敗成本　(A)產品責任　(B)訴怨處理　(C)退回品再製　(D)失敗分析。

13.內部失敗成本資料的最佳來源是　(A)人工及材料成本　(B)銷售報告　(C)營收預算報告　(D)退回的材料報告。

14.衡量出廠產品品質最重要應以何人觀點來看產品績效　(A)檢驗者　(B)消費者　(C)生產者　(D)銷售者。

15.品質稽核計劃中，何者為最弱的一環　(A)稽核報告　(B)缺乏稽核人員　(C)校正行動及跟催　(D)稽核頻率。

16.下列何者可判定品質成本不適當　(A)預防成本等於鑑定成本　(B)品質成本佔銷售額之15％　(C)鑑定成本等於失敗成本　(D)沒有一定規則。

17.建立品質計劃時，最重要且最首要的步驟為　(A)決定製程能力　(B)決定消費者需求　(C)確認品質預算　(D)以上皆非。

18.新產品試作之製造及試驗費用，應歸入　(A)預防成本　(B)失敗成本　(C)鑑定成本　(D)以上皆可。

19.委託外面機構校正、修理、試驗之費用，應歸入　(A)預防成本　(B)鑑定成本　(C)失敗成本　(D)以上皆是。

20.造成品質低劣最根本原因為　(A)機械老舊　(B)作業員散漫　(C)高階主管不重視品質　(D)品檢人員無效率。

21.何謂品質？

22.試說明戴明的 PDCA 管制循環？

23.品質管制的發展過程可分為那些階段？

24.何謂全面品質管制（TQC）？與 CWQC 有何不同？

25.何謂品質保證與產品責任？

26.何謂品質成本？可分為那些成本？

27.Quico System 中將品質分成那些成本？

歷屆試題

1.要提高產品品質： (A)與設計無關，但要加強製造過程的品質管制，特別是統計性的品管 (B)與政策無關，但要加強設計與製造二個階段的品管 (C)與消費者無關，但要遵照公司政策，加強設計與製造二個階段的品管 (D)以上三種說法都不完全正確。

2.正字標記係由： (A)商品檢驗局 (B)中央標準局 (C)國貿局 (D)消基會所頒發。

3.取捨式量規（Go – No go Gage）可以用來： (A)精確測定產品的尺寸大小 (B)測定產品尺寸超過標準尺寸多少 (C)測定產品尺寸是否在規定容差（Tolerance）之內 (D)以上皆非。

4.品質管制工作者的工資適於： (A)以件計酬 (B)按工作時間計酬 (C)月薪並按月產量發獎金 (D)月薪並採利潤中心（Profit Center）分紅式的獎金制。

5.產品到 UL（Underwriter's Laboratories）機構去驗證，所發生的費用應列入： (A)外部失敗成本 (B)鑑定成本 (C)預防成本 (D)內部失敗成本 (E)以上四者都不是。

6.在解決品質問題而考慮到人的動機時，最重要的是要認識到： (A)每一個人都有慾望 (B)每人動機與品質問題無關 (C)每一個

人都有不同的需要層次　(D)每一個人都有基本的需要。

7. 當我們在規劃品質管制功能時，下列那一項最與生產有「品質的產品」有關：　(A)製程能力分析與製程管制　(B)適當的藍圖　(C)有明確的允差　(D)產品稽核。

8. 當品質達到目標，公司發放員工品質績效獎金，此獎金屬品質成本中的　(A)預防成本　(B)鑑定成本　(C)內部失敗成本　(D)外部失敗成本。

9. 品質管制有兩項重要的基本任務，一是瞭解本廠的製造能力，一是積極設法維持製程中產品品質均勻，有些專家常使用不同的辭彙來表達這兩項基本任務，下述何者最為恰當　(A)先知己再求知彼　(B)製造中心和規格中心　(C)生產管制和品質管制　(D)確立標準和維持標準。

10. 下列各人員中，以訓練發起品質管制的專案改善工作，成功的機會比較大　(A)具有合格證書的品管工程師　(B)訂定有合約者　(C)公司或機構的決策者　(D)有經驗的品管經理。

11. 經理人員所需要知道有關產品使用狀況的出廠品質（AOQ）下列人員中以何者的評量意見最重要　(A)顧客　(B)出廠前的檢驗員　(C)市場調查員　(D)競爭對手。

12. 下列各項工作中，那一項為建立品質成本系統的第一個步驟？　(A)品質成本的識別與歸類　(B)品質成本的蒐集　(C)品質成本的分析　(D)品質成本的分攤。

13. 在一個生產改善專案，有關品質管制的改善對策部分中，如果就我們所彙整的品質成本加以分析，一般而言，在初期通常我們會看到的現象是　(A)預防成本增加鑑定成本減少　(B)鑑定成本增加，至於預防成本，則有些微的改變　(C)降低內部失敗成本　(D)降低全部品質成本。

第 二 章

常用之機率分配

集合論概述

在說明機率分配之前，必須先要瞭解機率的概念，而機率理論是建立在集合論上，因此，在進行探討本章機率分配之前，應先對集合論作一些介紹：集合是一群特定事物的組合，例如，某學年度參加聯考的學生，擲一公正骰子可能出現的點數等，若 A 表示此骰子出現點數的集合，則 A＝{1,2,3,4,5,6}，若 B 表示出現點數字偶數的集合，則 B＝{2,4,6}，若 C 表示出現點數為奇數的集合，則 C＝{1,3,5}，B 集合與 C 集合均為 A 集合中元素所構成的集合，稱 A 為全集合，而 B 集合與 C 集合稱為 A 的部分集合或子集合，而 B 集合與 C 集合並無相同的元素，則兩集合中所有元素適為 A 集合中的所有元素，因此 B 集合與 C 集合互為餘集合，可記為 B＝C′或 C＝B′，而 A 集合為 B 集合和 C 集合的組合，稱為聯集，記為 A＝B∪C，B 集合與 C 集合，無共同元素，則交集為空集合，記為 B∩C＝φ。

機率概論

機率（Probability）一詞是日常生活中常聽到的用語，例如：「這次期末考及格的機會相當大」，或是氣象報告說「明天台北下雨的機會很高」，這些敘述都是對未來某事件提出預測，隱含著不確定性的結論，可提供未來行事之參考，在介紹機率的定義之前，先介紹一些與機率有關的名詞。

試行（Trial）

對於不確定性的事進行一次實驗，稱爲試行，例如，擲一顆骰子，抽一張牌，所出現的數字等。

隨機實驗（Random Experiment）

對一項實驗重複進行很多次，其實際發生的結果，並不能事先確定，只能對所有可能結果預先描述，這樣的實驗，含有不確定性，稱爲隨機實驗，例如：投藍球是否命中？事先無法預知。

樣本點（Sample Point）

在試行實驗中，所有可能出現的結果，稱爲樣本點。

樣本空間（Sample Space）

在隨機實驗中，所有可能出現結果的元素所構成的集合，稱爲樣本空間。

事件（Event）

樣本空間中的子集合，稱爲事件，例如擲骰子出現奇數點的事件，爲 $\{1,3,5\}$，又如擲一正常銅幣兩次，以 H 爲正面，T 爲反面，則出現兩次正面的事件爲 $\{HH\}$。

由以上之說明：機率可定義爲在一隨機實驗中，A 事件所發生的次數 N 與所有可能發生之事件的總次數 S 的比值，稱之爲 A 事件發生的機率，記爲 $P(A)$，則 $P(A) = \dfrac{N}{S}$，例如擲一正常銅幣兩次，出現0次正面、1次正面及兩次正面的機率，分別爲 $P(0次正面) = \dfrac{1}{4}$，$P(1次正面) = \dfrac{2}{4} = \dfrac{1}{2}$，$P(兩次正面) = \dfrac{1}{4}$

〈範題〉擲一公正骰子一次，試求：

(1)樣本空間

(2)出現奇數點的事件及機率

(3)出現點數小於或等於3的事件及機率

〈解〉(1)樣本空間（S）為＝｛1，2，3，4，5，6｝

(2)出現奇數點的事件（A）＝｛1,3,5｝

$P(A) = \frac{3}{6} = \frac{1}{2}$

(3)出現點數小於或等於3的事件（B）＝｛1,2,3｝

$P(B) = \frac{3}{6} = \frac{1}{2}$

隨機變數

　　所謂隨機變數（Random Variable）是指定義於樣本空間的一個實數函數，隨機是指隨機實驗，變數是指樣本點中的一個分類標準，一般以 x, y, z 表示，例如擲一公正銅幣兩次，出現的樣本點有（正、正）、（正、反）、（反、正）、（反、反）四種，若以 x 代表出現正面的次數，則 x 即為一個分類標準，而 X 可能的值稱為變量 x。則變量 x＝0，1，2（因出現正面，可能0次，1次，2次）如（圖2-1），隨機變數一般依其數據的性質可分為兩類，茲分別說明如下：

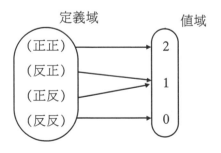

定義域　　　　　　　　值域

圖2-1

間斷隨機變數（Discrete Random Variable）

若隨機變數 X 之值域為有限集合或無限集合但可計數者，則稱 X 為間斷隨機變數或離散隨機變數，例如 X 表每天通過高速公路收費站的車輛數。

連續隨機變數（Continuouo Random Variable）

若隨機變數 X 之值域為不可數集合，則稱 X 為連續隨機變數，例如：某電子零件的壽命。

由隨機變數，各變量中所出現的次數，可找出相對應的機率值，可分別按這些數值大小順序加以表列或以函數 f（x）來表示隨機變數所有可能數值，及所對應之機率，則此函數 f（x）稱為隨機變數 X 的機率分配或機率密度函數（Probability Density function, pdf）而依照隨機變數種類不同亦可分為兩類：

間斷機率分配

將間斷隨機變數 X 及其變量 x 所對應的機率 P（X = x）之關係列表表示或以函數 f（x）= P（X = x）表示，如下表所示，稱為間斷機率分配或機率質點函數（Probability Mass Function, pmf）。

X	$X_1, X_2 \cdots X_n$	合計
P（X = x）	$f（x_1）, f（x_2）\cdots f（x_n）$	1

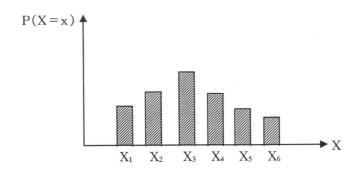

間斷機率分配 f（x）必須同時滿足下列條件：

(1) $0 \leq f(x_i) \leq 1$ $i = 1 \cdots n$

(2) $\sum_{i=1}^{n} f(x_i) = 1$

〈範題〉有50片玻璃經檢測出其表面上之瑕疵數如下表，試列出其機率分配？

瑕疵數	0	2	3	5
玻璃數量	20	15	10	5

〈解〉x：表玻璃片上瑕疵個數

x	0	2	3	5	合計
f（x）	$\dfrac{20}{50}$	$\dfrac{15}{50}$	$\dfrac{10}{50}$	$\dfrac{5}{50}$	1

每一個 f（x）值皆介於0～1之間

且 f（x_i）值的總合為1

滿足機率密度函數的條件

連續機率分配

將連續隨機變數 X 及其數量 x 之新對應的機率 P（X＝x）

以機率函數 f（x）表示，且 f（x）函數面積下的曲線為1，即為機率總和，而介於 a,b 兩數值之間的機率為 $\int_a^b f（x）dx$，則稱 f（x）為連續機率分配或機率密度函數（Probability Density Function, pdf）。

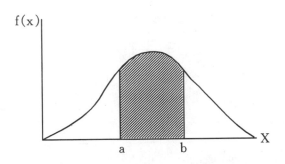

連續機率分配 f（x）必須同時滿足下列條件

(1) $0 \leq f（x_i）\leq 1$ $i = 1 \cdots n$

(2) $\int_{-\infty}^{\infty} f（x）dx = 1$ $-\infty < X < \infty$

〈範題〉假設一個電視映像管的壽命為 x，此壽命長度之機率密度函數為：

$$f（x）= \begin{cases} Ke^{-\frac{x}{4}} & x \geq 0 \\ 0 & \text{其他} \end{cases}$$

求①k 值？

②此映像管可以連續使用2年到3年的機率？

〈解〉① $\int_0^\infty Ke^{-\frac{x}{4}}dx = 1$ （∵機率總和為1）

$= K（-4）\int_0^\infty -\frac{1}{4}e^{-\frac{x}{4}}dx = 1$

$= K（-4）e^{-\frac{x}{4}}\big|_0^\infty = 1$

$$= k (-4) (e^{-\frac{\infty}{4}} - e^{-\frac{0}{4}}) = 1$$

$$= k (-4) (-1) = 1$$

$$= 4k = 1, \ k = \frac{1}{4}$$

②$P (2 \leq x \leq 3) = \int_{2}^{3} \frac{1}{4} e^{-\frac{x}{4}} dx$

$$= -e^{-\frac{x}{4}} \Big|_{2}^{3}$$

$$= e^{-\frac{2}{4}} - e^{-\frac{3}{4}}$$

$$= 0.6065 - 0.4723$$

$$= 0.1342$$

期望值與變異數

期望值（Expected Value）

隨機變數 x 的機率密度函數為 f（x），X 為其變量，則期望值為變量 X 之所有可能觀測值與其對應機率的乘積和，以 E（X）表示，可視為一種加權平均數，其權數為機率值，因此 E（X）常被稱為 X 之機率分配的平均數，即 E（X）＝μ，期望值的定義公式如下：

$$E (x) = \begin{cases} \sum xf (x) & \text{當 x 為離散隨機變數} \\ \int_{-\infty}^{\infty} xf (x) \, dx & \text{當 x 為連續隨機變數} \end{cases}$$

〈範題〉擲一正常銅板兩次，隨機變數 x 表示出現正面的個數，試求出現正面個數的期望值？

〈解〉

x	0	1	2
f（x）	$\frac{1}{4}$	$\frac{1}{2}$	$\frac{1}{4}$

$$E（x）=\sum xf（x）=0\times\frac{1}{4}+1\times\frac{1}{2}+2\times\frac{1}{4}=1$$

〈範題〉$f（x）=\begin{cases}3x & 2<x<4\\0 & 其他\end{cases}$

試求期望值 E（x）

〈解〉
$$E（x）=\int_{-\infty}^{\infty}f（x）dx=\int_{2}^{4}x（3x）dx$$
$$=\int_{2}^{4}3x^2dx=\frac{3x^3}{3}\Big|_{2}^{4}$$
$$=56$$

變異數（Variance）

隨機變數 X 的機率密度函數為 f（x），變量為 x，期望值為 E（X），則變異數為 $E〔x-E（x）〕^2=E（x-\mu）^2=E（x）^2-〔E（x）〕^2$ 以 V（x）或 σ^2 表示，其定義公式為：

$$V（X）=\begin{cases}\sum（x-\mu）^2f（x） & 當 x 為離散隨機變數\\\int_{-\infty}^{\infty}（x-\mu）^2f（x）dx & 當 x 為連續隨機變數\end{cases}$$

〈範題〉擲一銅板三次，隨機變數 X 表示出現正面的次數，試求

①E（x）？②V（x）？

〈解〉

x	0	1	2	3
f（x）	$\frac{1}{8}$	$\frac{3}{8}$	$\frac{3}{8}$	$\frac{1}{8}$

①E（x）$=\sum xf（x）$

$$= 0 \times \frac{1}{8} + 1 \times \frac{3}{8} + 2 \times \frac{3}{8} + 3 \times \frac{1}{8}$$

$$= 1.5$$

②$V（x）= \sum（x-u）^2 f（x）$

$$（0-1.5）^2 \times \frac{1}{8} +（1-1.5）^2 \times \frac{3}{8} +（2-1.$$

$$5）^2 \times \frac{3}{8} +（3-1.5）^2 \times \frac{1}{8}$$

$$= 2（\frac{（1.5）^{-2}}{8} + \frac{3（0.5）^2}{8}）$$

$$= 2 \times 0.375$$

$$= 0.75$$

另解 $V（x）= E（x^2）-〔E（x）〕^2$

$$= 0^2 \times \frac{1}{8} + 1^2 \times \frac{3}{8} + 2^2 \times \frac{3}{8} + 3^2 \times \frac{1}{8} -（1.5）^2$$

$$= 3 -（1.5）^2$$

$$= 0.75$$

〈範題〉設連續隨機變數 X 的機率密度函數為

$$f（x）= \begin{cases} 2x & 0 < x < 1 \\ 0 & 其他 \end{cases}$$ 　　試求①E（X）？②V（X）？

〈解〉①$E（x）= \int_{-\infty}^{\infty} xf（x）dx = \int_0^1 x（2x）dx = \int_0^1 2x^2 dx$

$$= \frac{2}{3} x^3 \big|_0^1 = \frac{2}{3}$$

②$V（x）= E（x^2）-〔E（x）〕^2$

$$= \int_0^1 x^2（2x）dx -（\frac{2}{3}）^2$$

$$= \int_0^1 2x^3 dx -（\frac{2}{3}）^2$$

$$= \frac{2}{4} x^4 \big|_0^1 -（\frac{2}{3}）^2$$

$$= \frac{2}{4} - \frac{4}{9} = \frac{2}{36} = \frac{1}{18}$$

期望值與變異數之性質

(1)設 C 為常數，則 C 之期望數 $E(C) = C$

(2)設 C 為常數，則 C 之變異數 $V(C) = 0$

(3)設 a 為一常數，x 為一隨機變數，則 $E(ax) = aE(x)$

(4)設 a 為一常數，x 為一隨機變數，則 $V(ax) = a^2V(X)$

(5)設 a,b 為任何實數，$E(ax+b) = aE(x) + b$

(6)設 a,b 為任何實數，$V(ax+b) = a^2V(x)$

〈範題〉由前述之範題得知擲一銅板三次，出現正面次數之期望值 $E(X) = 1.5$，$V(X) = 0.75$，試求①$E(2X+3)$？②$V(2X+2)$？

〈解〉
$$
\begin{aligned}
①E(2x+3) &= 2E(x) + 3\\
&= 2(1.5) + 3\\
&= 6\\
②V(2X+2) &= 2^2V(X)\\
&= 4(0.75)\\
&= 3
\end{aligned}
$$

常用之機率分配型態

　　統計學家觀察自然界及社會現象，並經過不斷的試驗，建立了一些機率分配，而這些機率分配可用來描述所有可能出現情況之機率，因此，可利用這些得到的統計資料，應用在品質管制的工作上，藉以管制品質，防止變異發生，本節所介紹之機率分配型態，依數據的性質，分為兩類，茲分別說明如下：

間斷機率分配

此機率分配之統計資料為計數值資料，可用於產品不合格數或缺點數之統計，一般常用的間斷機率分配有：

二項分配（Binomial Distribution）。

超幾何分配（Hypergeometrial Distribution）。

卜瓦松分配（Poisson Distribution）。

連續機率分配

此機率分配之統計資料為計量值資料，可用於產品重量、直徑、尺寸等資料之統計，一般常用的連續機率分配有：

常態分配（Normal Distribution）。

指數分配（Exponential Distribution）。

二項分配　在一項重複隨機的試驗中，每次試驗的結果只有「成功」與「失敗」兩種，此兩種結果互為互斥，例如，投籃球一次可能投中與不中，其中只有一種會發生，這種試驗稱為伯努利試驗（Bernoulli trials），若將此試驗進行 n 次，每次試驗相互獨立，且每次成功的機率 P 固定，則可定義二項分配為在 n 次的伯努利試驗中，出現 X 次成功之機率為：

$$f(x) = C_x^n p^x q^{n-x} \qquad x = 0, 1, 2 \cdots\cdots n$$

其中 $C_x^n = \dfrac{n!}{x!\,(n-x)!}$　 $q = 1 - p$, n 與 p 為母數

此分配之期望值為 $E(x) = np$

變異數為 $V(x) = n \cdot p \cdot q$

〈範題〉某工廠生產的產品批中，含有10％的不良品，今自該批抽取5個加以檢驗，試問：

①5個中沒有不良品之機率。

②若5個中，含有2個或2個以上不良品，即拒收，則此批
產品被允收之機率爲何？

〈解〉X：代表不良品的個數

①$f(x=0)=C_0^5(0.1)^0(0.9)^5=0.59$

②$f(x<2)=f(x=0)+f(x=1)$

$$=C_0^5(0.1)^0(0.9)^5+C_1^5(0.1)^1(0.9)^4$$

$$=0.59+0.328$$

$$=0.918$$

∴被允收之機率爲0.918

以上之機率均可查（表2-1）而得：

表2-1　二項分配值 $P(X\leq c)=\sum_{x=0}^{c}\binom{n}{x}P^x(1-p)^{n-x}$

n	c	.05	.10	.20	.30	.40	.50	.60	.70	.80	.90
n=1	0	.950	.900	.800	.700	.600	.500	.400	.300	.200	.100
	1	1.000	1.000	1.000	1.000	1.000	1.000	1.000	1.000	1.000	1.000
n=2	0	.902	.810	.640	.490	.360	.250	.160	.090	.040	.010
	1	.997	.990	.960	.910	.840	.750	.640	.510	.360	.190
	2	1.000	1.000	1.000	1.000	1.000	1.000	1.000	1.000	1.000	1.000
n=3	0	.857	.729	.512	.343	.216	.125	.064	.027	.008	.001
	1	.993	.972	.896	.784	.648	.500	.352	.216	.104	.028
	2	1.000	.999	.992	.973	.936	.875	.784	.657	.488	.271
	3	1.000	1.000	1.000	1.000	1.000	1.000	1.000	1.000	1.000	1.000
n=4	0	.815	.656	.410	.240	.130	.063	.026	.008	.002	.000
	1	.986	.948	.819	.652	.475	.313	.179	.084	.027	.004
	2	1.000	.996	.973	.916	.821	.688	.525	.348	.181	.052
	3	1.000	1.000	.998	.992	.974	.938	.870	.760	.590	.344
	4	1.000	1.000	1.000	1.000	1.000	1.000	1.000	1.000	1.000	1.000
n=5	0	.774	.590	.328	.168	.078	.031	.010	.002	.000	.000
	1	.977	.919	.737	.528	.337	.188	.087	.031	.007	.000

n	c \ p	P									
		.05	.10	.20	.30	.40	.50	.60	.70	.80	.90
	2	.999	.991	.942	.837	.683	.500	.317	.163	.058	.009
	3	1.000	1.000	.993	.969	.913	.813	.663	.472	.263	.081
	4	1.000	1.000	1.000	.998	.990	.969	.922	.832	.672	.410
	5	1.000	1.000	1.000	1.000	1.000	1.000	1.000	1.000	1.000	1.000
n＝6	0	.735	.531	.262	.118	.047	.016	.004	.001	.000	.000
	1	.967	.886	.655	.420	.233	.109	.041	.011	.002	.000
	2	.998	.984	.901	.744	.544	.344	.179	.070	.017	.001
	3	1.000	.999	.983	.930	.821	.656	.456	.256	.099	.016
	4	1.000	1.000	.998	.989	.959	.891	.767	.580	.345	.114
	5	1.000	1.000	1.000	.999	.996	.984	.953	.882	.738	.469
	6	1.000	1.000	1.000	1.000	1.000	1.000	1.000	1.000	1.000	1.000
n＝7	0	.698	.478	.210	.082	.028	.008	.002	.000	.000	.000
	1	.956	.850	.577	.329	.159	.063	.019	.004	.000	.000
	2	.996	.974	.852	.647	.420	.227	.096	.029	.005	.000
	3	1.000	.997	.967	.874	.710	.500	.290	.126	.033	.003
	4	1.000	1.000	.995	.971	.904	.773	.580	.353	.148	.026
	5	1.000	1.000	1.000	.996	.981	.938	.841	.671	.423	.150
	6	1.000	1.000	1.000	1.000	.998	.992	.972	.918	.790	.522
	7	1.000	1.000	1.000	1.000	1.000	1.000	1.000	1.000	1.000	1.000
n＝8	0	.663	.430	.168	.058	.017	.004	.001	.000	.000	.000
	1	.943	.813	.503	.255	.106	.035	.009	.001	.000	.000
	2	.994	.962	.797	.552	.315	.145	.050	.011	.001	.000
	3	1.000	.995	.944	.806	.594	.363	.174	.058	.010	.000
	4	1.000	1.000	.990	.942	.826	.637	.406	.194	.056	.005
	5	1.000	1.000	1.000	.999	.991	.965	.894	.745	.497	.187
	6	1.000	1.000	1.000	.999	.991	.965	.894	.745	.497	.187
	7	1.000	1.000	1.000	1.000	.999	.996	.983	.942	.832	.570
	8	1.000	1.000	1.000	1.000	1.000	1.000	1.000	1.000	1.000	1.000
n＝9	0	.630	.387	.134	.040	.010	.002	.000	.000	.000	.000
	1	.929	.775	.436	.196	.071	.020	.004	.000	.000	.000
	2	.992	.947	.738	.463	.232	.090	.025	.004	.000	.000
	3	.999	.992	.914	.730	.483	.254	.099	.025	.003	.000
	4	1.000	.999	.980	.901	.733	.500	.267	.099	.020	.001
	5	1.000	1.000	.997	.975	.901	.746	.517	.270	.086	.008
	6	1.000	1.000	1.000	.996	.975	.910	.768	.537	.262	.053
	7	1.000	1.000	1.000	1.000	.996	.980	.929	.804	.564	.225
	8	1.000	1.000	10000	1.000	1.000	.998	.990	.960	.866	.613
	9	1.000	1.000	1.000	1.000	1.000	1.000	1.000	1.000	1.000	1.000
n＝10	0	.599	.349	.107	.028	.006	.001	.000	.000	.000	.000
	1	.914	.736	.376	.149	.046	.011	.002	.000	.000	.000
	2	.988	.930	.678	.383	.167	.055	.012	.002	.000	.000
	3	.999	.987	.879	.650	.382	.172	.055	.011	.001	.000
	4	1.000	.998	.967	.850	.633	.377	.166	.047	.006	.000

n	c	P									
		.05	.10	.20	.30	.40	.50	.60	.70	.80	.90
	5	1.000	1.000	.994	.953	.834	.623	.367	.150	.033	.002
	6	1.000	1.000	.999	.989	.945	.828	.618	.350	.121	.013
	7	1.000	1.000	1.000	.998	.988	.945	.833	.617	.322	.070
	8	1.000	1.000	1.000	1.000	.998	.989	.954	.851	.624	.264
	9	1.000	1.000	1.000	1.000	1.000	.999	.994	.972	.893	.651
	10	1.000	1.000	1.000	1.000	1.000	1.000	1.000	1.000	1.000	1.000
n=11	0	.569	.314	.086	.020	.004	.000	.000	.000	.000	.000
	1	.898	.697	.322	.113	.030	.006	.001	.000	.000	.000
	2	.985	.910	.617	.313	.119	.033	.006	.001	.000	.000
	3	.998	.981	.839	.570	.296	.113	.029	.004	.000	.000
	4	1.000	.997	.950	.790	.533	.274	.099	.022	.002	.000
	5	1.000	1.000	.988	.922	.753	.500	.247	.078	.012	.000
	6	1.000	1.000	.998	.978	.901	.726	.467	.210	.050	.003
	7	1.000	1.000	1.000	.996	.971	.887	.704	.430	.161	.019
	8	1.000	1.000	1.000	.999	.994	.967	.881	.687	.383	.090
	9	1.000	1.000	1.000	1.000	.999	.994	.970	.887	.678	.303
	10	1.000	1.000	1.000	1.000	1.000	1.000	.996	.980	.914	.686
	11	1.000	1.000	1.000	1.000	1.000	1.000	1.000	1.000	1.000	1.000
n=12	0	.540	.282	.069	.014	.002	.000	.000	.000	.000	.000
	1	.882	.659	.275	.085	.020	.003	.000	.000	.000	.000
	2	.980	.889	.558	.253	.083	.019	.003	.000	.000	.000
	3	.998	.974	.795	.493	.225	.073	.015	.002	.000	.000
	4	1.000	.996	.927	.724	.438	.194	.057	.009	.001	000
	5	1.000	.999	.981	.882	.665	.387	.158	.039	.004	.000
	6	1.000	1.000	.996	.961	.842	.613	.335	.118	.019	.001
	7	1.000	1.000	.999	.991	.943	.806	.562	.276	.073	.004
	8	1.000	1.000	1.000	.998	.985	.927	.775	.507	.205	.026
	9	1.000	1.000	1.000	1.000	.997	.981	.917	.747	.442	.111
	10	1.000	1.000	1.000	1.000	1.000	.997	.980	.915	.725	.341
	11	1.000	1.000	1.000	1.000	1.000	1.000	.998	.986	.931	.718
	12	1.000	1.000	1.000	1.000	1.000	1.000	1.000	1.000	1.000	1.000
n=13	0	.513	.254	.055	.010	.001	.000	.000	.000	.000	.000
	1	.865	.621	.234	.064	.013	.002	.000	.000	.000	.000
	2	.975	.866	.502	.202	.058	.011	.001	.000	.000	.000
	3	.997	.966	.747	.421	.169	.046	.008	.001	.000	.000
	4	1.000	.994	.901	.654	.353	.133	.032	.004	.000	.000
	5	1.000	.999	.970	.835	.574	.291	.098	.018	.001	.000
	6	1.000	1.000	.993	.938	.771	.500	.229	.062	.007	.000
	7	1.000	1.000	.999	.982	.902	.709	.426	.165	.030	.001
	8	1.000	1.000	1.000	.996	.968	.867	.647	.346	.099	.006
	9	1.000	1.000	1.000	.999	.992	.954	.831	.579	.253	.034
	10	1.000	1.000	1.000	1.000	.999	.989	.942	.798	.498	.134
	11	1.000	1.000	1.000	1.000	1.000	.998	.987	.936	.766	.379
	12	1.000	1.000	1.000	1.000	1.000	1.000	.999	.990	.945	.746
	13	1.000	1.000	1.000	1.000	1.000	1.000	1.000	1.000	1.000	1.000

〈範題〉設 x 為二項隨機變數，其期望值 E（X）＝9，變異數 V（X）＝6試求①該分配的母數 n 及 P？

②P（X＝1）的機率？

〈解〉①E（X）＝np＝9

$$V（X）＝npq＝6$$

$$\frac{E（x）}{V（x）}＝\frac{np}{npq}＝\frac{9}{6}$$

$$\Rightarrow 9q＝6 \quad q＝\frac{6}{9}＝\frac{2}{3}$$

$$p＝1-q＝1-\frac{2}{3}＝\frac{1}{3}$$

$$E（x）＝n\times\frac{1}{3}＝9, \ n＝27$$

$$\therefore n＝27, \ p＝\frac{1}{3}$$

②$P（X＝1）＝C_1^{27}（\frac{1}{3}）^1（\frac{2}{3}）^{26}$

$\qquad\qquad＝0.0002376$

超幾何分配　前面所述及之二項分配是在每次試驗的情況保持不變下，來進行重複試驗，但在實際抽樣過程中，大都採取抽完並不放回去的方式，因此，每抽出一個樣本，母群體中的情況已改變，代表每次試驗並不互相獨立，故不能依據二項分配的模式來求算機率值，因此，超幾何分配可用來解決這類問題，故超幾何分配可定義為在有限的群體中含有 N 個產品，其中 K 個產品屬於成功類（N-K）個屬於失敗類，茲以不放回方式，隨機抽取 n 個樣本，其中含有 x 個成功類及（n-x）個失敗類，具有此類特性之機率分配稱為超幾何分配，其定義公式如下：

$$\frac{K}{N-K} \qquad \frac{x}{n-x}$$

$$N \qquad\qquad n$$

$$f(x) = \frac{C_x^K C_{n-x}^{N-K}}{C_n^N} \qquad x = 0, 1, 2 \cdots n$$

其中 $P = \dfrac{K}{N}$ $q = 1 - P$ $N > k \geqq n, N - K \geqq n$

此分配之期望值為 $E(X) = n \cdot p$

變異數為 $V(X) = \sigma^2 = n \cdot p \cdot q \cdot \dfrac{N-n}{N-1}$

〈範題〉菲利浦公司出產燈泡產品，一箱中有24個，發現該箱中含有2個不良品，今隨機抽取3個檢驗，若3個皆為良品，則允收該箱產品，否則拒收，試求被允收之機率？

〈解〉x：代表抽中不良品個數

$$f(x=0) = \frac{C_0^2 C_3^{22}}{C_3^{24}} = \frac{\dfrac{2!}{2!\,0!} \times \dfrac{22!}{19!\,3!}}{\dfrac{24!}{21!\,3!}}$$

$$= \frac{\dfrac{22 \times 21 \times 20}{3 \times 2 \times 1}}{\dfrac{24 \times 23 \times 22}{3 \times 2 \times 1}} = 0.761$$

∴ 被允收機率為0.761

〈範題〉一袋中有5個白球3個紅球，今以不放回方式隨機抽取2球，試求此兩球顏色相同之機率？

〈解〉x：代表抽中白球個數

兩球顏色相同有可能皆為白球（x＝2）

或皆為紅球（x＝0）

故 f（顏色相同）＝f（x＝2）＋f（x＝0）

$$= \frac{C_2^5 C_0^3}{C_2^8} + \frac{C_0^5 C_2^3}{C_2^8} = \frac{\dfrac{5!}{3!\,2!}}{\dfrac{8!}{6!\,2!}} + \frac{\dfrac{3!}{2!\,1!}}{\dfrac{8!}{6!\,2!}}$$

$$= \frac{\frac{5 \times 4}{2 \times 1} + \frac{3}{1}}{\frac{8 \times 7}{2 \times 1}} = \frac{13}{28} = 0.464$$

卜瓦松分配　　卜瓦松分配為法國數學家所發現，是一種適用於單位時間，或單位範圍內所發生事件次數之機率分配，通常此事件發生機率非常微小，故在品質管制上對於某單位產品上之不合格數之求算，即可採用卜瓦松機率分配，因此卜瓦松分配可定義為 x 代表試驗某單位時間或單位範圍內發生事件之次數，而 λ 代表發生於此單位時間或單位範圍內事件的平均次數，則具有下列的機率函數，稱為卜瓦松分配：

$$f(x) = \frac{\lambda^x e^{-\lambda}}{x!} \qquad x = 0, 1, 2 \cdots\cdots$$

其中 e = 2.71828 為自然對數底

此分配之期望值為 E (x) = λ = n·p

變異數為 V (x) = λ

卜瓦松分配具有下列特性：

(1)發生於一段時間或特定區域內之成功次數的平均數 λ 為已知。

(2)在極短時間或很小區域中發生成功一次的機率與時間長短或區域大小成正比。

(3)在極短時間或很小區域成功次數超過一次的機率近乎於零。

(4)兩個相隔極短時間或區域內發生事件的次數為相互獨立。

〈範題〉某高速公路收費站平均5分鐘有4輛車經過，試求某日9：00到9：10有6輛車經過此收費站之機率？

〈解〉x＝代表此時間通過之車輛數

λ＝4輛/5分⇒λ＝8輛/10分

$$P(X=6)=\frac{e^{-8}8^6}{6!}=0.122$$

此機率亦可查（表2-2）而得。

表2-2　Poisson 分配

x	\multicolumn{10}{c}{μ}
	0.1	0.2	0.3	0.4	0.5	0.6	0.7	0.8	0.9	1.0
0	.9048	.8187	.7408	.6703	.6065	.5488	.4966	.4493	.4066	.3679
1	.0905	.1637	.2222	.2681	.3033	.3293	.3476	.3595	.3659	.3679
2	.0045	.0164	.0333	.0536	.0758	.0988	.1217	.1438	.1647	.1839
3	.0002	.0011	.0033	.0072	.0126	.0198	.0284	.0383	.0494	.0613
4	.0000	.0001	.0002	.0007	.0016	.0030	.0050	.0077	.0111	.0153
5	.0000	.0000	.0000	.0001	.0002	.0004	.0007	.0012	.0020	.0031
6	.0000	.0000	.0000	.0000	.0000	.0000	.0001	.0002	.0003	.0005
7	.0000	.0000	.0000	.0000	.0000	.0000	.0000	.0000	.0000	.0000

x	\multicolumn{10}{c}{μ}
	1.1	1.2	1.3	1.4	1.5	1.6	1.7	1.8	1.9	2.0
0	.3329	.3012	.2725	.2466	.2231	.2019	.1827	.1653	.1496	.1356
1	.3662	.3614	.3543	.3452	.3347	.3230	.3106	.2975	.2842	.2707
2	.2014	.2169	.2303	.2417	.2510	.2584	.2640	.2678	.2700	.2707
3	.0738	.0867	.0998	.1128	.1255	.1378	.1496	.1607	.1710	.1804
4	.0203	.0260	.0324	.0395	.0471	.0551	.0636	.0723	.0812	.0902
5	.0045	.0062	.0084	.0111	.0141	.0176	.0216	.0260	.0309	.0361
6	.0008	.0012	.0018	.0026	.0035	.0047	.0061	.0078	.0098	.0120
7	.0001	.0002	.0003	.0005	.0008	.0011	.0015	.0020	.0027	.0034
8	.0000	.0000	.0001	.0001	.000	.0002	.0003	.0005	.0006	.0009
9	.0000	.0000	.0000	.0000	.0000	.0000	.0001	.0001	.0001	.0002

x	\multicolumn{10}{c}{μ}
	2.1	2.2	2.3	2.4	2.5	2.6	2.7	2.8	2.9	3.0
0	.1225	.1108	.1003	.0907	.0821	.0743	.0672	.0608	.0550	.0498
1	.2572	.2438	.2306	.2177	.2052	.1931	.1815	.1703	.1396	.1494
2	.2700	.2681	.2652	.2613	.2565	.2510	.2450	.2384	.2314	.2240
3	.1890	.1966	.2033	.2090	.2138	.2176	.2205	.2225	.2237	.2240

續表2-2 Poisson 分配

x	μ									
	2.1	2.2	2.3	2.4	2.5	2.6	2.7	2.8	2.9	3.0
4	.0992	.1082	.1169	.1254	.1336	.1414	.1488	.1557	.1622	.1680
5	.0417	.0476	.0538	.0602	.0668	.0735	.0804	.0872	.0940	.1008
6	.0146	.0174	.0206	.0241	.0278	.0319	.0362	.0407	.0455	.0504
7	.0044	.0055	.0068	.0083	.0099	.0118	.0139	.0163	.0188	.0216
8	.0011	.0015	.0019	.0025	.0031	.0038	.0047	.0057	.0068	.0081
9	.0003	.0004	.0005	.0007	.0009	.0011	.0014	.0018	.0022	.0027
10	.0001	.0001	.0001	.0002	.0002	.0003	.0004	.0005	.0006	.0008
11	.0000	.0000	.0000	.0000	.0000	.0001	.0001	.0001	.0002	.0002
12	.0000	.0000	.0000	.0000	.0000	.0000	.0000	.0000	.0000	.0001

x	μ									
	3.1	3.2	3.3	3.4	3.5	3.6	3.7	3.8	3.9	4.0
0	.0450	.0408	.0369	.0334	.0302	.0273	.0247	.0224	.0202	.0183
1	.1397	.1304	.1217	.1135	.1057	.0984	.0915	.0820	.0789	.0733
2	.2165	.2087	.2008	.1929	.1850	.1771	.1692	.1615	.1539	.1465
3	.2237	.2226	.2209	.2186	.2158	.2125	.2087	.2046	.2001	.1954
4	.1734	.1781	.1823	.1858	.1888	.1912	.1931	.1944	.1951	.1954
5	.1075	.1140	.1203	.1264	.1322	.1377	.1429	.1477	.1522	.1563
6	.0555	.0608	.0662	.0716	.0771	.0826	.0881	.0936	.0989	.1042
7	.0246	.0278	.0312	.0348	.0385	.0425	.0466	.0508	.0551	.0595
8	.0095	.0111	.0129	.0148	.0169	.0191	.0215	.0241	.0269	.0298
9	.0033	.0040	.0047	.0056	.0066	.0076	.0089	.0102	.0116	.0132
10	.0010	.0013	.0016	.0019	.0023	.0028	.0033	.0039	.0045	.0053
11	.0003	.0004	.0005	.0006	.0007	.0009	.0011	.0013	.0016	.0019
12	.0001	.0001	.0001	.0002	.0002	.0003	.0003	.0004	.0005	.0006
13	.0000	.0000	.0000	.0000	.0001	.0001	.0001	.0001	.0002	.0002
14	.0000	.0000	.0000	.0000	.0000	.0000	.0000	.0000	.0000	.0001

x	μ									
	4.1	4.2	4.3	4.4	4.5	4.6	4.7	4.8	4.9	5.0
0	.0166	.0150	.0136	.0123	.0111	.0101	.0091	.0082	.0074	.0067
1	.0679	.0630	.0583	.0540	.0500	.0462	.0427	.0395	.0365	.0337
2	.1393	.1323	.1254	.1188	.1125	.1063	.1005	.0948	.0894	.0842
3	.1904	.1852	.1798	.1743	.1687	.1631	.1574	.1517	.1460	.1404

x	μ 4.1	4.2	4.3	4.4	4.5	4.6	4.7	4.8	4.9	5.0
4	.1951	.1944	.1933	.1917	.1898	.1875	.1849	.1820	.1789	.1755
5	.1600	.1633	.1662	.1687	.1708	.1725	.1738	.1747	.1753	.1755
6	.1093	.1143	.1191	.1237	.1281	.1323	.1362	.1398	.1432	.1462
7	.0640	.0686	.0732	.0778	.0824	.0869	.0914	.0959	.1002	.1044
8	.0328	.0360	.0393	.0428	.0463	.0500	.0537	.0575	.0614	.0653
9	.0150	.0168	.0188	.0209	.0232	.0255	.0280	.0307	.0334	.0363
10	.0061	.0071	.0081	.0092	.0104	.0118	.0132	.0147	.0164	.0181
11	.0023	.0027	.0032	.0037	.0043	.0049	.0056	.0064	.0073	.0082
12	.0008	.0009	.0011	.0014	.0016	.0019	.0022	.0026	.0030	.0034
13	.0002	.0003	.0004	.0005	.0006	.0007	.0008	.0009	.0011	.0013
14	.0001	.0001	.0001	.0001	.0002	.0002	.0003	.0003	.0004	.0005
15	.0000	.0000	.0000	.0000	.0001	.0001	.0001	.0001	.0001	.0002

x	μ 5.1	5.2	5.3	5.4	5.5	5.6	5.7	5.8	5.9	6.0
0	.0061	.0055	.0050	.0045	.0041	.0037	.0033	.0030	.0027	.0025
1	.0311	.0287	.0265	.0244	.0225	.0207	.0191	.0176	.0162	.0149
2	.0793	.0746	.0701	.0659	.0618	.0580	.0544	.0509	.0477	.0446
3	.1348	.1293	.1239	.1185	.1133	.1082	.1033	.0985	.0938	.0892
4	.1719	.1681	.1641	.1600	.1558	.1515	.1472	.1428	.1383	.1339
5	.1753	.1748	.1740	.1728	.1714	.1697	.1678	.1656	.1632	.1606
6	.1490	.1515	.1537	.1555	.1571	.1584	.1594	.1601	.1605	.1606
7	.1086	.1125	.1163	.1200	.1234	.1267	.1298	.1326	.1353	.1377
8	.0692	.0731	.0771	.0810	.0849	.0887	.0925	.0962	.0998	.1033
9	.0392	.0423	.0454	.0486	.0519	.0552	.0586	.0620	.0654	.0688
10	.0200	.0220	.0241	.0262	.0285	.0309	.0334	.0359	.0386	.0413
11	.0093	.0104	.0116	.0129	.0143	.0157	.0173	.0190	.0207	.0225
12	.0039	.0045	.0051	.0058	.0065	.0073	.0082	.0092	.0102	.0113
13	.0015	.0018	.0021	.0024	.0028	.0032	.0036	.0041	.0046	.0052
14	.0006	.0007	.0008	.0009	.0011	.0013	.0015	.0017	.0019	.0022
15	.0002	.0002	.0003	.0003	.0004	.0005	.0006	.0007	.0008	.0009

續表2-2　Poisson 分配

x	μ									
	5.1	5.2	5.3	5.4	5.5	5.6	5.7	5.8	5.9	6.0
16	.0001	.0001	.0001	.0001	.0001	.0002	.0002	.0002	.0003	.0003
17	.0000	.0000	.0000	.0000	.0000	.0001	.0001	.0001	.0001	.0001

x	μ									
	6.1	6.2	6.3	6.4	6.5	6.6	6.7	6.8	6.9	7.0
0	.0022	.0020	.0018	.0017	.0015	.0014	.0012	.0011	.0010	.0009
1	.0137	.0126	.0116	.0106	.0098	.0090	.0082	.0076	.0070	.0064
2	.0417	.0390	.0364	.0340	.0318	.0296	.0276	.0258	.0240	.0223
3	.0848	.0806	.0765	.0726	.0688	.0652	.0617	.584	.0552	.0521
4	.1294	.1249	.1205	.1162	.1118	.1076	.1034	.0992	.0952	.0912
5	.1579	.1549	.1519	.1487	.1454	.1420	.1385	.1349	.1314	.1277
6	.1605	.1601	.1595	.1586	.1575	.1562	.1546	.1529	.1511	.1490
7	.1399	.1418	.1435	.1450	.1462	.1472	.1480	.1486	.1489	.1490
8	.1066	.1099	.1130	.1160	.1188	.1215	.1240	.1263	.1284	.1304
9	.0723	.0757	.0791	.0825	.0858	.0891	.0923	.0954	.0985	.1014
10	.0441	.0469	.0498	.0528	.0558	.0558	.0618	.0649	.0679	.0710
11	.0245	.0265	.0285	.0307	.0330	.0353	.0377	.0401	.0426	.0452
12	.0124	.0137	.0150	.0164	.0179	.0194	.0210	.0227	.0245	.0264
13	.0058	.0065	.0073	.0081	.0089	.0098	.0108	.0119	.0130	.0142
14	.0025	.0029	.0033	.0037	.0041	.0046	.0052	.0058	.0064	.0071
15	.0010	.0012	.0014	.0016	.0018	.0020	.0023	.0026	.0029	.0033
16	.0004	.0005	.0005	.0006	.0007	.0008	.0010	.0011	.0013	.0014
17	.0001	.0002	.0002	.0002	.0003	.0003	.0004	.0004	.0005	.0006
18	.000	.0001	.0001	.0001	.0001	.0001	.0001	.0002	.0002	.0002
19	.0000	.0000	.0000	.0000	.0000	.0000	.00000	.0001	.0001	.0001

x	μ									
	7.1	7.2	7.3	7.4	7.5	7.6	7.7	7.8	7.9	8.0
0	.0008	.0007	.0007	.0006	.0006	.0005	.0005	.0004	.0004	.0003
1	.0059	.0054	.0049	.0045	.0041	.0038	.0035	.0032	.0029	.0027
2	.0208	.0194	.0180	.0167	.0156	.0145	.0134	.0125	.0116	.0107
3	.0492	.0464	.0438	.0413	.0389	.0366	.0345	.0324	.0305	.0286
4	.0874	.0836	.0799	.0764	.0729	.0696	.0663	.0632	.0602	.0573

續表2-2　Poisson 分配

x	μ 7.1	7.2	7.3	7.4	7.5	7.6	7.7	7.8	7.9	8.0
5	.1241	.1204	.1167	.1130	.1094	.1057	.1021	.0986	.0951	.0915
6	.1468	.1445	.1420	.1394	.1367	.1339	.1311	.1282	.1252	.1221
7	.1489	.1486	.1481	.1474	.1465	.1454	.1442	.1428	.1413	.1396
8	.1321	.1337	.1351	.1363	.1373	.1382	.1388	.1392	.1395	.1396
9	.1042	.1070	.1096	.1121	.1144	.1167	.1187	.1207	.1224	.1241
10	.0740	.0770	.0800	.0829	.0858	.0887	.0914	.0941	.0967	.0993
11	.0478	.0504	.0531	.0558	.0585	.0613	.0640	.0667	.0695	.0722
12	.0283	.0303	.0323	.0344	.0366	.0388	.0411	.0434	.0457	.0481
13	.0154	.0168	.0181	.0196	.0211	.0227	.0243	.0260	.0278	.0296
14	.0078	.0086	.0095	.0104	.0113	.0123	.0134	.0145	.0157	.0169
15	.0037	.0041	.0046	.0051	.0057	.0062	.0069	.0075	.0083	.0090
16	.0016	.0019	.0021	.0024	.0026	.0030	.0033	.0037	.0041	.0045
17	.0007	.0008	.0009	.0010	.0012	.0013	.0015	.0017	.0019	.0021
18	.0003	.0003	.0004	.0004	.0005	.0006	.0007	.0007	.0008	.0009
19	.0001	.0001	.0001	.0002	.0002	.0002	.0003	.0003	.0003	.0004
20	.0000	.0000	.0001	.0001	.0001	.0001	.0001	.0001	.0001	.0002
21	.0000	.0000	.0000	.0000	.0000	.0000	.0000	.0000	.0000	.0001

x	μ 8.1	8.2	8.3	8.4	8.5	8.6	8.7	8.8	8.9	9.0
0	.0003	.0003	.0002	.0002	.0002	.00002	.0002	.0002	.0001	.0001
1	.0025	.0023	.0021	.0019	.0017	.0016	.0014	.0013	.0012	.0011
2	.0100	.0092	.0086	.0079	.0074	.0068	.0063	.0058	.0054	.0050
3	.0269	.0252	.0237	.0222	.0208	.0195	.0183	.0171	.0160	.0150
4	.0544	.0517	.0491	.0466	.0443	.0420	.0398	.0377	.0357	.0337
5	.0882	.0849	.0816	.0784	.0752	.0722	.0692	.0663	.0635	.0607
6	.1191	.1160	.1128	.1097	.1066	.1034	.1003	.0972	.0941	.0911
7	.1378	.1358	.1338	.1317	.1294	.1271	.1247	.1222	.1197	.1171
8	.1395	.1392	.1388	.1382	.1375	.1366	.1356	.1344	.1332	.1318
9	.1256	.1269	.1280	.1290	.1299	.1306	.1311	.1315	.1317	.1318
10	.1017	.1040	.1063	.1084	.1104	.1123	.1140	.1157	.1172	.1186

續表2-2 Poisson 分配

x	μ 8.1	8.2	8.3	8.4	8.5	8.6	8.7	8.8	8.9	9.0
11	.0749	.0776	.0802	.0828	.0853	.0878	.0902	.0925	.0948	.0970
12	.0505	.0530	.0555	.0579	.0604	.0629	.0654	.0679	.0703	.0728
13	.0315	.0334	.0354	.0374	.0395	.0416	.0438	.0459	.0481	.0504
14	.0182	.0196	.0210	.0225	.0240	.0256	.0272	.0289	.0306	.0324
15	.0098	.0107	.0116	.0126	.0136	.0147	.0158	.0169	.0182	.0194
16	.0050	.0055	.0060	.0066	.0072	.0079	.0086	.0093	.0101	.0109
17	.0024	.0026	.0029	.0033	.0036	.0040	.0044	.0048	.0053	.0058
18	.0011	.0012	.0014	.0015	.0017	.0019	.0021	.0024	.0026	.0029
19	.0005	.0005	.0006	.0007	.0008	.0009	.0010	.0011	.0012	.0014
20	.0002	.0002	.0002	.0003	.0003	.0004	.0004	.0005	.0005	.0006
21	.0001	.0001	.0001	.0001	.0001	.0002	.0002	.0002	.0002	.0003

x	μ 9.1	9.2	9.3	9.4	9.5	9.6	9.7	9.8	9.9	10.0
0	.0001	.0001	.0000	.0001	.0001	.0001	.0001	.0001	.0001	.0000
1	.0010	.0009	.0009	.0008	.0007	.0007	.0006	.0005	.0005	.0005
2	.0046	.0043	.0040	.0037	.0034	.0031	.0029	.0027	.0025	.0023
3	.0140	.0131	.0123	.0115	.0107	.0100	.0093	.0087	.0081	.0076
4	.0319	.0302	.0285	.0269	.0254	.0240	.0226	.0213	.0201	.0189
5	.0581	.0555	.0530	.0506	.0483	.0460	.0439	.0418	.0398	.0378
6	.0881	.0851	.0822	.0793	.0764	.0736	.0709	.0682	.0656	.0631
7	.1145	.1118	.1091	.1064	.1037	.1010	.0982	.0955	.0928	.0901
8	.1302	.1286	.1269	.1251	.1232	.1212	.1191	.1170	.1148	.1126
9	.1317	.1315	.1311	.1306	.1300	.1293	.1284	.1274	.1263	.1251
10	.1198	.1210	.1219	.1228	.1235	.1241	.1245	.1249	.1250	.1251
11	.0991	.1012	.1031	.1049	.1067	.1083	.1098	.1112	.1125	.1137
12	.0752	.0776	.0779	.0822	.0844	.0866	.0888	.0908	.0928	.0948
13	.0526	.0549	.0572	.0594	.0617	.0640	.0662	.0685	.0707	.0729
14	.0342	.0361	.0380	.0399	.0419	.0439	.0459	.0479	.0500	.0521
15	.0208	.0221	.0235	.0250	.0265	.0281	.0297	.0313	.0330	.0347
16	.0118	.0127	.0137	.0147	.0157	.0168	.0180	.0192	.0204	.0217

續表2－2　Ｐｏｉｓｓｏｎ分配

x	\multicolumn{10}{c}{μ}									
	9.1	9.2	9.3	9.4	9.5	9.6	9.7	9.8	9.9	10.0
17	.0063	.0069	.0075	.0081	.0088	.0095	.0103	.0111	.0119	.0128
18	.0032	.0035	.0039	.0042	.0046	.0051	.0055	.0060	.0065	.0071
19	.0015	.0017	.0019	.0021	.0023	.0026	.0028	.0031	.0034	.0037
20	.007	.008	.009	.0010	.0011	.0012	.0014	.0015	.0017	.0019
21	.0003	.0003	.0004	.0004	.0005	.006	.0006	.0007	.0008	.0009
22	.0001	.0001	.0002	.0002	.0002	.0002	.0003	.0003	.0004	.0004
23	.0000	.0001	.0001	.0001	.0001	.0001	.0001	.0001	.0002	.0002
24	.0000	.0000	.0000	.0000	.0000	.0000	.0000	.0001	.0002	.0002

〈範題〉某廣告看板製造商製造 LED 看板，平均1600cm²的看板中

　　　　有2個缺點數，今檢驗長80cm 寬40cm 的看板，

　　　　試問：①此看板沒有缺點之機率？

　　　　　　　②至少有一缺點之機率？

〈解〉X：代表此看板上之缺點數

　　　①λ＝2個/1600cm² $\Rightarrow$ λ＝4個/80×40cm²

　　　　$P(X=0) = \dfrac{4^0 e^{-4}}{0!} = e^{-4} = 0.0183$

　　　②$P(X \geq 1) = 1 - P(x=0)$

　　　　　　　　　$= 1 - 0.0183$

　　　　　　　　　$= 0.9817$

　　常態分配　許多自然或社會現象的分配接近於常態分配，因此常態分配常被用來作爲這些現象的分析與研究，故常態分配爲統計學中最重要且最常用的分配之一；常態分配是由法國學者隸莫夫（Abraham Demoivre）所提出，後來由高斯（Carl Gauss）及拉普拉斯（Pierre Simon Marigus De Lapla）在實際應用時，亦導出此曲線，故有時稱常態分配曲線爲高斯曲線。

常態分配的圖形為左右對稱的曲線，由於形狀如鐘，故又稱鐘形曲線，如（圖2-2）所示，其平均數 μ 為自曲線高點畫一垂直 X 軸直線上的交點，標準差為曲線反曲點至中央垂直線之長度，故常態分配具有下列的機率密度函數：

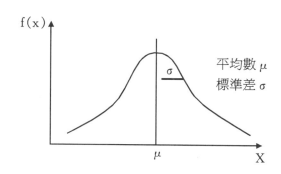

平均數 μ
標準差 σ

圖2-2　常態分配曲線

$$f(x) = \frac{1}{\sqrt{2\pi}\sigma} e^{-\frac{(x-\mu)^2}{2\sigma^2}} \quad -\infty < x < \infty$$

　　其中，μ 為平均數，σ^2 為變異數，e 為自然對數底

　　此分配之期望值為 $E(x) = \mu$

　　　　變異數為 $V(x) = \sigma^2$

常態分配具有下列特性：

　　⑴常態曲線對稱於通過 x 軸平均數點的中央垂直線。

　　⑵常態曲線下與橫軸所圍之面積等於一。

　　⑶常態曲線以橫軸為漸近線，向兩側延伸。

　　⑷常態分配之平均數等於中位數，亦等於眾數。

　　常態分配的圖形隨著平均數和標準差的不同，而有所不同，如（圖2-3）所示，故在計算上頗為繁雜，可將變數 x 轉換至另一變數 Z，使其成為平均數為零，標準差為1的標準差態分配，再

利用標準常態分配數值表求解，其轉換式如下：

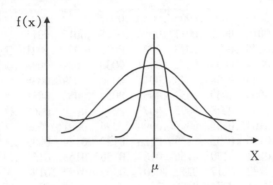

圖2-3　各種常態分配圖形

$$Z = \frac{x - \mu}{\sigma} \quad \therefore x = \sigma z + \mu$$

當求 P（X≤a）時可轉換爲標準常態分配

$$P（\sigma Z + \mu \le a）= P（Z \le \frac{a - \mu}{\sigma}）$$

再查（表2-3）標準常態數值表中之 Z 值即可求算機率。

表2-3　標準常態分配

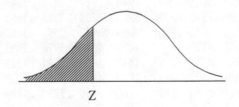

表2-3 標準常態分配

z	0	1	2	3	4	5	6	7	8	9
−3.	.0013	.0010	.0007	.0005	.0003	.0002	.0002	.0001	.0001	.0000
−2.9	.0019	.0018	.0017	.0017	.0016	.0016	.0015	.0015	.0014	.0014
−2.8	.0026	.0025	.0024	.0023	.0023	.0022	.0021	.0021	.0020	.0019
−2.7	.0035	.0034	.0033	.0032	.0031	.0030	.0029	.0028	.0027	.0026
−2.6	.0047	.0045	.0044	.0043	.0041	.0040	.0039	.0038	.0037	.0036
−2.5	.0062	.0060	.0059	.0057	.0055	.0054	.0052	.0051	.0049	.0048
−2.4	.0082	.0080	.0078	.0075	.0073	.0071	.0069	.0068	.0066	.0064
−2.3	.0107	.0104	.0102	.0099	.0096	.0094	.0091	.0089	.0087	.0084
−2.2	.0139	.0136	.0132	.0129	.0126	.0122	.0119	.0089	.0087	.0084
−2.1	.0179	.0174	.0170	.0166	.0162	.0158	.0154	.0150	.0146	.0143
−2.0	.0228	.0222	.0217	.0212	.0207	.0202	.0197	.0192	.0188	.0183
−1.9	.0287	.0281	.0274	.0268	.0262	.0256	.0250	.0244	.0238	.0233
−1.8	.0359	.0352	.0344	.0336	.0329	.0322	.0314	.0307	.0300	.0294
−1.7	.0446	.0436	.0427	.0418	.0409	.0401	.0392	.0384	.0375	.0367
−1.6	.0548	.0537	.0526	.0516	.0505	.0495	.0485	.0475	.0465	.0455
−1.5	.0668	.0655	.0643	.0630	.0618	.0606	.0594	.0582	.0570	.0559
−1.4	.0808	.0793	.0778	.0764	.0749	.0735	.0722	.0708	.0694	.0681
−1.3	.0968	.0951	.0934	.0918	.0901	.0885	.0869	.0853	.0838	.0823
−1.2	.1151	.1131	.1112	.1093	.1075	.1056	.1038	.1020	.1003	.0985
−1.1	.1357	.1335	.1314	.1292	.1271	.1251	.1230	.1210	.1190	.1170
−1.0	.1587	.1562	.1539	.1515	.1492	.1469	.1446	.1423	.1401	.1379
−.9	.1841	.1814	.1788	.1762	.1736	.1711	.1685	.1660	.1635	.1611
−.8	.2119	.2090	.2061	.2033	.2005	.1977	.1949	.1922	.1894	.1867
−.7	.2420	.2389	.2358	.2327	.2297	.2266	.2236	.2206	.2177	.2148
−.6	.2743	.2709	.2676	.2643	.2611	.2578	.2546	.2514	.2483	.2451
−.5	.3085	.3050	.3015	.2981	.2946	.2912	.2877	.2843	.2810	.2776
−.4	.3446	.3409	.3372	.3336	.3300	.3264	.3228	.3192	.3156	.3121
−.3	.3821	.3783	.3745	.3707	.3669	.3632	.2594	.3557	.3520	.3483
−.2	.4207	.4168	.4129	.4090	.4052	.4013	.3974	.3936	.3897	.3859
−.1	.4602	.4562	.4522	.4483	.4443	.4404	.4364	.4325	.4286	.4247
−.0	.5000	.4960	.4920	.4880	.4840	.4801	.4761	.4721	.4681	.4641
.0	.5000	.5040	.5080	.5120	.5160	.5199	.5239	.5279	.5319	.5359
.1	.5398	.5438	.5478	.5517	.5557	.5596	.5636	.5675	.5714	.5753
.2	.5793	.5832	.5871	.5910	.5948	.5987	.6026	.6064	.6103	.6141
.3	.6179	.6217	.6255	.6293	.6331	.6368	.6406	.6443	.6480	.6517
.4	.6554	.6591	.6628	.6664	.6700	.6736	.6772	.6808	.6844	.6879
.5	.6915	.6950	.6985	.7019	.7054	.7088	.7123	.7157	.7190	.7224
.6	.7257	.7291	.7324	.7357	.7389	.7422	.7454	.7486	.7517	.7549
.7	.7580	.7611	.7642	.7673	.7703	.7734	.7764	.7794	.7823	.7852

z	0	1	2	3	4	5	6	7	8	9
.8	.7881	.7910	.7939	.7967	.7995	.8023	.8051	.8078	.8106	.8133
.9	.8159	.8186	.8212	.8238	.8264	.8289	.8315	.8340	.8365	.8389
1.0	.8413	.8438	.8461	.8485	.8508	.8531	.8554	.8577	.8599	.8621
1.1	.8643	.8665	.8686	.8708	.8729	.8749	.8770	.8790	.8810	.8830
1.2	.8849	.8869	.8888	.8907	.8925	.8944	.8962	.8980	.8997	.9015
1.3	.9032	.9049	.9066	.9082	.9099	.9115	.9131	.9147	.9162	.9177
1.4	.9192	.9207	.9222	.9236	.9251	.9265	.9278	.9292	.9306	.9319
1.5	.9332	.9345	.9357	.9370	.9382	.9394	.9406	.9418	.9430	.9441
1.6	.9452	.9463	.9474	.9484	.9495	.9505	.9515	.9525	.9535	.9545
1.7	.9554	.9564	.9573	.9582	.9591	.9599	.9608	.9616	.9625	.9633
1.8	.9641	.9648	.9656	.9664	.9671	.9678	.9686	.9693	.9700	.9706
1.9	.9713	.9719	.9726	.9732	.9738	.9744	.9750	.9756	.9762	.9767
2.0	.9772	.9778	.9783	.9788	.9793	.9798	.9803	.9808	.9812	.9817
2.1	.9821	.9826	.9830	.9834	.9838	.9842	.9846	.9850	.9854	.9857
2.2	.9861	.9864	.9868	.9871	.9874	.9878	.9881	.9884	.9887	.9890
2.3	.9893	.9896	.9898	.9901	.9904	.9906	.9909	.9911	.9913	.9916
2.4	.9918	.9920	.9922	.9925	.9927	.9929	.9931	.9932	.9934	.9936
2.5	.9938	.9940	.9941	.9943	.9945	.9946	.9948	.9949	.9951	.9952
2.6	.9953	.9955	.9956	.9957	.9959	.9960	.9961	.9962	.9963	.9964
2.7	.9965	.9966	.9967	.9968	.9969	.9970	.9971	.9972	.9973	.9974
2.8	.9974	.9975	.9976	.9977	.9977	.9978	.9979	.9979	.9980	.9981
2.9	.9981	.9982	.9982	.9983	.9984	.9984	.9985	.9985	.9986	.9986
3.	.9987	.9990	.9982	.9995	.9997	.9998	.9998	.9999	.9999	1.0000

〈範題〉某生產黏劑之工廠所產生之黏劑拉力強度呈常態分配：平均數為160磅，標準差為20磅，今購買廠商要求拉力強度不得低於140磅，試求符合購買廠商之機率為若？

〈解〉設 x 為黏劑之拉力強度

$$P（X \geq 140）= 1 - P（X < 140）$$

$$= 1 - P（Z < \frac{140 - 160}{20}）$$

$$= 1 - P（Z < -1）$$

$$= 1 - 0.1587$$

$=0.8413$

∴符合之機率為0.8413

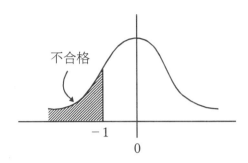

不合格

-1

0

〈範題〉電燈泡工廠,生產一批產品10000個,壽命呈常態分配,
　　　　其平均壽命為600小時,標準差為50小時,今廠商將採行
　　　　廠內檢驗,將壽命低於500小時之產品,加以剔除,試問
　　　　有多少個燈泡將被剔除?

〈解〉設 x 為燈泡之壽命

$$P(X<500)=P(Z<\frac{500-600}{50})$$
$$=P(Z<-2)=0.0228$$
$$0.0228\times10000=228$$

∴有228個燈泡被剔除

　　指數分配　若隨機變數 x,具有下列的機率密度函數,則
稱為指數分配。

$$f(x)=\lambda e^{-\lambda x}\qquad x\geq0$$

其中 λ 為事件發生率或失效率

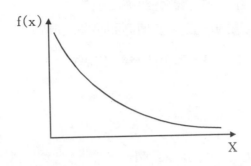

此分配之期望值為 $E(x) = \dfrac{1}{\lambda}$（事件發生的平均時間$\dfrac{1}{\lambda}$）

變異數為 $V(X) = \dfrac{1}{\lambda^2}$

指數分配通常用以評估可靠度模式如產品壽命、故障率等。

〈範題〉假設電池壽命平均使用5000小時，就會發生故障，若此壽命年限呈指數分配，求此電池壽命在3000小時到4000小時之間的機率？（壽命以1000小時為單位）

〈解〉λ代表平均每單位時間故障率，故 $\lambda = \dfrac{1}{5}$（1000小時為單位）

$$P(3<X<4) = P(X<4) - P(X<3)$$
$$= \int_0^4 \frac{1}{5}e^{-\frac{x}{5}}dx - \int_0^3 \frac{1}{5}e^{-\frac{x}{5}}dx$$
$$= (-e^{-\frac{x}{5}}|_0^4) - (-e^{-\frac{x}{5}}|_0^3)$$
$$= (e^{-\frac{3}{5}} - 1) - (e^{-\frac{4}{5}} - 1)$$
$$= e^{-\frac{3}{5}} - e^{-\frac{4}{5}}$$
$$= 0.5488 - 0.4493$$
$$= 0.0995$$

〈範題〉某訊號偵測呈 $\lambda = 2$/小時的卜瓦松分配，試求：

①20分鐘內必須偵測到訊號之機率？

②至少需要30分鐘才能偵測到訊號之機率？

〈解〉x：代表兩次訊號所需的時間（hr）

$$f(x) = \lambda e^{-\lambda x} = 2e^{-2x}$$

$$①P(X<\frac{20}{60}) = P(X<\frac{1}{3})$$

$$= \int_0^{\frac{1}{3}} 2e^{-2x}dx$$

$$= -e^{-2x}\Big|_0^{\frac{1}{3}}$$

$$= 1 - e^{-\frac{2}{3}}$$

$$= 0.4866$$

$$②P(x\geq\frac{30}{60}) = P(x\geq\frac{1}{2})$$

$$= \int_{\frac{1}{2}}^{\infty} 2e^{-2x}dx$$

$$= -e^{-2x}\Big|_{\frac{1}{2}}^{\infty}$$

$$= e^{-1}$$

$$= 0.3679$$

各分配之近似關係

統計的各項分配應用在品質管制的問題上，有時為了計算上的方便，可採用一些近似的方法，使各分配間得以互相代換，所得到的結果並無太大差異，但在處理或計算上，則較為簡便、經濟，以下說明各種分配的代換關係：

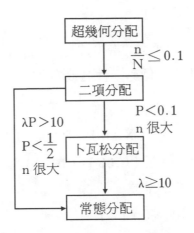

以二項分配代換超幾何分配　當樣本數占群體之比率（$\frac{n}{N}$）很小時，則使用二項分配（$P=\frac{D}{N}$）來代換超幾何分配，一般實務上，以$\frac{n}{N}\leq 0.1$，即可求得相當接近的數值。

〈範題〉有一批電容器產品100個，其中包含不良品10個，今隨機抽取5個，若5個中的不良品不超過1個即允收，試求允收機率？

〈解〉①以超幾何分配求算：

$$P(X\leq 1)=P(X=0)+P(X=1)$$
$$=\frac{C_0^{10}C_5^{90}}{C_5^{100}}+\frac{C_1^{10}C_4^{90}}{C_5^{100}}=0.923$$

②以二項分配求算：

$$P(X\leq 1)=\sum_{x=0}^{1}C_x^5(0.1)^x(0.9)^{5-x}=0.919$$

以卜瓦松分配代換二項分配　當樣本數 n 愈大且 P 愈小時，卜瓦松分配所求得之機率則趨近於二項分配所求得之機率，一般以 P＜0.1，n 很大時即可採用 λ＝np 的卜瓦松分配來求

算。

〈範題〉某批產品含有不良率為0.01，今隨機抽取100個加以檢
驗，試求不良品低於二件之機率？

〈解〉①以二項分配求算：
$$P（X\leqslant 2）=P（X=0）+P（X=1）+P（X=2）$$
$$=\sum_{x=0}^{2}（0.01）^{x}（0.99）^{100-x}=0.9205$$
②以卜瓦松分配求算：
$$\lambda=n\cdot p=100\times 0.01=1$$
$$P（X\leqslant 2）=P（x=0）+p（x=1）+p（x=2）$$
$$=\sum_{x=0}^{2}\frac{1^{x}e^{-1}}{x！}=0.9197$$

以常態分配代換二項分配　當樣本數 n 很大，p 接近於
$\frac{1}{2}$ 時，可利用二項分配之期望值 np 及變異數 np（1－p），並依
據中央極限定理，可由具有參數 $\mu=np, \sigma^2=np（1-p）$ 的常態
分配來代換二項分配求算機率，一般使用條件為 p 接近$\frac{1}{2}$,np＞
10時，惟二項分配為間斷型分配，而常態分配為連續型分配，間
斷型分配在某一特定值發生的機率是有值的，但連續型分配在某
一特定值的機率值卻為0，故代換時須加入修正值，修正公式如
下：

某特定值機率：

$$P(x=a)=P[Z<\frac{(a+\frac{1}{2})-np}{\sqrt{np(1-p)}}]-P[Z<\frac{(a-\frac{1}{2})-np}{\sqrt{np(1-p)}}]$$

某區間機率：

$$P(a\leq x\leq b)=P\left[Z\leq\frac{(b+\frac{1}{2})-np}{\sqrt{np(1-P)}}\right]-P\left[Z\leq\frac{(a-\frac{1}{2})-np}{\sqrt{np(1-P)}}\right]$$

〈範題〉某學校學生喜歡採用白板教學者占20％，今抽問50人問喜歡白板教學的學生人數在10至15人之機率？

〈解〉①以二項分求算：

$$P（10\leq X\leq 15）=\sum_{x=0}^{15}C_x^{50}（0.2）^x（0.8）^{50-x}=0.5255$$

②以常態分配求算：

$$P（10\leq X\leq 15）=P\left[Z\leq\frac{（15+\frac{1}{2}）-（50\times 0.2）}{\sqrt{50\times 0.2\times 0.8}}\right]-$$

$$P\left[Z\leq\frac{（10-\frac{1}{2}）-（50\times 0.2）}{\sqrt{50\times 0.2\times 0.8}}\right]$$

$$=P（Z\leq 1.94）-P（Z\leq-0.177）$$

$$=0.9738-0.430$$

$$=0.5438$$

以常態分配代換卜瓦松分配　當卜瓦松分配中的 λ 值大於或等於10時，可採用常態分配代換卜瓦松分配，惟卜瓦松分配為間斷型分配，而常態分配為連續型分配，故亦須修正，修正後公式如下：

$$P(a\leq x\leq b)=P\left[Z\leq\frac{(b+\frac{1}{2})-\lambda}{\sqrt{\lambda}}\right]-P\left[Z\leq\frac{(a-\frac{1}{2})-\lambda}{\sqrt{\lambda}}\right]$$

〈範題〉某電源供應器在一年內發生故障的次數平均為12次，試求在一年內發生10至15次故障之機率？

〈解〉

①以卜瓦松分配求算：

$$P（10\leq X\leq 15）=\sum_{X=10}^{15}\frac{12^xe^{-12}}{x!}=0.844-0.242=0.602$$

（查表2－2）

②以常態分配求算：

$$P（10\leq X\leq 15）=P〔Z\leq\frac{（15+\frac{1}{2}）-12}{\sqrt{12}}〕-P〔Z\leq$$

$$\frac{（10-\frac{1}{2}）-12}{\sqrt{12}}〕$$

$$=P（Z\leq 1.01）-P（Z\leq-0.75）$$

$$=0.8437-0.2358$$

$$=0.608$$

習題

1.擲一正常銅幣二次，隨機變數 x 表示出現正面向上的次數，則 X 的期望值為 　(A)$\frac{3}{2}$ 　(B)$\frac{9}{4}$ 　(C)$\frac{2}{3}$ 　(D)$\frac{4}{9}$ 　(E)1。

2.上題中，x 之變異數為 　(A)$\frac{3}{2}$ 　(B)$\frac{9}{4}$ 　(C)$\frac{2}{3}$ 　(D)$\frac{4}{9}$。

3.若一隨機變數之 p.d.f 如下：f（x）$=\begin{cases}KX^2 & 0<x<1 \\ 0 & others\end{cases}$ 　則 K 值為 　(A)$\frac{1}{3}$ 　(B)1 　(C)3 　(D)2。

4.當群體數（N）趨於無限大，則超幾何分配可以何種分配估計之 　(A)常態分配 　(B)卜氏分配 　(C)二項分配 　(D)指數分配。

5.當樣本數 n 非常大，而事件成功機率 P 微小時，則二項分配可以何分配估計之 　(A)常態分配 　(B)卜氏分配 　(C)超幾何分配

(D)指數分配。

6.當樣本數 n 非常大,而事件成功機 p 或失敗機率 q 不微小時,則二項分配可以何種分配估計之 (A)常態分配 (B)卜氏分配 (C)超幾何分配 (D)指數分配。

7.若一分配為右偏分配,則算術平均數($\overline{X}$)、中位數(Me)、眾數(Mo)之關係為 (A)$\overline{X}=Me=Mo$ (B)$\overline{X}>Me>Mo$ (C)$\overline{X}<Me<Mo$ (D)以上皆非。

8.某班學生50人某次月考國文成績呈常態分配,平均數為65分,標準差5分,試問成績在60分至70分之間的同學有幾人?

9.總機平均5分鐘接到2通電話,試問某日8:00~8:10接到4通電話之機率?

10.某製程不良率為20%,今自該製程抽取3件檢驗,則恰有一件良品之機率為何?

11.假設一不斷電系統使用年限呈指數分配 $\lambda=\dfrac{1}{4}$,今此系統已使用了2000hr(以1000hr 為單位)則可用使用1000hr 之機率為何?

12.標準常態分配具有那些特性?

歷屆試題

1.假設某電子零件的不良率是20%,那麼在品管檢驗時,隨機抽取10件,其中有3件不良品的機率為何: (A)1 (B)$\sum\limits_{i=0}^{3} C_i^{10}$ (0.3)^i(0.7)$^{10-i}$ (C)C_3^{10}(0.3)^3(0.7)^7 (D)C_3^{10}(0.7)^3(0.3)^7。

2.某抽屜中有6隻藍色襪子,4隻白色襪子現隨機抽取兩隻襪子而

不放回，則此兩隻襪子顏色相同的機率為何　(A)$\frac{1}{3}$　(B)$\frac{7}{15}$　(C)$\frac{13}{25}$　(D)$\frac{11}{15}$。

3.若隨機變數 x 屬於卜瓦松分配，其平均數是 λ，若 P（x＝1｜x ≤1）＝0.8，則 λ 值為　(A)4　(B)－ln0.2　(C)0.8　(D)0.25。

4.投擲一顆不偏的骰子，試求得到點數大於3的次數在45～55次之間的機率？　(A)0.5　(B)0.63　(C)0.683　(D)0.728。

5.某超市顧客來店人數呈卜瓦松分配，平均每分鐘有3位顧客，超市設備足供每分鐘5位顧客使用，試求未來3分鐘內超市設備都足供用的機率？　(A)0.8　(B)0.77　(C)0.7　(D)0.47。

6.某次考試共有100顆選擇題，每題皆需作答（未作答者以答錯計），若答對一題得2分，答錯一題倒扣0.5分，某君之實力（答對率）為0.8，試問該生之考試成績介於〔120,170〕之機率為（用常態分配計算）　(A)0.683　(B)0.90　(C)0.954　(D)0.9973。

7.某統計考試的平均成績是82分，標準差是5分，考試分數在88分到94分之間的學生，得到“B”的評等，如果考試成績呈常態分配，而其中有8位學生得 B，那麼有多少人參加考試（請用連續性修正）　(A)44人　(B)52人　(C)62人　(D)100人。

8.Y 表示打一通電話所需之時間，假設其機率分配如下：f（y）＝$de^{-\frac{y}{3}}$　y≥0試求 d 之值為　(A)1　(B)3　(C)$\frac{1}{3}$　(D)9。

9.上題中，試計算打一通電話超過3分鐘之機率為　(A)e^{-9}　(B)e^{-3}　(C)e^{-2}　(D)e^{-1}。

10.已知某校學生之體重，服從一常態分配且其平均數 $\mu＝65kg$，標準差 $\sigma＝7kg$，若該校有5000人，試問全校學生中體重超過86kg 之期望人數為　(A)5人或5人以下　(B)6～10人　(C)11～20

人 (D)20人以上。

11.某城市每一戶家庭擁有機車數為隨機率數 x，其機率分配如下：$f(x) = \frac{1}{3}$, $x = 2,3,4$；令隨機抽出二戶家庭，令（x_1, x_2）表示此二家庭擁有之機數，試計算 $E(\frac{x_1 + x_2}{2})$ 為 (A)2.5 (B)3 (C)3.5 (D)4。

12.上題中，試計算 $Var(\frac{x_1 + x_2}{2})$ 之值為 (A)$\frac{1}{9}$ (B)$\frac{2}{9}$ (C)$\frac{3}{9}$ (D)$\frac{4}{9}$。

13.某公司的員工每月的平均薪資是31000元，標準差是8500元，年終時，老闆決定每人調升6％，並且每人每月加發1500元，試問調薪後員工每月的平均薪資與其標準差各是多少？ (A)34360元與9010元 (B)31000元與10510元 (C)34360元與9950.6元 (D)32500元與10510元。

14.下列機率分配中，何者之平均數與變異相等？ (A)常態分配 (B)t 分配 (C)指數分配 (D)卜瓦松分配。

15.對於隨機變數 x 而為，若 $E(x^2) = 25$，且平均數為4，則其標準差為何？ (A)29 (B)21 (C)9 (D)3。

16.某電器用品的平均壽命為10年，標準差為2年，若在保證期間損壞，廠商免費更換，若廠商預期約有0.3％的更換率，則保證年限應訂為多久？設此電器用品的壽命呈常態分配 (A)3.5年 (B)4.5年 (C)5.5年 (D)6.5年。

17.一袋內有10個銅板，其中有2個5元，8個10元現採不放回式隨機抽取3個，試求3個幣值和的期望值為 (A)25 (B)27 (C)30 (D)40。

第 三 章
管制圖的基本概念

產品的品質是製造出來的，而不是由檢驗或測試得到，所以，產品在開始生產的過程中就應做對，要達到此目標，必須在產品的製造過程即加以管制，以確保最後的品質。而管制圖即是確保產品品質的製程管制工具。它可使設計、製造、檢驗三者連成一體，解決生產過程中的問題，其主要的基本用途如下：

　　1.檢測及監督製造。

　　2.降低製程的變異，提昇品質水準。

　　3.估計產品及製程的參數，作爲改善品質的參考。

管制圖的意義與種類

管制圖的意義

　　運用統計方法，將蒐集之數據計算出製程能力水準及管制界限，並在製造過程中，以隨機抽樣方式，將樣本統計量，點繪於圖，用以判斷品質的變異是否顯著；此種圖形，稱爲管制圖（Control Chart）。

　　管制圖係1924年美國貝爾實驗室之修華特博士（Dr W. A. Shewhart）在研究產品品質特性之次數分配時所發現，在正常製造過程所產生的品質特性，均呈現常態分配的現象，而依據常態分配的理論產品特性超出三個標準差的機率僅有0.27%（1－99.73%），因此修華特便將此常態曲線旋轉90°，在中心點及三個標準差處繪上三條直線，中心線（CL）以黑色實線、上、下界限（UCL，LCL，三個標準差處）以紅色虛線表示，再將樣本值繪於圖中，即得管制圖。

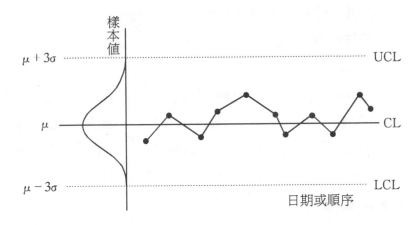

圖3-1　常態曲線與管制圖

品質變異的原因

　　在任何生產過程中，無論設計或管制做得多好，甚至在完全相同的環境條件，完全相同的人員、材料下，產品的品質特性，也會有某些程度上的差異，這種差異的形成，可歸於兩大原因，說明如下：

　　機遇性原因（Chance Cause）　機遇性原因又稱不可控制原因，為生產過程中所產生的變異，此係由許多微小的不可控制因素所引起，對產品品質影響不大，例如，同種原料內的變化，機器輕微振動所引起的變化，對工廠而言，這是一種正常的變動範圍，其變化是不可避免的，在製程管制時，如希望予以減少或去除是非常不經濟的。

　　非機遇性原因（Non－chance Cause）　非機遇性原因又稱不正常原因或異常原因，是屬於人為原因，可以加以控制，其主要由下列各項所引起：

　　1.使用不合格的材料。

2.未按操作標準工作，或標準本身不合理。

3.機械故障或工具損壞。

4.員工替換或工作不力。

以上非機遇性原因，所引起的變化較大，往往造成大量不良品，因此，應予以去除，而管制圖的主要目的，旨在發現此類原因，進而針對原因，予以消除，以維持製程的穩定，防止異常原因再次發生。

管制圖的種類

管制圖的種類依數據的性質區分為：

計數值管制圖（Attribute Control Chart） 所謂計數值管制圖，係指其所用數據均以整數計數者，如不良數、缺點數、故障次數等，常用的管制圖有下列幾種：

1.不良數管制圖（np – Chart）。

2.不良率管制圖（P – Chart）。

3.缺點數管制圖（C – Chart）。

4.單位缺點數管制圖（U – Chart）。

計量值管制圖（Variable Control Chart） 所謂計量值管制圖，係指其所用數據，可以無限分割，如長度、重量、強度、溫度…等常用的管制圖有下列幾種：

1.平均數與全距管制圖（$\overline{X}$ – R Chart）。

2.中位數與全距管制圖（$\tilde{X}$ – R Chart）。

3.平均數與標準差管制圖（$\overline{X}$ – S Chart）。

4.個別值與移動全距管制圖（x – Rm Chart）。

管制圖種類依用途可區分為：

管制用管制圖　用以控制製程的品質，於繪製完成後，將管制界限延長，就每日的數據、計算統計量數，並予以點繪於圖上，以管制製程，如不在管制狀態下，採取下列措施：

　　1.追求異常原因。

　　2.迅速消除此種原因。

　　3.研究處理此種原因，使其不再發生。

　　解析用管制圖

　　1.作為決定方針之用途。

　　2.作為工程解析之用途。

　　3.作為製程力研究之用途。

　　4.作為製程管制的先前準備之用途。

管制圖的製作與研判

管制圖的製作

　　管制圖是管程管制之主要工具，以管制圖中點子出現情形，來調查是否有異常原因，並設法去除及防止其再度發生，即可得到穩定的製程，因此管制圖在製程管制的主要目的，在於防止異常原因與維持製程穩定。其繪製原則如下：

　　基本事項的記載　每一張管制圖應填寫製程名稱、品質特性、測定單位、測定方法、規格、機械號碼、製造號碼、作業員、抽樣方法、時間等基本事項。

　　品質特性的選擇　對產品品質的管理有時只須管制一個品質特性，但有時產品好壞取決於二個或二個以上之品質特性，

此時若兩個特性間具有相關性時，則可採用一個管制圖來控制其中一個品質特性，另一個則依相關性可得其資訊，如此，可減少管制圖之繪製。

樣本大小與樣本組數　樣本組數一般取20至30組，計量值管制圖，因適用常態分配，故樣本大小較小；計數值管制，因係爲二項分配或卜瓦松分配，爲符合常態分配，常取較大之樣本大小。

計量值管制圖中，平均數——全距（$\bar{X}-R$）管制圖，一般 n 取爲2至6間；中位數——全距（$\bar{X}-R$）管制圖 n 取爲奇數3或5以利計算。計數值管制圖中，不合格數（np）管制圖及不合格率（p）管制圖，一般 n 取1/p 至5/p 間，如群體不良率 p＝0.05，則 n＝1/0.05～5/0.05＝20～100。

管制圖的尺寸　縱軸管制上下限的距離約取20～30mm，橫軸各組之距離約取爲2～5mm 較爲合宜。

管制界限的記入法　通常中心線（CL）用實線表示；管制上限（UCL）及管制下限（LCL），表示解析以往數據者用虛線（……），表示將來管制水準者用破線（—·—·—·—）。中心線及管制上下限，分別記入 CL，UCL，LCL 等符號及其數值。

管制圈內點子的繪入　點子之繪入，可採用「○」「×」「△」「□」「◎」等樣式，管制界限上或界限外之點子，可以用特別樣式「◎」、「⊗」或紅色點表示以爲區別。

管制界限之修正　管制圖使用一段時間後，品質可能已經改善或其他生產條件的改變，管制界限應隨時修正，以符實際需要。

管制狀態的研判

正常管制型態　正常管制的型態點子是隨機分布於管制圖上，在中心線的上、下方約有同數的點子，並以中心線近旁最多，且不能出現有規則性或系統性的現象，有兩種情況可視為在正常管制狀態下：

1. 管制圖上的點子，大都集中在中心線附近，少數出現在管制界限附近，則呈隨機分布。

2. 管制圖上的點子，25點中有0點，35點中有1點以下，100點中有2點以下，跑出管制界限外時，亦可稱之在管制狀態下。

　　若不符合上述情況，即為不在管制狀態，一般而言，點子在管制界限外，皆易於判定不在管制狀態下，若在管制界限內，但呈現系統性或週期性的現象，則較難加以判定，以下為不正常的管制型態的研判方法。

不正常型態　連串型態—管制圖中之點子有連續七點在中心線與管制上限或中心線與管制下限之間。此機率非常小，約為 $(\frac{1}{2})^7 + (\frac{1}{2})^7 = \frac{1}{128} + \frac{1}{128} = \frac{1}{64}$，在如此小的機率竟然出現，可判為有異常原因發生：

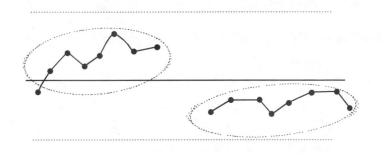

圖3-2　連續七點出現在管制界限與中心線間

此種型態發生的原因可能有下列幾種：

1.設備逐漸變壞、損耗。

2.作業員疲勞。

3.作業員的技術改進或退步。

4.材料品質逐漸改變。

5.周圍環境的改變。

傾向型態—管制圖中連續七個點子一直上昇或一直下降，此種機率亦為$\frac{1}{64}$（與前同），如此微小之機率若出現，亦可判定有異常原因發生。

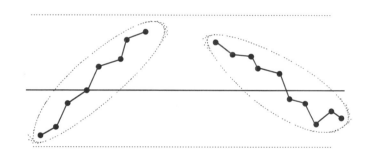

圖3-3　連續七點上昇或下降

此種型態發生的原因與前面之連串型態同。

週期型態—管制圖上的點子，呈現如（圖3-4）所示，呈週期性變化時，應調查其原因。

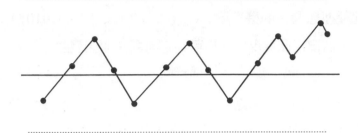

圖3-4 點子呈週期性變化

此種型態發生的原因，可能有下列幾種？

1.依一定順序使用某機器設備或儀器。

2.作業依一定順序及時間輪替。

3.機器設備之定期預防保養。

4.工作環境溫濕度之週期性變化。

5.作業員疲勞。

在中心線的上方或下方出現點子較多。

1.連續十一點中至少有十點。

2.連續十四點中至少有十二點。

3.連續十七點中至少有十四點。

4.連續二十點中至少有十六點。

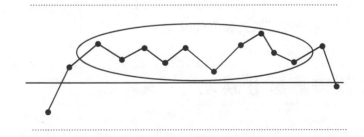

圖3-5 連續十一點中至少有十點在中心線上方或下方

此種型態發生的機率為$2 \times C_{10}^{11} \left(\frac{1}{2}\right)^{10} \left(\frac{1}{2}\right)^{1} = 0.01074$，相當微小，若出現此種現象，亦可判定有異常原因發生。

點出現在三倍標準差與二倍標準差間：

　　1.連續三點中有二點。

　　2.連續七點中有三點。

　　3.連續十點中有四點。

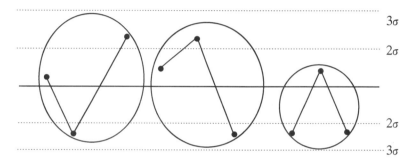

圖3-6　連續三點中有二點出現在三倍標準差與二倍標準差間

此種型態發生的原因，可能有下列幾種：

　　1.管制的標準過於嚴苛。

　　2.材料品質有規則性變化。

　　3.不同品質材料混合在一起。

　　4.不同製程或不同作業員用同一張管制圖。

　　5.測定方法或設備有規則性變化。

型Ⅰ誤差與型Ⅱ誤差

　　應用管制圖進行製程管制時，管制界限受到抽樣樣本及標準差倍數多寡的影響，會有所差異，當樣本數變大時，管制界限的

寬度會變窄，則點子容易落在管制界限之外，即使產品的品質沒有多大改變，仍屬於正常情形，但由於點子出現在管制界限外，認為有非機遇性原因而去追查，如此即犯下錯誤，此錯誤稱為型Ⅰ誤差（Type Ⅰ error），而當樣本較變小時，管制界限的寬度會變寬，則點子不容易落於管制界限外，即使產品的品質已經改變了，產生了異常現象，卻因管制圖上的點子均正常而未追查原因，此即犯了另一種錯誤，此錯誤，稱為型Ⅱ誤差（Type Ⅱ error）。

　　由前所述及之兩種誤差，雖同時存在，卻相互消長，當管制界限變窄時，犯型Ⅰ誤差的機率變大，而犯型Ⅱ誤差的機率卻變小，當管制界限變寬時，犯型Ⅰ誤差的機率變小，而犯型Ⅱ誤差的機率卻變大，修華特博士曾指出用三倍標準差作為管制界限時，可使型Ⅰ誤差與型Ⅱ誤差之和變為最小如（圖3－7），最符合經濟原則，所以，目前大多仍採用三倍標準差為管制界限的作法，理由在此。

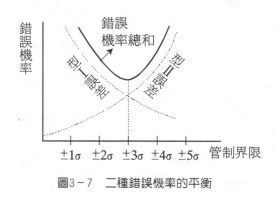

圖3－7　二種錯誤機率的平衡

管制界限、規格界限與製程寬度

規格界限（Specification Limit）是由工程師所設計，用來表示品質特性的最大或最小的規格，最大規格以 U 表示，最小規格以 L 表示，此規格用來保證產品品質的性能，能達到原本設計的功能，並提供買賣雙方對產品檢驗時的標準。

管制界限（Control Limit）是指樣本平均數（$\mu = \overline{X}$）加減三倍樣本標準差（$\sigma_{\overline{x}}$）的範圍，是經由抽樣所得的數據，利用統計方法所求得之管制上、下限，藉以管制製程，管制的對象係以平均數而言。

製程寬度是指整個製造過程中群體產品品質變動散布的六個標準差（6σ）範圍其管制的對象係以群體的個別值而言，而此散布的情形代表製程的能力，又稱為自然公差，它與規格界限及管制界限的關係如（圖3-8）所示：

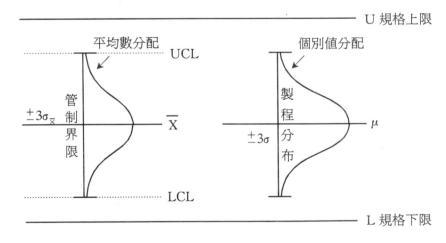

圖3-8　管制界限與規格界限、製程寬度之關係

設計工程師所製訂之規格界限 U－L，稱為規格公差，當設計工程師在建立規格時，若未能考量製程散布情形，而貿然制定規格界限，將會導致以下三種情況發生：

製程寬度小於規格界限（6σ＜U－L）

製程寬度小於規格界限是所有管制製程人員最大的期盼，這是一種最理想，有利的製程管制，如（圖3-9）所示，當製程能力，因某些因素影響造成品質有所偏差時，亦不會造成困擾，因為製程的稍微偏移，並不會使品質超出規格界限，雖然已超出管制狀態外，但產品品質尚可接受，不會形成浪費。

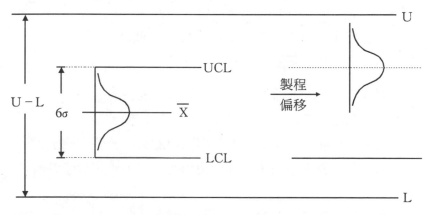

圖3-9　6σ＜U－L

製程寬度約略等於規格界限（6σ≒U－L）

此種製程能力尚可滿足產品品質的要求，惟最大的前提是製程不能有所偏差，如（圖3-10）所示，若製程品質的平均值偏移，或製程散布情況過大，將使得產品品質出現超出規格界限的現象造成不良品，改善的方法可加強製程能力的提昇，做好管制措施，或與設計工程師討論規格界限是否可做修正等等。

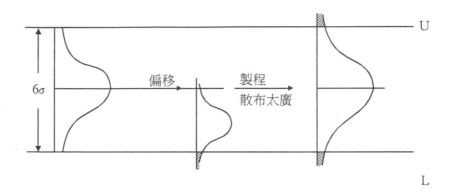

圖3-10　6σ÷U－L

製程寬度大於規格界限（6σ＞U－6）

　　此種製程能力已無法製造出符合規格之產品，如（圖3-11）所示，應設法解決，解決方法有下列幾點：

1. 與設計工程師討論增大規格界限的可能性。
2. 仍然繼續生產產品，但對產品做全數檢驗。
3. 增強製程能力，使製程的散布情形能集中於平均值附近，如此可能需加強員工訓練，使用新物料，徹底檢修儀器設備等。
4. 移動製程平均數，使所有不良品朝向次數分配的一端，然後將不良品加工，使成為良品，惟此法的採用須在加工成本，低於產品成本時，方可實施。

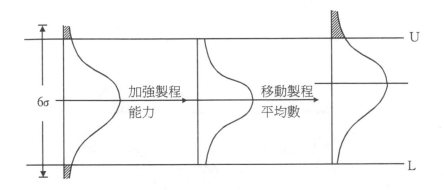

圖3-11　6σ＞U－L

〈範例〉中鋼公司製造鋼管之內徑規格為6.50±0.05mm，若製程
　　　　平均值為6.5mm，標準差為0.025mm，假設產品品質呈
　　　　常態分配，試求：

　　　　(1)產品中有多少百分比應報廢？

　　　　(2)產品中有多少百分比可重新加工使用？

　　　　(3)若移動製程平均數，使報廢百分比為0，則重新加工百
　　　　　 分比為多少？

〈解〉產品規格上限 U＝6.50＋0.05＝6.55（mm）

　　　產品規格下限 L＝6.50－0.05＝6.45（mm）

　　　報廢百分比＝P（x_i＜L）＝P（Z＜$\dfrac{L-\mu}{\sigma}$）

$$=P\left(Z<\frac{6.45-6.50}{0.025}\right)=P(Z<-2)$$

　　　查常態分配表得：

　　　P（Z＜－2）＝0.0228＝2.28％

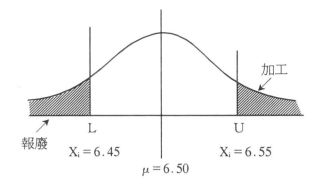

L
$X_i = 6.45$

U
$X_i = 6.55$

報廢

加工

$\mu = 6.50$

(2)重新加工百分比，因製程中心在規格界限中間且假設為對稱分配，故重新加工百分比亦為2.28％。

(3)欲使報廢百分比＝0則查常態分配得知當 $Z = -3.59$ 時，機率值為0，則 $P(Z < -0.359) = 0$

$$Z = \frac{X_i - \mu}{\sigma} \Rightarrow -3.59 = \frac{6.45 - \mu}{0.025} \Rightarrow \mu = 6.54$$

加工百分比 $= P(x_i > U) = P\left(Z > \frac{6.55 - 6.54}{0.025}\right)$

$\qquad = P(Z > 0.4) = 0.3446 = 34.46\%$

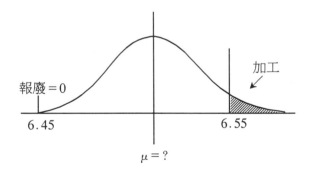

報廢＝0

加工

6.45

6.55

$\mu = ?$

製程能力指標

　　製程能力指標是利用規格界限與製程散布的程度作比較，求得一些指標數值，如 C_P 指標，C_{PK}指標等，用來表示製程符合產品規格的能力。

　　C_P 指標：將規格界限（U－L）與製程寬度（6σ）相比較所求得之比值，即為 C_P 指示：

$$C_P = \frac{U-L}{6\sigma}$$

C_P：製程能力指標

U－L：規格公差

6σ：製程寬度

　　若 C_P 值大於1，代表規格界限大於製程寬度，如（圖3-12）所示，即為較理想的情形，若 C_P 值等於1，代表規格界限等於製程寬度，須嚴加管制製程，若 C_P 值小於代表規格界限小於製程寬度，則製程能力明顯不足。

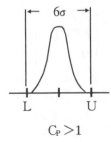
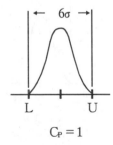
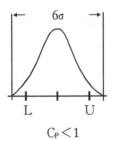

圖3-12　製程能力指標的三種情形

　　C_{PK}指標：C_P 指標的缺點在於未考慮製程平均值所在的位

置，也就是說只要製程標準差相同，具有不同平均值之製程，將有相同的 C_P 值，如此在判定製程能力時，將有所缺失，而 C_{PK} 指標是用來衡量實際製程能力的績效，其定義為：

$$C_{PK} = \frac{Z\,(\,min\,)}{3}$$

其中 $Z\,(\,min\,)$ 為 $Z\,(\,U\,) = \frac{U - \overline{X}}{\sigma}$ 或 $Z\,(\,L\,) = \frac{\overline{X} - L}{\sigma}$ 中較小者。由此可知，當製程中心未偏離時，C_P 值與 C_{PK} 值相等，而當製程中心偏離時，C_P 值與 C_{PK} 值才會產生差異，如（圖3-13）所示：

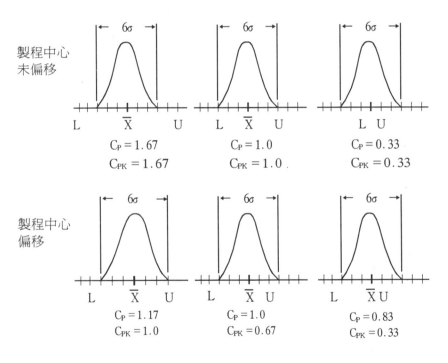

圖3-13 C_P 與 C_{PK} 之比較

茲將 C_P 與 C_{PK} 值之差異性，歸於下列幾種情形。

1.不管製程中心是否有改變，C_P 值維持不變。

2.當製程平均值未偏移時 $C_P = C_{PK}$。

3.C_{PK}一般皆小於或等於 C_P。

4.C_P 值小於1表示製程能力不足。

5.C_{PK}值小於1表示生產產品之製程不符合規格。

6.C_{PK}值等於0表示平均數等於其中一個規格界限。

7.C_{PK}值＜0表示平均數在規格外。

〈範題〉某廠生產零件規格上限為20.85mm 規格下限為20.80mm
今已知其平均數為20.81mm 標準差為0.0116mm，試求其
C_P 與 C_{PK}，並說明其製程能力為何？

〈 解 〉$C_P = \dfrac{U - L}{6\sigma} = \dfrac{20.85 - 20.80}{6 \times 0.0116} = 0.7184$

$Z(U) = \dfrac{U - \overline{X}}{\sigma} = \dfrac{20.85 - 20.81}{0.0116} = 3.448$

$Z(L) = \dfrac{\overline{X} - L}{\sigma} = \dfrac{20.81 - 20.80}{0.0116} = 0.862$

$C_{PK} = \dfrac{Z(\min)}{3} = \dfrac{0.862}{3} = 0.287$

由 C_P 與 C_{PK}值瞭解製程能力明顯不足，會有不良品產生。

製程能力6σ：製程能力的確定必須該製程已在管制狀態
下，才具有意義，通常我們希望有一個較快速的製程能力計算方
式，其作法如下：

1.確定製程已在管制狀態下。

2.取 K 組樣本數為 n 的樣本，共 K×n 個觀察值。

3.計算每組的樣本標準差 S。

4.計算平均樣本標準差$\overline{S} = \dfrac{\sum S}{K}$。

5.計算群體標準差的估計值 $\sigma_O = \dfrac{\bar{S}}{C_4}$〔$C_4$可查（表5-1）〕。

6.計算製程能力$6\sigma_o$。

以上製程能力之計算係針對樣本標準差來計算，若以全距來代替樣本標準差，其作法如下：

1.確定製程，已在管制狀態下。

2.取 K 組樣本數為 n 的樣本，共 K×n 個觀察值。

3.計算每一樣組之全距 R。

4.計算平均全距$\bar{R} = \dfrac{\sum R}{K}$。

5.計算群體標準差的估計值 $\sigma_O = \dfrac{\bar{R}}{d_2}$〔$d_2$可查（表5-1）〕。

6.計算製程能力$6\sigma_o$。

〈範題〉某製程在管制狀態下，今抽取20組樣本數為4的樣本，求得樣本標準差總和90，試決定其製程能力

〈解〉$\bar{S} = \dfrac{\sum S}{K} = \dfrac{90}{20} = 4.5$

$\sigma_O = \dfrac{\bar{S}}{C_4} = \dfrac{4.5}{0.9213} = 4.88$（$C_4$查表 n＝4時得0.9213）

$6\sigma_O = 6 \times 4.88 = 29.28$

〈範題〉設從某製程中隨機抽取10組樣本數為5的樣本，其全距分別為6,5,3,8,7,5,4,4,2,6，試決定該製程的製程能力。

〈解〉$\bar{R} = \dfrac{\sum R}{K} = \dfrac{50}{10} = 5.0$

$\sigma_O = \dfrac{\bar{R}}{d_2} = \dfrac{5.0}{2.326} = 2.15$〔$d_2$查（表5-1），n＝5時得2.326〕

$6\sigma_O = 6 \times 2.15 = 12.9$

習題

1. 非機遇原因　(A)又稱人為原因、可歸究原因　(B)發生的量少，但對品質影響大　(C)值得花時間人力去追查　(D)以上皆是。

2. 下列何者為計數值管制圖？　(A)中位數管制圖　(B)平均數管制圖　(C)標準差管制圖　(D)缺點數管制圖。

3. 樣本大小 n：　(A)愈大　(B)愈小　(C)相同　(D)無關，計算出來三個標準差的管制界限愈狹窄。。

4. 管制圖的管制界限越窄，則型 I 誤差會：　(A)越大　(B)越小　(C)不變　(D)以上皆非。

5. 下列特性中，何者適用計數值管制圖　(A)溫度　(B)尺寸　(C)鋼線拉力　(D)瑕疵。

6. 機遇原因又稱為　(A)非人為原因　(B)可歸究原因　(C)人為原因　(D)以上皆非。

7. 管制圖中各點連續朝同一方向變動，只要連續　(A)9點　(B)8點　(C)7點　(D)6點時，則必有非機遇性原因發生。

8. 下列何種情形表示管制圖在不安定狀態　(A)連續七點上升或下降　(B)有週期性現象　(C)連續七點在中線一側　(D)以上皆是。

9. 若以平均數加減3倍標準差為管制界限，則有多少百分比之點子全落於管制界限內　(A)95％　(B)95.45％　(C)99％　(D)99.73％。

10. 管制圖為何人所發明　(A)修華特　(B)費根堡 (C)裘蘭　(D)石川馨。

11. 下列何者為計量值管制圖　(A)缺點數管制圖　(B)不良率管制圖　(C)平均數—全距管制圖　(D)不良數管制圖。

12.點子落在管制圖的管制界限之外是因為機遇原因所造成，但卻誤以為製程已產生變異而去追查，此種錯誤稱為： (A)型Ⅰ誤差 (B)型Ⅱ誤差 (C)消費者冒險率 (D)以上皆非。

13.型Ⅱ誤差係指： (A)製程已產生變異卻誤以為沒有變異 (B)製程沒有變異卻誤以為已產生變異 (C)製程已產生變異也確認其已產生變異 (D)製程沒有變異也確認其沒有變異。

14.下列何者正確？ (A)當製程中心變化時，CP值並不變化 (B)當製程中心正確，未偏移時，CP = C_{PK} (C)C_{PK}常等於或小於CP (D)以上皆是。

15.下列何者錯誤 (A)CP值小於1表示製程能力不足 (B)C_{PK}值為0，表示平均數等於其中一項規格界限 (C)C_{PK}值為負，表示平均數在規格外 (D)以上皆非。

16.製程能力指標（CP）>1時，代表 (A)規格界限大於製程寬度 (B)規格界限小於製程寬度 (C)規格界限等於製程寬度 (D)以上皆非。

17.試說明品質發生變異的原因？

18.何謂計數值管制圖與計量值管制圖？

19.試繪圖說明製程寬度與規格界限之關係？

20.某產品規格界限為4.8及4.2，試求其標準差 $\sigma = 0.02$ 時之能力指標（CP）？

21.若上題中，當平均數為6.4時，則 C_{PK} 為何？

22.試說明管制圖之用途？

歷屆試題

1.管制圖之主要目的是 (A)預防重於治療 (B)估計製程品質 (C)

估計產品品質　(D)決定產品是否合乎規格。

2.若有一品質特性，其連續6點數據為15.2，19.7，16.0，11. 1，14.8，14.5，則上昇連串與下降連串之總數為　(A)2　(B)3 (C)4　(D)5。

3.某工廠進貨一批煤，抽取五個樣本，所測得之灰分應採用　(A) $\overline{X}-R$ 管制圖　(B)C 管制圖　(C)np 管制圖　(D)x 管制圖。

4.下列敘述何者為真？　(A)如點均在管制界限之中時，就毫無偏 離管制之事　(B)在管制圖裏，工程如有變化時，點必然溢出界 外　(C)在管制圖裏，工程即使沒有變化，點也有溢出界外之情 形　(D)在 u 管制圖中，組的大小 n 變大時，檢出力即變差。

5.P 管制圖被用來監視　(A)抽樣時所得資料之離散度　(B)不良數 (C)全距值　(D)缺點數。

6.若有一點落在 P 管制圖之管制下限之下，則　(A)視之不理， 因為它顯示品質改善　(B)它是不可能的，因為 P 管制圖之管 制下限總是為0　(C)必須加以調查以瞭解其原因　(D)除非有另 一點落在管制下限之下，否則視之不理。

7.檢定效力（power）是指：　(A)製程並未改變，判斷已發生改 變之機率　(B)製程並未改變，判斷未發生改變之機率　(C)製程 已發生變化，判斷已發生變化之機率　(D)製程已發生變化，判 斷未發生變化之機率。

8.型Ⅰ（type Ⅰ）誤差發生，當　(A)壞貨被接受　(B)好貨被拒絕 (C)壞貨被拒絕　(D)好貨被接受。

9.至少連續多少點以上出現在管制中心線的上側時，雖未溢出管 制界限外，我們仍認為技術上可獲得有利的情報　(A)2　(B)3 (C)6　(D)9。

10.對下列四種敘述而言(1)某工廠每期的意外事件(2)棉紗的拉力強

度(3)每月機器的故障數(4)鋼珠的直徑，何者爲計量值？　(A)2，3　(B)1，3　(C)1，4　(D)2，4。

11.下列四項敘述，何者是不正確的？　(A)所謂管制圖是以統計的方法，判定工程有無異常的工具　(B)管制界限是在3σ的地方畫線爲原則　(C)我們蒐集數據的目的，是爲了獲得樣本的知識而非爲了獲得母群體的知識　(D)管制圖中雖然工程未變化，而點出現在界外的情形也是有可能。

12.某產品的規格上、下限爲12.50in±0.05in，若某製程服從常態分配且平均值爲12.49in，標準差爲0.02in，試問不合格產品之百分率（Q）爲多少？　(A)Q≤0.5%　(B)0.5%＜Q＜1%　(C)1%＜Q＜2%　(D)Q≥2%。

第四章

計數值管制圖

常用的計數值管制圖有兩種不同類型，一種是用於管制不良品，計有不良率管制圖（P－Chart）及不良數管制（np－chart），另一種是用於管制缺點，計有缺點數管制圖（C－Chart）及單位缺點數管制圖（U－Chart），管制不良品數的管制圖源於二項分配而管制缺點數的管制圖源於卜瓦松分配，計數值的管制圖所需之樣本數較計量值管制圖大，一般而言，不良數管制圖及不良率管制圖每一樣本組之樣本大約為50以上，而缺點數管制圖及單位缺點數管制圖為一觀察單位平均有1～5個缺點

　　計數值管制圖除樣本大小較計量值管制圖大外，計數值管制圖只有一個管制圖，而計量值管制圖需有二個管制圖，一個管制產品平均品質，一個管制產品的差異性，計數值管制圖管制產品品質特性的方法，是將產品以採「通過」與「不通過」的量規，判斷其是否為合格品或不合格品，而計量值管制圖則隨測量值不同而異。

不良率管制圖

相同樣本數的 P 管制圖

　　不良率管制圖（P－Chart），又稱為不合格率管制圖，與不良數管制圖同樣基於二項分配，若樣本改為 n，不良數為 D，不良率則為 $\frac{D}{n}$，不良率之分配的平均數與標準差，則為二項分配的平均數與標準差各除以 n，故不良率分配之平均數為 P，標準差為 $\sqrt{P(1-P)/n}$，因而，群體不良率為 P 時，不良率（不合格率）管制圖之管制界限為：

　　中心線（CL）＝P

$$管制上限（UCL）= P + 3\sqrt{\frac{P（1-P）}{n}}$$

$$管制下限（LCL）= P - 3\sqrt{\frac{P（1-P）}{n}}$$

但是 LCL 最低爲0，不可低於0，因爲不良率不可能爲負值

一般常用之蒐集樣本組數據後的管制界限爲：

$$中心線（CL）= \overline{P} = \frac{\sum d}{\sum n} = \frac{各組不良數之和}{各組樣本數之和}$$

$$管制上限（UCL）= \overline{P} + 3\sqrt{\frac{\overline{P}（1-\overline{P}）}{n}}$$

$$管制下限（LCL）= \overline{P} - 3\sqrt{\frac{\overline{P}（1-\overline{P}）}{n}}$$

有時不良率的數值過小，有人將不良率×100，採用不良百分率管制圖，其管制界限爲：

$$中心線（CL）= P\%$$

$$管制上限（UCL）= （\overline{P} + 3\sqrt{\frac{\overline{P}（100-\overline{P}）}{n}}）\%$$

$$管制下限（LCL）= （\overline{P} - 3\sqrt{\frac{\overline{P}（100-\overline{P}）}{n}}）\%$$

在使用不良率管制圖時，必需注意非機遇性因素而造成的不良率突然昇高，否則因一兩個樣本的不良率太高，導致整個管制圖的管制界限太寬，影響判斷的正確性。

〈範題〉某溜冰鞋製造商每天平均製造2000雙，每次抽取40雙做檢
　　　驗，看輪子滑動順不順暢，經過22天檢驗，得數據如下；
　　　試繪製 P 管制圖：

組數	不良數(Dⁱ)	不良率(Pᵢ)	組數	不良數(Dᵢ)	不良率(Pᵢ)
1	2	0.050	13	7	0.175
2	3	0.075	14	2	0.050
3	1	0.025	15	3	0.075
4	4	0.100	46	4	0.100
5	3	0.075	17	3	0.095
6	2	0.050	17	8	0.200
7	2	0.050	19	0	0.000
8	1	0.025	20	1	0.025
9	0	0.000	21	3	0.075
10	3	0.075	22	2	0.050
11	2	0.050	合計	60	$\overline{P}=0.0648$
12	4	0.100			

〈解〉$\overline{P} = \dfrac{60}{22 \times 40} = 0.0682$

$= UCL_{\overline{P}} = 0.0682 + 3\sqrt{\dfrac{0.0682\,(\,1-0.0682\,)}{40}} = 0.1878$

$= CL_{\overline{P}} = 0.0682$

$= LCP_{\overline{P}} = 0.0682 - 3\sqrt{\dfrac{0.0682\,(\,1-0.0682\,)}{40}} = -0.051$

（取0）

經判斷後發現第13組和第18組不良率特別高，可能由非機遇性原因造成，故剔除此二筆資料，重新修正管制界限：

$\overline{P} = \dfrac{45}{20 \times 40} = 0.0563$

$UCL_{\overline{P}} = 0.0563 - 3\sqrt{\dfrac{0.0563 \times (\,1-0.0563\,)}{40}} = 0.1656$

$CL_{\overline{P}} = 0.0563$

$LCL_{\overline{P}} = 0.056 - 3\sqrt{\dfrac{0.0563 \times (\,1-0.0563\,)}{40}} = -0.053(取0)$

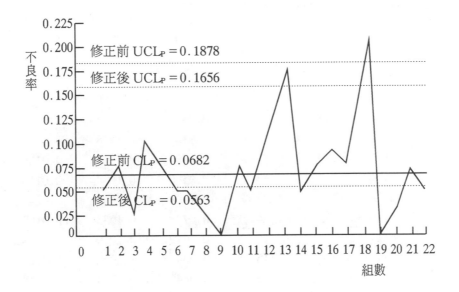

不同樣本數的 P 管制圖

當抽樣之樣本數不同時，P 管制圖仍然可以繪製，通常可分為兩種方法繪製：

針對樣本個別組繪製管制界限 當各樣本數不同時，個別組均有自己的管制界限，公式如下：

$$UCL_{\overline{P}(i)} = \overline{P} + 3\sqrt{\frac{\overline{P}\,(\,-\overline{P}\,)}{ni}}$$

$$CL_{\overline{P}} = \overline{P}$$

$$= LCL_{\overline{P}(i)} = \overline{P} + 3\sqrt{\frac{\overline{P}\,(\,1-\overline{P}\,)}{ni}}$$

〈範題〉某 PC 廠商在製造過程中，經自動檢測，其每日產品之不良數如下表所示，試針對樣本個別組繪製 P 管制圖？

天數 (i)	樣本數 (n_i)	不良品數 (D_i)	不良率 ($\bar{P_i}$)	管制上限 ($UCL_P(i)$)	管制下限 ($LCL_P(i)$)
1	245	12	0.0490	0.1057	0.0145
2	216	14	0.0645	0.1086	0.0116
3	183	8	0.0437	0.1128	0.0074
4	147	8	0.0544	0.1189	0.0013
5	145	13	0.0897	0.1193	0.0009
6	190	21	0.1105	0.1118	0.0084
7	237	7	0.0295	0.1064	0.0138
8	218	13	0.0596	0.1084	0.0118
9	248	25	0.1008	0.1054	0.0148
10	272	20	0.0735	0.1033	0.0169
11	291	18	0.0619	0.1019	0.0183
12	275	15	0.0545	0.1031	0.0171
13	248	16	0.0645	0.1054	0.0148
14	217	12	0.0553	0.1085	0.0117
15	189	8	0.0423	0.1120	0.0082
16	203	2	0.0099	0.1101	0.0101
17	209	8	0.0383	0.1094	0.0108
18	227	10	0.0441	0.1074	0.0128
19	235	26	0.1106	0.1066	0.0136
20	$\dfrac{250}{4445}$	$\dfrac{11}{267}$	0.0440	0.1052	0.0150

〈 解 〉$\bar{P} = \dfrac{\sum D_i}{\sum ni} = \dfrac{267}{4445} = 0.0601$

$$UCL\,\bar{P}\,(i) = 0.0601 + 3\sqrt{\dfrac{0.0601\,(1-0.0601)}{n_i}}$$

$CL_{\bar{P}} = 0.0601$

$$LCL_{\bar{P}(i)} = 0.0601 - 3\sqrt{\dfrac{0.0601\,(1-0.0601)}{ni}}$$

茲以第一天為例，將樣本數 n＝245代入公式，得第一天

管制界限：

$$UCP_{\bar{P}(1)} = 0.0601 + 3\sqrt{\frac{0.0601(1-0.0601)}{245}} = 0.1057$$

$$LCL_{\bar{P}(1)} = 0.0601 - 3\sqrt{\frac{0.0601(1-0.0601)}{245}} = 0.0145$$

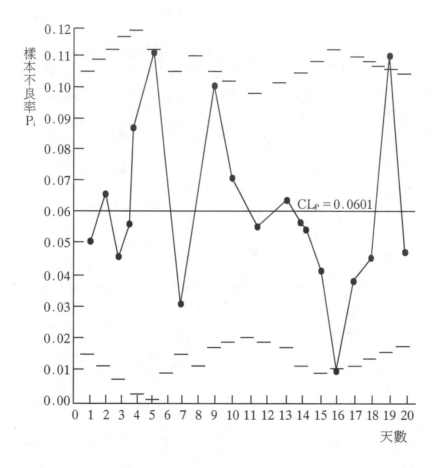

以樣本平均值繪製管制界限

〈範題〉試以前面範題之數據，繪出以樣本平均值所求得之 P 管制點？

〈解〉$\bar{P} = \dfrac{\sum Di}{\sum ni} = \dfrac{267}{4445} = 0.0601$

$\bar{n} = \dfrac{\sum ni}{20} = \dfrac{4445}{20} \doteqdot 222$

$VCL_{\bar{P}} = 0.0601 + 3\sqrt{\dfrac{0.0601 \times (1 - 0.0601)}{222}} = 0.1082$

$CL_{\bar{P}} = 0.0601$

$LCL_{\bar{P}} = 0.0601 - 3\sqrt{\dfrac{0.0601 \times (1 - 0.0601)}{222}} = 0.0120$

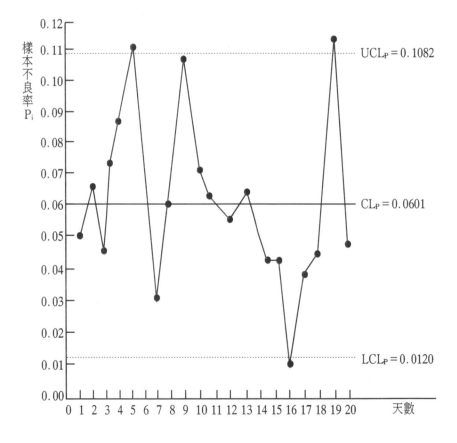

以樣本平均值所繪製的 P 管制圖，可利用各樣組之不良率 P_i

及樣本數 n_i 來判定其是否在管制界限內，一般可分為四種情況：

(1)當 $n_i < \bar{n}$；$P_i < UCL_{\bar{P}}$ 或 $P_i > LCL_{\bar{P}}$ 時，不用檢查一定在管制內。

(2)當 $n_i > \bar{n}$；$P_i < UCL_{\bar{P}}$ 或 $P_i > LCL_{\bar{P}}$ 時，必須詳細研判，才可知道是否在管制內。

(3)當 $n_i > \bar{n}$；$P_i > UCL_{\bar{P}}$ 或 $P_i < LCL_P$ 時，不用檢查，一定在管制外。

(4)當 $n_i < \bar{n}$；$P_i > UCL_{\bar{P}}$ 或 $P_i < LCL_P$ 時，必須詳細研判，才可知道是否在管制內。

不良數管制圖

不良數管制圖（np – chart），又稱為不合格數管制圖，亦是源於二項分配之平均數 np 及標準差而定的三倍標準差管制界限，在群體不良率為 P 時管制界限為：

$$中心線（CL）= np$$

$$管制上限（UCL）= np + 3\sqrt{np（1-p）}$$

$$管制下限（LCL）= np - 3\sqrt{np（1-p）}$$

一般常用的蒐集樣本組數據後的管制界限為：

$$中心線（CL）= n\bar{P}$$

$$管制上限（UCL）= n\bar{P} + 3\sqrt{n\bar{P}（1-\bar{P}）}$$

$$管制下限（LCL）= n\bar{P} - 3\sqrt{n\bar{P}（1-\bar{P}）}$$

不良數管制圖與前述之不良率管制圖不同之處，在於不良數

管制圖只適用於每一樣本組之樣本大小相同時，而不良率管制則無此限制，一般而言，不良數管制圖的樣本大小取50或50以上，理論上 $n = \frac{1}{P} \sim \frac{5}{P}$，若 $P = 0.01$，則樣本數在 $\frac{1}{0.01} \sim \frac{5}{0.01} = 100 \sim 500$ 之間。

〈範題〉某輪胎工廠生產汽車外胎一批，預計20天完工，今每天抽取100個樣本，其數據如下表，試繪製 np 管制圖？

組數 (K)	樣本數 (n)	不良數 (D)	組數 (K)	樣本數 (n)	不良數 (D)
1	100	18	11	100	13
2	100	15	12	100	12
3	100	11	13	100	11
4	100	9	14	100	16
5	100	21	15	100	9
6	100	19	16	100	12
7	100	14	17	100	10
8	100	18	18	100	8
9	100	9	19	100	5
10	150	7	20	100	6

〈解〉$\bar{P} = \frac{\sum D}{\sum n} = \frac{243}{20 \times 60} = 0.1215$

$UCL_{np} = n\bar{P} + 3\sqrt{n\bar{P}(1 - \bar{P})}$

$\quad\quad\quad = 100 \times 0.1215 + 3\sqrt{100 \times 0.1215 \times (1 - 0.1215)}$

$\quad\quad\quad = 21.95$

$CL_{np} = n\bar{P} = 100 \times 0.1215 = 12.15$

$LCL_{np} = n\bar{P} - 3\sqrt{n\bar{P}(1 - \bar{P})}$

$\quad\quad\quad = 100 \times 0.1215 - 3\sqrt{100 \times 0.1215 \times (1 - 0.1215)}$

$\quad\quad\quad = 2.35$

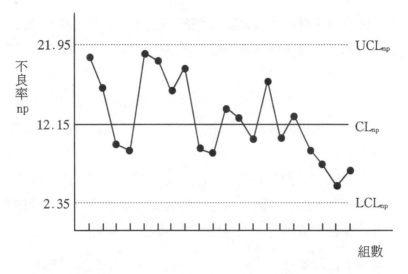

在 np 管制圖中，圖上所描繪之點代表樣本中不良品之數目，而不良品數必須為整數，所以在此例中，若樣本點介於3至21之間，則製程可視為在管制內，但亦有人將管制界限設為2至22之間，若是如此，則樣本點落在2或22上或超出管制界，則判定製程在管制外。

缺點數管制圖

缺點數管制圖（c－chart）是用來管制產品之缺點，所謂缺點，是指產品單位上任何不合乎指定要求而言，如每平方呎瓦楞紙上之黑點數，每頁印刷錯誤之字數及單位面積玻璃上之氣泡數等，一個產品可能有1個或多個缺點，這些都歸為不良品；可採用不良數或不良率管制圖來加以管制，但若針對產品上之缺點數多寡加以管制，則須採用缺點數管制圖或單位缺點數管制圖。

一般缺點可分為嚴重缺點，主要缺點之次要缺點三種，其分類的原則如下：

1. 嚴重缺點係指根據經驗或判斷，認為使用保管或依賴該產品的人有發生危險或不安全結果的缺點稱之，如電器用品性能之缺點。

2. 主要缺點係指除了嚴重缺點之外，產品的使用性能不能達到預期要求而降低其實用性的缺點，如電器產品結構性能之缺點。

3. 次要缺點係指產品在使用性能及預期要求的目標，大致均能達到，但在外觀上可能有些瑕疵，但並不影響其操作及功能性之缺點，如電器用品之外觀之上缺點。

　　而以上三種缺點，均可視為不良品，所謂不良品是指產品單位上包含有一個以上缺點之產品，一般亦可分為嚴重不良品，主要不良品及次要不良品，其分類原則如下：

1. 嚴重不良品為含有一個以上之嚴重缺點，同時亦可含有主要缺點及次要缺點。

2. 主要不良品為含有一個以上之主要缺點，同時亦可含有次要缺點，但不含有嚴重缺點。

3. 次要不良品為含有一個以上之次要缺點，但不含有嚴重缺點或主要缺點。

　　缺點數管制圖是為管制產品單位上之缺點數而製作，可依卜瓦松分配模式來解釋，其參數為單位缺點數 C，而由卜瓦松分配知其平均及變數皆為 C，故理論上缺點數管制圖之管制界限為：

$$中心線（CL）= C$$
$$管制上限（UCL）= C + 3\sqrt{C}$$
$$管制下限（LCL）= C - 3\sqrt{C}$$

而若 C 之標準值未知，可由所蒐集之樣本數據計算缺點數平均值$\overline{C}$以估計 C，在此情況下，管制界限為：

$$中心線（CL）-\overline{C}$$

$$管制上限（UCL）=\overline{C}+3\sqrt{\overline{C}}$$

$$管制下限（LCL）=\overline{C}-3\sqrt{\overline{C}}$$

〈範題〉某電腦零件製造工廠、生產印刷電路板（PCB），在製程中抽取22片印刷電路板檢驗，發覺每片上之缺點數如下表所示，試繪製缺點數管制圖，並探討之。

樣組	缺點數	樣組	缺點數
1	12	12	28
2	6	13	14
3	14	14	15
4	12	15	13
5	16	16	9
6	9	17	12
7	11	18	14
8	17	19	11
9	8	20	13
10	10	21	13
11	21	22	18

〈解〉 $\overline{C}=\dfrac{285}{22}=12.95$

$UCL_c=12.95+3\sqrt{12.95}=23.75$

$CL_c=12.95$

$LCL_c=12.95-3\sqrt{12.95}=2.15$

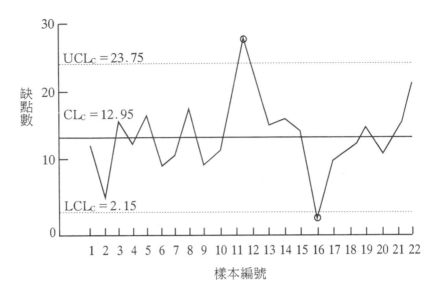

第12天及第16天超出管制界限外，須深入追查原因。

單位缺點數管制圖

　　缺點數管制圖是用於樣組單位大小相同時，但實務上有些場合是無法完全滿足樣組單位大小皆相同的情形，如營建業所蓋之房子大小不相同、牆壁上之壁紙亦不一樣大，若觀察每一面牆上壁紙之缺點數則適用單位缺點數管制圖（u－chart），此管制圖是用來管制樣本單位不相同時之缺點數，在做法上，先求出每個樣本單位的平均缺點數$\bar{u}$，再計算其管制界限。

$$\bar{u} = \frac{\sum\limits_{i=1}^{n} C_i}{\sum\limits_{i=1}^{n} n_i}$$

$$中心線（CL_u）= \bar{u}$$

$$管制上限（UCL_u）= \bar{u} + 3\sqrt{\frac{\bar{u}}{n_i}}$$

$$管制下限（LCL_u）= \bar{u} - 3\sqrt{\frac{\bar{u}}{n_i}}$$

〈範題〉某噴漆工廠，抽取20個面積大小（平方公尺）不同之鐵門，加以檢查，記錄鐵門上之缺點數如下表所示，試繪製 U 管制圖。

樣組 i	樣本數 n_i	缺點數 c_i	單位缺點數 C_i/n_i
1	0.94	4	4.26
2	0.70	3	4.29
3	0.94	5	5.32
4	0.70	5	7.14
5	1.12	6	5.36
6	0.70	4	5.71
7	0.94	3	3.19
8	0.70	7	10
9	1.12	6	5.36
10	0.70	3	4.29
11	0.94	12	12.77
12	0.70	3	4.29
13	0.70	2	2.86
14	1.12	7	6.25
15	0.94	8	8.51
16	0.94	7	7.45
17	0.70	6	8.57
18	1.12	6	5.36
18	1.12	8	7.14
20	0.70	5	7.14
合計	17.54	110	6.27

〈解〉$\overline{U} = \dfrac{110}{7.54} = 6.27$

當 $n_i = 0.70$

$$UCL_{u(i)} = 6.27 + 3\sqrt{\dfrac{6.27}{0.70}} = 15.24$$

$$CL_u = 6.27$$

$$LCL_{u(i)} = 6.27 - 3\sqrt{\dfrac{6.27}{0.70}} = 0 \text{（負值取0）}$$

當 $n_i = 0.94$

$$UCL_{u(i)} = 6.27 + 3\sqrt{\dfrac{6.27}{0.94}} = 14.02$$

$$LCL_{u(i)} = 0 \text{（負值取0）}$$

當 $n_i = 1.12$

$$UCL_{u(i)} = 6.27 + 3\sqrt{\dfrac{6.27}{1.12}} = 13.37$$

$$LCL_{u(i)} = 0 \text{（負值取0）}$$

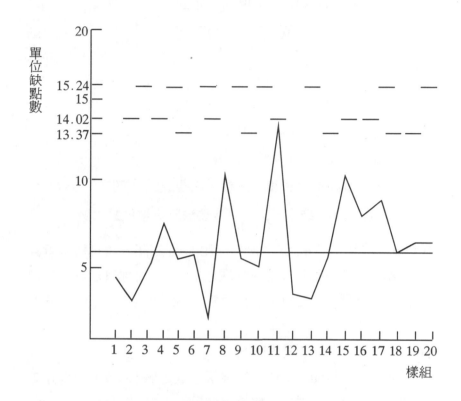

　　以上之缺點數管制圖與單位缺點數管制圖，對所有產品品質的缺點都視等同等的重要性，若在管制產品缺點時，將缺點的嚴重性不同，而賦予不同權值，以反映出產品缺點所造成危害嚴重性的平均缺點值，來予以管制，更可對產品的品質功能加強管制，提昇品質績效，以此方法所建立之管制圖，稱為 D 管制圖（D－Chart）。其計算公式如下：

$$D_o = W_A u_A + W_B u_B + W_c u_c$$

$$\sigma_o = \sqrt{\frac{W_A{}^2 u_A + W_B{}^2 u_B + W_c{}^2 u_c}{n}}$$

中心線（CL_D）$= D_O$

管制上限（UCL_D）$= D_O + 3\sigma_O$

管制下限（LCL_D）$= D_O - 3\sigma_O$

其中D＝單位缺點數

W_A, W_B, W_C＝嚴重、主要、次要缺點之權數

u_A, u_B, u_C＝嚴重、主要、次要缺點之單位缺點數

〈範題〉某公司對產品品質之管制採用 D 管制圖，並且對嚴重缺
點、主要缺點及次要缺點採用8：4：1之加權制度，現已
知此三種缺點之單位缺點數分別爲0.05, 0.3, 2.0及 n＝30
試求：

①D 管制圖之管制界限？

②某日檢驗50個單位，發現嚴重缺點數有4個，主要缺點
數有15個，次要缺點數有150個，試計算該日之單位缺
點數，並判斷該日品質是否在管制狀態下？

〈 解 〉①$D_O = W_A u_B + W_B u_B + W_c u_c$

$\quad = 8 \times 0.05 + 4 \times 0.3 + 1 \times 2.0 = 3.6$

$\sigma_O = \sqrt{\frac{8^2 \times 0.05 + 4^2 \times 0.3 + 1^2 \times 2.0}{30}} = 0.577$

管制界限爲：

$\quad UCL = D_O + 3\sigma_O = 3.6 + 3 \times 0.577 = 5.33$

$\quad LCL = D_O - 3\sigma_O = 3.6 - 3 \times 0.577 = 1.87$

②該日單位缺點數

$$D_O = 8 \times (\frac{4}{50}) + 4 \times (\frac{15}{50}) + 1 \times (\frac{150}{50})$$

$$= 4.84$$

0.84介於1.87~5.33之間，在管制狀態下。

習題

1. 缺點數管制圖管制界限之計算係根據： (A)二項分配 (B)常態分配 (C)超幾何分配 (D)卜氏分配。

2. 不良率管制圖管制界限之計算係根據： (A)二項分配 (B)常態配 (C)超幾何分配 (D)卜氏分配。

3. 不良品數管制圖管制界限之計算係根據： (A)二項分配 (B)常態分配 (C)超幾何分配 (D)卜氏分配。

4. 不良率管制圖的標準差為： (A)$\sqrt{\overline{P} - (1 - \overline{P})}$ (B)$D_3\overline{R}$ (C)$A_2\overline{R}$ (D)$\sqrt{\frac{\overline{P} - (1 - \overline{P})}{n}}$。

5. 若缺點數管制圖的中心線為9，則下管制界限為： (A)0, (B)1, (C)2, (D)3。

6. 繪製 P 管制圖如減少樣本數目時，上卜管制界限之間之幅度會變 (A)狹窄 (B)寬大 (C)不變 (D)與樣本數目變動無關。

7. 某一布廠實施單位缺點數管制圖，按過去經驗每5匹布平均有20個缺點，則其每匹布單位缺點數管制圖管制上限為 (A)7.68 (B)8.68 (C)6.68 (D)5.68。

8. 由樣本大小之平均值來繪製 P 管制圖時，當 $ni < \overline{n}$；$\hat{P}i < U\text{-}CLp$ or $\hat{P}i > LCL_p$，則 (A)不用檢查，一定在管制內 (B)不用檢查，一定在管制外 (C)必需詳細研判才知道是否合格 (D)以

上皆非。

9. 承上題，當 $ni > \bar{n}$；$\hat{p}i < UCL_P$ or $\hat{p}i > LCL_P$，則　(A)不用檢查，一定在管制內　(B)不用檢查一定在管制外　(C)必需詳細研判，才知道是否合格　(D)必需詳細研判，才知道是否不合格。

10. 在管制圖理論中，單位缺點數的分配較接近何者？　(A)常態分配　(B)二項分配　(C)超幾何分配　(D)卜氏分配。

11. 當樣本數不同時，可採用下列何種管制圖　(A)不良數管制圖　(B)不良率管制圖　(C)缺點數管制圖　(D)以上皆非。

12. 某工廠每天抽取20件產品檢驗，共抽驗了25天，共剔除不良品42個，試計算不良率管制圖之管制界限。

13. 某電子工廠生產電容器一批，今每天抽取50個檢驗，共20天抽完，數據如下表，試繪製 np 管制圖？

組數	樣本數	不良數	組數	樣本數	不良數
1	50	5	11	50	4
2	50	8	12	50	7
3	50	7	13	50	6
4	50	6	14	50	8
5	50	4	15	50	9
6	50	5	16	50	7
7	50	7	17	50	10
8	50	6	18	50	9
9	50	10	19	50	6
10	50	9	20	50	5

14. 某玩具工廠生產兒童玩具，在製造過程中抽取20個檢查，發覺每個玩具上之缺點數如下表，試繪製缺點數管制圖？

樣組	缺點數	樣組	缺點數
1	10	11	20
2	5	12	17
3	8	13	13
4	11	14	15
5	15	15	19
6	19	16	11
7	3	17	8
8	18	18	5
9	16	19	12
10	11	20	7

15.台玻公司製造大小不同的玻璃，今檢驗20個大小不同玻璃上之
缺點數據如下表，試繪製單位缺點數管制圖？

樣組	樣本數 n_i	缺點數 C_i	單位缺點數 C_i/n_i
1	0.64	4	
2	0.86	5	
3	0.86	4	
4	1.15	6	
5	0.64	3	
6	0.64	2	
7	1.15	4	
8	1.15	5	
9	0.86	5	
10	0.64	2	
11	1.15	7	
12	0.64	3	
13	0.86	4	
14	0.64	5	
15	0.64	2	
16	1.15	8	
17	1.15	3	
18	0.64	5	
19	0.86	7	
20	0.64	50	

16.某工廠採用 D 管制圖，管制產品品質，並且採用9：3：1之加
權管制嚴重、主要及次要缺點，現已知三種缺點之單位缺點分

別為0.03、0.4、1.5樣本數 n＝20，試求：

①D 管制圖之管制界限？

②若某日檢驗100個單位，發現嚴重缺點有6個主要缺點有22個，次要缺點有140個，試計算該日單位缺點數、並判斷其是否在管制狀態下。。

17.不良數管制圖的樣本大小決定為　(A)理論上是 $\frac{1}{P}\sim\frac{5}{P}$　(B)一般取50或50以上　(C)適用每組樣本大小都一樣情形　(D)以上皆是。

18.下列何種管制圖之樣本數 n 可以不相等　(A)不合格數管制圖　(B)不合格率管制圖　(C)缺點數管制圖　(D)以上皆非。

歷屆試題

1.下列資料何者可用 C－Chart 管制圖來管制　(A)產品的重量　(B)產品不良率　(C)產品缺點數　(D)以上皆非。

2.某不良個數管制圖其平均不良率為0.05，每組樣本大小為300個，其管制上限應為　(A)126　(B)27　(C)28　(D)29。

3.每匹平均500磅的布，其平均缺點數為40，其管制下限為　(A)0　(B)10　(C)15　(D)21。

4.C 管制圖被應用之對象為　(A)平均值　(B)全距　(C)缺點數　(D)不良率。

5.某布廠實施缺點數管制圖，若檢驗係取10碼布為一單位，按以往經驗，每10碼平均有40個缺點，則其缺點數管制上、下限為　(A)49與15　(B)59與21　(C)40與20　(D)50與30。

6.當某產品之一種品質特性已知平均數為50，標準差為0.1，若 n＝4時，其$\overline{X}$管制圖之管制上限為　(A)50.30　(B)50.15　(C)50.45　(D)50.50。

7.在管制圖理論中，單位面積不良缺點數的分配是接近　(A)常態分配　(B)超幾何分配　(C)二項分配　(D)卜瓦松分配。

8.若母群體中不良率 P 未知，由 n 個樣本求得不良率的平均值$\overline{P}$時，則不良率管制圖中的標準差（σ_P）為　(A)$\sqrt{n\overline{P}(1-\overline{P})}$　(B)$\sqrt{\overline{P}(1-\overline{P})}$　(C)$\sqrt{\dfrac{\overline{P}(1-\overline{P})}{n}}$　(D)$\dfrac{\sqrt{\overline{P}(1-\overline{P})}}{\sqrt{n}}$。

第 五 章

計量值管制圖

依測量器材所測量之長度、重量、抗張強度、純度含量、燈泡之光度、零件厚度等計量值，常使用平均數來比較不同原料、不同操作員、不同機器及不同方法之優劣或探討平均數是否位於規格中心，同時，亦希望產品的品質差異很小，穩定性高，所以，在製程管制上，常使用平均數及差異量數來衡量製程是否穩定，是否在管制狀態下，因此，計量值管制圖，一方面以平均數或中位數管制圖，管制製程中心的變化，一方面以全距或標準差等差異量數來管制其變異情形，故計量值管制圖需要兩種管制圖來管制製程，常用的管制圖有：

　　　　1.平均數—全距管制圖（$\overline{X} - R$ Chart）。
　　　　2.平均數—標準差管制圖（$\overline{X} - S$ Chart）。
　　　　3.中位數—全距管制圖（$\tilde{X} - R$ Chart）。
　　　　4.個別值—移動全距管制圖（$X - Rm$ Chart）。

平均數—全距管制圖（$\overline{X} - R$ Chart）

$\overline{X} - R$ 管制圖之繪製

　　$\overline{X} - R$ 管制圖是最常見的計量值管制圖，$\overline{X}$管制圖係用來管制製程品質水準，R 管制圖是用來管制製程品質均勻度，其製作步驟為：

　　　　1.選定管制項目：選擇對產品品質有重大影響的原因或品質特性作為管制項目。
　　　　2.選取樣本：為考慮經濟性及方便計算，樣本大小取2～5個為原則，樣本組約20～30組，樣本以隨機方式選取，儘量使樣組內變異小，樣組間變異大，如此管制的作用，才會

產生效果。

3.蒐集數據。

4.計算每一樣組平均數$\overline{X}$及全距 R，並據以計算總平均數 $\overline{\overline{X}}$，及全距平均數$\overline{R}$

$$\overline{\overline{X}} = \frac{\sum\limits_{i=1}^{k}\overline{X}_i}{K} \quad (\ \overline{X}_i：每組平均數，K：組數\ )$$

$$\overline{R} = \frac{\sum\limits_{i=1}^{k}R_i}{k} \quad (\ R_i：每組全距\ )$$

5.計算管制界限：

(1)群體平均數 μ 及標準差 σ 未知

平均數管制界限

$$CL_{\overline{X}} = \overline{\overline{X}}$$

$$= \overline{\overline{X}} + 3\sigma_{\overline{X}}$$

$$UCL_{\overline{X}} = \overline{\overline{X}} + 3\sigma/\sqrt{n} \quad (\ \because \sigma_{\overline{X}} = \frac{\sigma}{\sqrt{n}}\ )$$

$$= \overline{\overline{X}} + 3 \cdot \frac{\overline{R}/d_2}{\sqrt{n}} \quad (\ \because \sigma = \frac{\overline{R}}{d_2}\ )$$

$$= \overline{\overline{X}} + A_2\overline{R} \quad (\ 令\ A_2 = \frac{3}{d_2\sqrt{n}}\ )$$

$$LCL_{\overline{X}} = \overline{\overline{X}} - 3\sigma_{\overline{X}}$$

$$= \overline{\overline{X}} - 3\sigma/\sqrt{n}$$

$$= \overline{\overline{X}} - 3\frac{\overline{R}/d_2}{\sqrt{n}}$$

$$= \overline{\overline{X}} - A_2\overline{R}$$

全距管制界限

$$CL_R = \overline{R}$$

$$UCL_R = \overline{R} + 3\sigma_R$$

$$= \overline{R} + 3d_3\sigma \quad (\ \sigma_R = d_{3\sigma}\ )$$

$$= \overline{R} + 3d_3\frac{\overline{R}}{d_2} \quad (\ \sigma = \frac{\overline{R}}{d_2}\ )$$

$$= (\ 1 + \frac{3d_3}{d_2}\ )\overline{R}$$

$$= D_4\overline{R} \quad (\ \diamondsuit\ D_4 = 1 + \frac{3d_3}{d_2}\ )$$

$$LCL_R = \overline{R} - 3\sigma_R$$

$$= \overline{R} - 3d_3\sigma$$

$$= \overline{R} - 3d_3\frac{\overline{R}}{d_2}$$

$$= (\ 1 - \frac{3d_3}{d_2}\ )\overline{R}$$

$$= D_3\overline{R} \quad (\ \diamondsuit\ D_3 = 1 - \frac{3d_3}{d_2}\ )$$

以上 A_2, D_3, D_4 數值可查（表5-1）

(2)群體平均數 μ 及標準差 σ 已知

平均數管制界限

$$CL_{\overline{x}} = \mu$$

$$UCL_{\overline{x}} = \mu + 3\sigma_{\overline{x}}$$

$$= \mu + 3\frac{\sigma}{\sqrt{n}}$$

$$= \mu + A_\sigma \quad (\ \diamondsuit\ A = \frac{3}{\sqrt{n}}\ )$$

$$LCL_{\overline{x}} = \mu - 3\sigma_{\overline{x}}$$

$$= \mu - 3\frac{\sigma}{\sqrt{n}}$$

$$= \mu - A\sigma$$

全距管制界限

表 5－1　品質管制常用數據表

| 樣本數 n | 中位數管制圖 管制界限係數 | | | | 平均數管制圖 | | | | | | | | 標準差管制圖 | | | | | | | | | 全距管制圖 | | | | | 最大值與最小值管制圖 管制界限係數 | 個別值管制圖 管制界限係數 |
| | | | | | 管制界限係數 | | | | | | 中線係數 | 中線係數 | 管制界限係數 | | | | 中線係數 | | | 管制界限係數 | | | | | | |
n	m_3	m_3A_2	m_3A_3	A_3	D_5	D_6	A	A_1	A_2	A_3	C_2	C_4	B_1	B_2	B_3	B_4	d_2	$1/d_2$	d_3	D_1	D_2	D_3	D_4	d_m	A_9	E_2
2	1.000	1.880	2.224	2.224	0.000	3.865	2.121	3.760	1.880	2.659	0.6642	0.7979	0.000	1.843	0.000	3.267	1.128	0.8865	0.853	0.000	3.686	0.000	3.267	0.954	2.695	2.660
3	1.100	1.187	1.265	1.265	0.000	2.745	1.732	2.394	1.023	1.954	0.7236	0.8862	0.000	1.858	0.000	2.568	1.693	0.5907	0.888	0.000	4.358	0.000	2.575	1.588	1.926	1.722
4	1.012	0.796	0.828	0.829	0.000	2.375	1.500	1.880	0.729	1.628	0.7979	0.9213	0.000	1.808	0.000	2.266	2.059	0.4857	0.880	0.000	4.698	0.000	2.285	1.978	1.522	1.457
5	1.118	0.691	0.712	0.712	0.000	2.179	1.342	1.596	0.577	1.427	0.8407	0.9400	0.000	1.756	0.000	2.089	2.326	0.4299	0.864	0.000	4.918	0.000	2.115	2.257	1.363	1.290
6	1.135	0.549	0.562	0.562	0.000	2.055	1.225	1.410	0.483	1.287	0.8686	0.9515	0.026	1.711	0.030	1.970	2.534	0.3946	0.848	0.000	5.078	0.000	2.004	2.472	1.236	1.184
7	1.214	0.504	0.520	0.520	0.078	1.967	1.134	1.277	0.419	1.182	0.8882	0.9594	0.105	1.672	0.118	1.882	2.704	0.3698	0.833	0.205	5.203	0.076	1.924	2.645	1.194	1.169
8	1.160	0.432	0.441	0.441	0.139	1.901	1.051	1.175	0.373	1.099	0.9027	0.9650	0.167	1.638	0.185	1.815	2.847	0.3512	0.820	0.337	5.307	0.136	1.864	2.791	1.143	1.054
9	1.223	0.412	0.419	0.419	0.187	1.850	1.000	1.094	0.337	1.032	0.9139	0.9693	0.219	1.609	0.239	1.761	2.970	0.3367	0.808	0.546	5.394	0.184	1.816	2.916	1.104	1.010
10	1.177	0.363	0.369	0.369	0.227	1.809	0.949	1.028	0.308	0.975	0.9227	0.9727	0.262	1.584	0.284	1.716	3.078	0.3249	0.797	0.687	5.469	0.223	1.777	3.024	1.072	0.975
11							0.905	0.973	0.285	0.927	0.9300	0.9754	0.299	1.561	0.321	1.679	3.173	0.3152	0.787	0.812	5.534	0.256	1.744			
12							0.866	0.925	0.266	0.886	0.9359	0.9776	0.331	1.541	0.354	1.646	3.258	0.3069	0.778	0.924	5.592	0.284	1.716			
13							0.832	0.884	0.249	0.850	0.9410	0.9794	0.359	1.523	0.382	1.618	3.336	0.2998	0.770	1.026	5.646	0.308	1.692			
14							0.802	0.848	0.235	0.817	0.9453	0.9810	0.384	1.507	0.406	1.594	3.407	0.2935	0.762	1.121	5.693	0.329	1.671			
15							0.775	0.816	0.223	0.789	0.9490	0.9823	0.406	1.492	0.428	1.572	3.472	0.2880	0.755	1.207	5.737	0.348	1.652			
16							0.750	0.788	0.212	0.763	0.9523	0.9835	0.427	1.478	0.448	1.552	3.532	0.2831	0.749	1.285	5.779	0.364	1.636			
17							0.728	0.762	0.203	0.739	0.9551	0.9845	0.445	1.465	0.466	1.534	3.588	0.2787	0.743	1.359	5.817	0.379	1.621			
18							0.707	0.738	0.194	0.718	0.9576	0.9854	0.461	1.454	0.482	1.518	3.640	0.2747	0.738	1.426	5.854	0.392	1.608			
19							0.688	0.717	0.187	0.698	0.9599	0.9862	0.477	1.443	0.497	1.503	3.689	0.2711	0.733	1.490	5.888	0.404	1.596			
20							0.671	0.697	0.180	0.680	0.9619	0.9869	0.491	1.433	0.510	1.490	3.735	0.2677	0.729	1.548	5.922	0.414	1.586			
21							0.655	0.679	0.173	0.663	0.9638	0.9876	0.504	1.424	0.523	1.477	3.778	0.2647	0.724	1.606	5.950	0.425	1.575			
22							0.640	0.662	0.167	0.647	0.9655	0.9882	0.516	1.415	0.534	1.466	3.819	0.2618	0.720	1.659	5.979	0.434	1.566			
23							0.626	0.647	0.162	0.633	0.9670	0.9887	0.527	1.407	0.545	1.455	3.858	0.2592	0.716	1.710	6.006	0.443	1.557			
24							0.612	0.632	0.157	0.619	0.9684	0.9892	0.538	1.399	0.555	1.445	3.895	0.2567	0.712	1.759	6.031	0.452	1.548			
25							0.600	0.619	0.153	0.606	0.9696	0.9896	0.548	1.392	0.565	1.435	3.931	0.2544	0.709	1.804	6.058	0.459	1.541			

$$CL_R = \overline{R} = d_2\sigma$$

$$UCL_R = \overline{R} + 3\sigma_R$$

$$= d_2\sigma + 3d_3\sigma \quad (\ \overline{R} = d_2\sigma \ , \ \sigma_R = d_3\sigma\ )$$

$$= (\ d_2 + 3d_3\ )$$

$$= D_2\sigma \quad (\ 令\ D_2 = d_2 + 3d_3\ )$$

$$LCL_R = \overline{R} - 3\sigma_R$$

$$= d_2\sigma - 3d_3\sigma$$

$$= (\ d_2 - 3d_3\ )\sigma$$

$$= D_1\sigma\ (\ 令\ D_1 = d_2 - 3d_3\ )$$

以上 A, D_1, D_2 數值可查（表5-1）

6.繪管制界限，並將各組之 $\overline{X}$，R 點入管制圖內，並以直線連接之。

7.管制界限之檢討。

若管制圖上有點子落於管制界限外，則應調查原因並予以消除，然後剔除這些點子的數據，重新計算管制界限。

〈範題〉某機器製造商，齒輪外包給衛星廠製造，今隨機抽取25組樣本，每組含5個測定值，測量其硬度、數據如下表，試繪製 $\overline{X} - R$ 管制圖。

樣組	測定值				X_5	$\overline{X}$	R
	X_1	X_2	X_3	X_4			
1	50	46	51	45	49	48.5	5
2	50	51	51	49	52	50.6	3
3	49	50	50	48	50	49.4	2
4	53	52	51	48	51	51	5
5	49	48	53	49	51	49.6	6
6	46	53	49	45	50	48.6	8
7	58	49	51	47	53	49.6	4
8	52	49	46	50	48	49	6
9	53	54	50	48	55	52	7
10	51	51	48	53	47	50	6
11	47	51	47	49	47	48.2	4
12	49	51	49	50	48	49.4	3
13	49	49	54	54	50	51.2	5
14	48	51	48	51	51	49.8	5
15	53	48	50	53	52	51.2	3
16	49	49	51	48	51	49.6	3
17	48	49	45	50	49	48.2	5
18	51	50	51	48	55	51	7
19	51	52	49	49	47	49.6	5
20	47	48	47	47	49	47.6	2
21	50	50	50	48	49	49.4	2
22	50	50	48	48	55	50.2	7
23	55	50	54	48	49	51.2	7
24	55	51	49	48	53	51.2	7
25	49	49	52	50	50	50	3
					合計	1245.8	120

〈解〉n＝5時

查（表5-1）得 n＝5時 $A_2 = 0.577, D_4 = 2.115, D_3 = 0$

$$\overline{\overline{X}} = \frac{\sum \overline{X}}{K} = \frac{1245.8}{25} = 49.83$$

$$\overline{R} = \frac{\sum R}{K} = \frac{120}{25} = 4.8$$

$\overline{X}$管制圖

管制上限 $UCL_{\overline{X}} = \overline{\overline{X}} + A_2\overline{R}$

$$= 49.83 + 0.577 \times 4.8$$
$$= 52.6$$
$$\text{管制下限} = \overline{\overline{X}} - A_2\overline{R}$$
$$= 49.83 - 0.579 \times 4.8$$
$$= 47.06$$

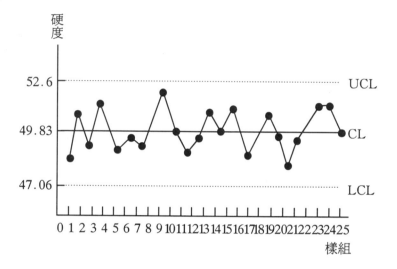

R 管制圖

管制上限 $UCL_R = D_4\overline{R}$

$$= 2.115 \times 4.8$$
$$= 10.15$$

管制下限 $LDL_R = D_3\overline{R}$

$$= 0 \times 4.8$$
$$= 0$$

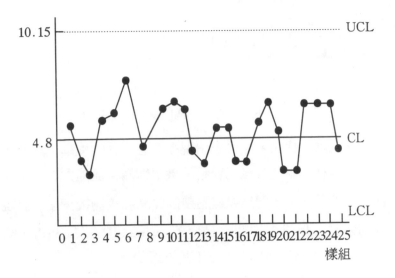

$\overline{X} - R$ 管制圖的作業特性曲線

$\overline{X} - R$ 管制圖檢查製程品質變動的能力,可由作業特性曲線（Operating Characteristic Curve）來描述,首先,必需要知道$\overline{X}$管制圖之標準差 σ 已知,且爲常數,且$\overline{X} \sim N\left(\mu, \dfrac{\sigma^2}{n}\right)$,當平均數從管制中心值 μ_0 轉變到 μ_1（$\mu_1 = \mu_0 + K\sigma$）時,未能檢查出這個變動的機率,即爲 β 風險。

$$\beta = P\left(LCL \leq \overline{X} \leq UCL \mid \mu = \mu_1\right)$$

可將上式化爲標準常態模式,即

$$\beta = P\left[Z < \frac{UCL - \mu_1}{\dfrac{\sigma}{\sqrt{n}}}\right] - P\left[Z < \frac{LCL - \mu_1}{\dfrac{\sigma}{\sqrt{n}}}\right]$$

$$= P\left[Z < \frac{\left(\mu_0 - 3\dfrac{\sigma}{\sqrt{n}}\right) - \left(\mu_0 + k\sigma\right)}{\dfrac{\sigma}{\sqrt{n}}}\right] - P\left[Z <\right.$$

$$\frac{(\mu_\circ - \frac{3\sigma}{\sqrt{n}}) - (\mu_\circ + K\sigma)}{\frac{\sigma}{\sqrt{n}}}]$$

$$= P[Z < (3 - K\sqrt{n})] - P[Z < (-3 - K\sqrt{n})]$$

　　此 β 風險，代表未能檢查到製程中心變動的機率，因此，變動後第一個樣本就能檢測出變動的機率即爲檢測能力 $1 - \beta$，而此檢測力之倒數 $\frac{1}{1-\beta}$，則爲要經過幾個樣品之檢測後，才能發現出製程的變動，稱爲平均連串長度（Average Run Length）簡稱 ARL（圖5-1）爲不同樣本大小下的 β 風險。

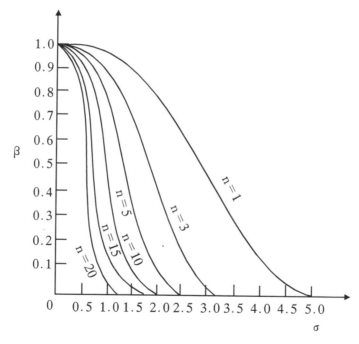

圖5-1　不同樣本大小下的 β 風險

〈範題〉假設某產品製程平均數偏移了2個標準差（2σ），今隨機

抽取 n＝4的樣本，試求：

　　　⑴未能成功偵測出偏移的機率爲何？

　　　⑵第一個樣本即偵測出偏移之機率爲何？

　　　⑶平均要經過幾個樣品檢驗後，才能發現偏移？

〈 解 〉⑴$\beta = P[Z<(3-K\sqrt{n})]-P[Z<(-3-K\sqrt{n})]$

　　　　$= P[Z<(3-2\sqrt{4})]-P[Z<(-3-2\sqrt{4})]$

　　　　$= P(Z<-1)-P(Z<-7)$

　　　　$= 0.1587$

　⑵$1-\beta = 1-0.1587 = 0.8413$

　⑶$ARL = \dfrac{1}{1-\beta} = \dfrac{1}{1-0.1587} = 1.189$

　　　那平均要檢查1.189個樣品才能知道製程偏移。

平均數—標準差管制圖（$\overline{X}-S$ Chart）

　　平均數—標準差管制圖（$\overline{X}-S$ Chart）與平均數—全距管制圖（$\overline{X}-R$ Chart）皆是企業界常用的管制圖，使用之場合大致相同，但在使用上，R 管制圖之計算較簡單，惟因只有使用兩個極端值，所以亦受極端值影響，所以，相對地較不準確，誤差較大，而 S 管制圖是使用所有數據來計算，故比 R 管制圖精確，惟計算上較繁雜，所幸目前的電腦化作業普及，S 管制圖的計算可藉由電腦代勞，極爲簡單方便，既然 R 管制圖易受極端值影響，所以當樣本數 n＞10時，則採用$\overline{X}-S$管制圖來代替$\overline{X}-R$管制圖。

　　$\overline{X}-S$管制圖繪製的步驟與$\overline{X}-R$管制圖相同，惟管制界限需重新計算，計算的方法如下：

群體平均數 μ 及標準差未知

平均數管制界限

$CL_{\bar{X}} = \overline{\overline{X}}$

$\quad = \overline{\overline{X}} + 3\sigma_{\bar{X}}$

$UCL_{\bar{X}} = \overline{\overline{X}} + 3\dfrac{\sigma}{\sqrt{n}}$

$\quad = \overline{\overline{X}} + 3\dfrac{\dfrac{\bar{S}}{C_4}}{\sqrt{n}} \quad (\ \bar{S} = C_4\sigma\ )$

$\quad = \overline{\overline{X}} + \dfrac{3}{C_4\sqrt{n}}\bar{S}$

$\quad = \overline{\overline{X}} + A_3\bar{S} \quad (\ 令\ A_3 = \dfrac{3}{C_4\sqrt{n}}\ )$

$LCL_{\bar{X}} = \overline{\overline{X}} - 3\sigma_{\bar{X}}$

$\quad = \overline{\overline{X}} - 3\dfrac{\sigma}{\sqrt{n}}$

$\quad = \overline{\overline{X}} - 3\dfrac{\dfrac{\bar{S}}{C_4}}{\sqrt{n}}$

$\quad = \overline{\overline{X}} - \dfrac{3}{C_4\sqrt{n}}\bar{S}$

$\quad = \overline{\overline{X}} - A_3\bar{S}$

$$註：\begin{cases} 當使用常數\ A_1 時，S = \sqrt{\dfrac{\sum (X_i - \overline{X})^2}{n}}, \bar{S} = C_2\sigma \\[3mm] 當使用常數\ A_3 時，S = \sqrt{\dfrac{\sum (X_i - \overline{X})^2}{n-1}}, \bar{S} = C_4\sigma \end{cases}$$

標準差管制界限

$CL_S = \bar{S}$

$$UCL_s = \bar{S} + 3\sigma_s$$

$$= C_4\sigma + 3\sigma\sqrt{1 - C_4^2} \quad (\bar{S} = C_4\sigma, \sigma_s = \sigma\sqrt{1 - C_4^2})$$

$$= (C_4 + 3\sqrt{1 - C_4^2})\sigma$$

$$= (C_4 + 3\sqrt{1 - C_4^2})\frac{\bar{S}}{C_4}$$

$$= (1 + 3\frac{\sqrt{1 - C_4^2}}{C_4})\bar{S}$$

$$= B_4\bar{S} \quad (令 B_4 = 1 + \frac{3\sqrt{1 - C_4^2}}{C_4})$$

$$LCL_s = \bar{S} - 3\sigma_s$$

$$= C_4\sigma - 3\sqrt{1 - C_4^2}\sigma$$

$$= (C_4 - 3\sqrt{1 - C_4^2})\frac{\bar{S}}{C_4}$$

$$= (1 - 3\sqrt{\frac{1 - C_4^2}{C_4}})\bar{S}$$

$$= B_3\bar{S} \quad (令 B_3 = 1 - \frac{3\sqrt{1 - C_4^2}}{C_4})$$

群體平均數 μ 及標準差 σ 已知

平均數管制界限

$$CL_{\bar{X}} = \mu$$

$$UCL_{\bar{X}} = \mu + 3\sigma_{\bar{X}}$$

$$= \mu + 3\frac{\sigma}{\sqrt{n}}$$

$$= \mu + A\sigma \quad (令 A = \frac{3}{\sqrt{n}})$$

$$LCL_{\bar{X}} = \mu - 3\sigma_{\bar{X}}$$

$$= \mu - 3\frac{\sigma}{\sqrt{n}}$$

$$= \mu - A\sigma$$

標準差管制界限

$$CL_\sigma = \overline{S}$$

$$\begin{aligned}
UCL_\sigma &= \overline{S} + 3\sigma_S \\
&= C_2\sigma + 3\sigma\sqrt{1 - C_4^2} \quad (\overline{S} = C_4\sigma, \sigma_S = \sigma\sqrt{1 - C_4^2}) \\
&= (C_4 + 3\sqrt{1 - C_4^2})\sigma \\
&= B_6\sigma \quad (\diamondsuit\; B_6 = C_4 + 3\sqrt{1 - C_4^2})
\end{aligned}$$

$$\begin{aligned}
LCL_\sigma &= \overline{S} - 3\sigma_S \\
&= C_2\sigma - 3\sigma\sqrt{1 - C_4^2} \\
&= (C_2 - 3\sqrt{1 - C_4^2})\sigma \\
&= B_5\sigma \quad (\diamondsuit\; B_5 = C_2 - 3\sqrt{1 - C_4^2})
\end{aligned}$$

註：
$$\begin{cases}
\text{當使用常數 } B_1, B_2 \text{時，} S = \sqrt{\dfrac{\sum(X_i - \overline{X})^2}{n}} \\[3mm]
\text{當使用常數 } B_5, B_6 \text{時，} S = \sqrt{\dfrac{\sum(X_i - \overline{X})^2}{n - 1}}
\end{cases}$$

以上 $A_1, A_3, B_3, B_4, B_5, B_6$ 數值可查（表5-1）

〈範題〉某電腦零件廠採用 $\overline{X} - S$ 管制圖來管制產品品質，共抽取25組樣本，每組有5個樣本數，其資料如下表，試繪製 $\overline{X} - S$ 管制圖：

樣組	X_1	X_2	X_3	X_4	X_5	$\overline{X}$	$S=\sqrt{\dfrac{\sum(X_i-\overline{X})}{n}}$
1	50	49	51	51	53	50.8	1.483
2	52	50	50	50	48	50.4	1.673
3	54	51	50	49	51	51	1.871
4	52	51	48	50	49	50	1.581
5	52	47	49	48	49	49	1.871
6	52	47	49	48	49	49	1.871
7	51	53	47	51	49	50.2	2.280
8	50	53	51	51	50	51	1.225
9	49	49	52	50	49	49.8	1.304
10	52	49	52	51	51	51	1.225
11	48	49	50	50	49	49.2	0.837
12	51	46	52	48	47	48.8	2.588
13	47	50	52	47	48	48.8	2.168
14	51	48	50	52	53	60.8	1.924
15	50	47	49	49	50	49	1.225
16	51	50	50	47	49	49.4	1.517
17	48	49	49	53	48	49.2	2.168
18	49	51	53	50	51	50.8	1.483
19	49	49	48	47	49	48.4	0.894
20	50	49	49	50	49	49.4	0.548
21	48	52	49	50	49	49.6	1.517
22	49	52	49	50	51	50.2	1.304
23	50	51	50	48	55	50.8	2.588
24	49	51	48	52	50	50	1.581
25	53	50	48	51	48	50	2.121
					合計	1246.6	40.846

〈解〉查（表5-1）得 n＝5時，$A_1＝1.596$，$B_4＝2.089$，$B_3＝0$

$$\overline{\overline{X}}=\frac{\sum\overline{X}}{K}=\frac{1246.6}{25}=49.864$$

$$\overline{S} = \frac{\Sigma S}{K} = \frac{40.846}{25} = 1.634$$

$\overline{X}$管制圖

管制上限 $UCL_{\overline{X}} = \overline{\overline{X}} + A_1\overline{S}$

$$= 49.864 + 1.596 \times 1.634$$

$$= 52.462$$

管制下限 $LCL_{\overline{X}} = \overline{\overline{X}} - A_1\overline{S}$

$$= 49.864 - 1.596 \times 1.634$$

$$= 47.256$$

S 管制圖

管制上限 $UCL_S = B_4\overline{S}$

$$= 2.089 \times 1.634$$

$$= 3.413$$

管制下限 $LCL_S = B_3\overline{S}$

$$= 0 \times 1.634 = 0$$

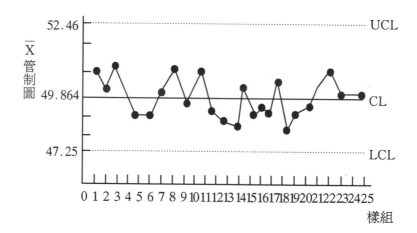

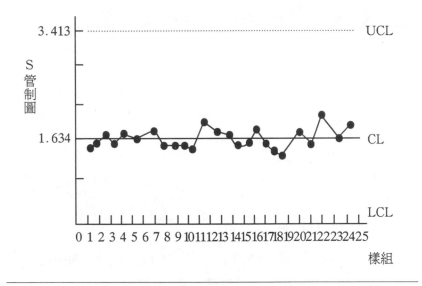

中位數—全距管制圖（$\widetilde{X} - R$ Chart）

　　中位數—全距管制圖（$\widetilde{X} - R$ Chart）之使用，與平均數—全距管制圖（$\overline{X} - R$ Chart）相同，只是將平均數（$\overline{X}$）管制圖換成中位數（$\widetilde{X}$）管制圖，在效果上，平均數$\overline{X}$較中位數$\widetilde{X}$準確，判斷力較佳，但因中位數$\widetilde{X}$之計算較平均數$\overline{X}$容易，且不受極端值影響，故使用較爲簡便，常爲現場領班或作業員所喜愛，故可適用在數據極不均勻，差異很大，有極端值出現的情況，由於中位數管制圖主要取其簡便，故在樣本的取法上儘量採用奇數樣本，以達到簡便之效果，整體而言，中位數（$\widetilde{X}$）管制圖對數據變化較不敏感，除非製程發生重大變異，否則不易查覺出來，故一般仍以平均數管制圖來管制製程。中位數—全距管制圖的製作步驟與平均數—全距管制圖相同，而其管制界限的計算如下：
中位數管制圖：

$$CL_{\widetilde{X}} = \overline{\overline{X}} = \frac{\sum \widetilde{X}_i}{K} \quad (\,\widetilde{X}_i\,每一樣組之中位數,K:組數\,)$$

$$UCL_{\widetilde{X}} = \overline{\overline{X}} + m_3A_2\overline{R}$$

$$LCL_{\widetilde{X}} = \overline{\overline{X}} - m_3A_2\overline{R}$$

全距管制圖:

$$CL_R = \overline{R} = \frac{\sum R_i}{k}$$

$$UCL_R = D_4\overline{R}$$

$$LCL_R = D_3\overline{R}$$

以上,m_3A_2,D_3,D_4數值可查(表5-1)

〈範題〉某鋼管製造工廠,爲控管其內徑,自九月一日開始5天抽
測產品,資料如下表,試繪製$\widetilde{X}$-R管制圖。

〈解〉

日期	組號	測定值					中位數($\widetilde{X}$)	全距(R)
		x_1	x_2	x_3	x_4	x_5		
9/1	1	11	9	8	10	12	10	4
	2	9	11	8	11	9	9	3
	3	11	6	7	11	12	11	6
	4	12	9	10	8	11	10	4
	5	12	8	10	8	7	8	5
	6	10	11	12	9	12	11	3
9/2	7	9	10	10	11	9	10	2
	8	12	13	14	10	11	12	4
	9	8	12	9	9	11	9	4
	10	8	10	8	11	10	10	3
	11	14	8	13	9	11	11	6
	12	8	12	8	7	9	8	5
9/3	13	12	11	10	10	11	11	2
	14	9	11	9	7	8	9	4
	15	10	9	7	7	8	8	3
	16	7	11	10	10	12	10	5
	17	10	6	5	12	9	9	7

日期	組號	測定值					中位數（$\tilde{X}$）	全距（R）
		x_1	x_2	x_3	x_4	x_5		
	18	8	12	9	12	11	11	4
9/4	19	11	9	10	8	10	10	3
	20	9	12	9	11	11	11	3
	21	11	10	13	13	9	11	4
	22	9	10	10	9	8	9	2
	23	9	6	8	7	12	8	6
	24	7	10	9	12	11	10	5
9/5	25	8	12	10	9	8	9	4
	26	11	9	14	12	14	12	5
	27	15	12	14	13	13	13	3
	28	9	7	11	12	10	10	5
	29	8	12	14	9	5	9	9
	30	11	9	10	9	10	10	2
合計							299	125

〈解〉$\tilde{X}$管制圖中心線 $CL_{\tilde{X}} = \bar{\tilde{X}} = \dfrac{\sum \tilde{X}_i}{k} = \dfrac{299}{30} = 9.97$

R 管制圖中心線 $CL_R = \bar{R} = \dfrac{\sum R_i}{k} = \dfrac{125}{30} = 4.17$

$\tilde{X}$管制圖管制上限 $UCL_{\tilde{X}} = \bar{\tilde{X}} + m_3A_2\bar{R} = 9.97 + 0.691 \times$

$4.17 = 12.85$ 〔m_3A_2查（表5-1）得0.691〕

管制下限 $LCL_{\tilde{X}} = \bar{\tilde{X}} - m_3A_2\bar{R} = 9.97 - 0.691 \times 4.17 = 7.09$

R 管制圖管制上限 $UCL_R = D_4\bar{R} = 2.11 \times 4.17 = 8.8$

（$D_4 = 2.11$）

管制下限 $LCL_R = D_3\bar{R} = 0 \times 4.17 = 0$ （$D_3 = 0$）

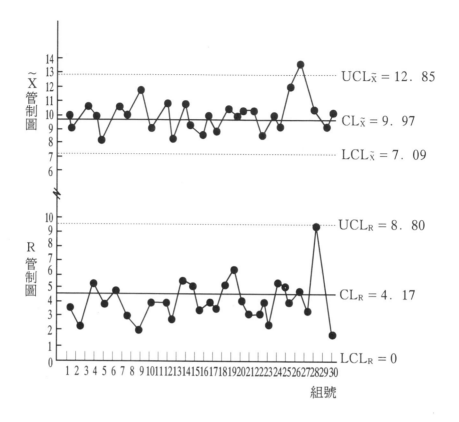

個別值—移動全距管制圖(X－Rm Chart)

當產品品質特性之測量值不易取得時，前面所述之各種管制圖（$\overline{X}-R, \overline{X}-S, \tilde{X}-R$），皆無法使用或使用不易，故此時可採用個別值—移動全距管制圖，這種管制圖適用在下列情況：

1.測定某一產品品質特性非常麻煩且費時者。

2.產品是一種品質非常均勻者，多取樣本毫無意義者。

3.產品相當貴重或測試產品須耗費高額成本時。

4.製造一個產品須花很長的時間。

5.破壞性檢驗。

個別值移動全距管制圖，所取的樣本數相當少，故在變異程度的應用上採用移動全距（R_m）的觀念，其求法是先將 K 個個別測定值 X_i 分組，可以取2個一組（n＝2）或3個一組（n＝3）或其他任何個數為一組，美國材料檢驗學會（American Society of Testing Material，ASTM）建議採用2個一組（n＝2），將每組之最大值減最小值，即得每組之移動全距（R_m），例如下列數據取 n＝2為一組計算如下：

測定值 X_i	30 32 35 31 37 30	平均移動全距$\overline{R}_m = \dfrac{\Sigma R_m}{k-n+1}$
移動全距（n＝2）	2　3　4　6　7	$\overline{R}_m = \dfrac{22}{6-2+1} = 4.4$

個別值—移動全距管制圖之繪製步驟與前述各種管制圖同，惟管制界限需加以計算，計算方法如下：

個別值管制圖：

　中心線 $CL_x = \overline{X}$

　管制上限 $UCL_X = \overline{X} + E_2\overline{R}_m$

　管制下限 $LCL_X = \overline{X} - E_2\overline{R}_m$

移動全距管制圖：

　中心線 $CL_{Rm} = \overline{R}_m = \dfrac{\Sigma R_m}{k-n+1}$

　管制上限 $UCL_{Rm} = D_4\overline{R}_m$

　管制下限 $LCL_{Rm} = D_3\overline{R}_m$

以上 E_2, D_3, D_4 數值，可查（表5-1）

〈範題〉某化工廠生產一產品需經過48小時才能完成，今取得一個

月，共15次產品品質資料，整理如下表，試繪製 $X - R_m$ 管制圖：

樣組 K	測量值 X	移動全距 R_m（n＝2）
1	20	—
2	23	3
3	26	3
4	22	4
5	20	2
6	24	4
7	25	1
8	28	3
9	25	3
10	22	3
11	23	1
12	24	1
13	22	2
14	25	3
15	26	1
合計	355	34

〈解〉X 管制圖

$$CL_X = \overline{X} = \frac{355}{15} = 23.67$$

$$UCL_X = \overline{X} + E_2\overline{R}_m = 23.67 + 2.66 \times \frac{34}{15-2+1} = 20.13$$

（$E_2 = 2.66$）

$$LCL_X = \overline{X} - E_2\overline{R}_m = 23.67 - 2.66 \times \frac{34}{15-2+1} = 17.21$$

R_m 管制圖

$$CL_{Rm} = \overline{R}_m = \frac{34}{15-2+1} = 2.43$$

$$UCL_{Rm} = D_4\overline{R}_m = 3.267 \times 2.43 = 7.94 \quad （D_4 = 3.267,$$

$D_3 = 0$ ）

$$LCL_{Rm} = D_3\overline{R}_m = 0 \times 2.43 = 0$$

以上，E_2, D_3, D_4數值可查（表5-1）

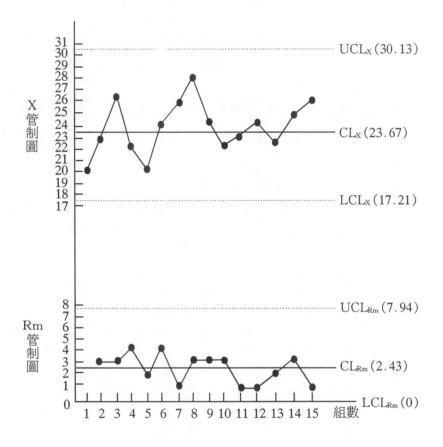

習題

1.管制計量值特性的管制圖，當組的樣本數較大時，應採用 (A) $\overline{X} - R$ 的管制圖　(B)C 管制圖　(C)np 管制圖　(D)$\overline{X} - \sigma$ 管制

圖。

2. 假使 n＝4，現在要偵測出某製程偏移了 2σ，求未能成功偵測出此偏移的機率為若干？ (A)0.187 (B)0.1587 (C)0.178 (D)以上皆非。

3. 承上題，則此檢測系統要經過幾個樣品抽驗之後，才能發現製程的偏移，即求 ARL（Average Run Length）： (A)2.2 (B)1.8 (C)1.2 (D)2.1。

4. 某工廠製程採用 $\overline{X}$－R 管制圖來管制產品品質，今抽取100個樣本，分為20組，求得 $\sum \overline{X} = 75.20$，$\sum R = 6.75$，試求其管制界限？

5. 為何計量值管制圖須兩種管制圖並用？

6. 某食品公司為控制每包食品重量，擬抽驗20天，每天抽5包為樣本，下表為20天抽樣結果，試繪製 $\overline{X}$－R 管制圖？

樣組	平均數 $\overline{X}$	全距 R	樣組	平均數 $\overline{X}$	全距 R
1	250	6	11	245	8
2	263	5	12	251	5
3	270	8	13	242	3
4	265	2	14	247	6
5	243	3	15	267	4
6	255	5	16	273	3
7	280	6	17	257	5
8	274	3	18	248	7
9	260	7	19	263	4
10	271	3	20	274	6

7. 某鋼鐵工廠製造軸承，為管制其尺寸大小，擬採用 $\overline{X}$－S 管制圖，今每天抽取4件軸承檢驗，共檢驗25天，數據如下，試繪製 $\overline{X}$－S 管制圖？

樣組	平均數$\overline{X}$	標準差 S	樣組	平均數$\overline{X}$	標準差 S
1	15.5	1.02	14	14.6	0.98
2	14.9	0.95	15	15.2	1.01
3	15.0	0.88	16	15.0	0.94
4	15.3	0.92	17	15.7	0.85
5	15.6	0.99	18	14.8	0.89
6	14.8	1.00	19	15.5	1.03
7	15.9	0.93	20	14.9	0.91
8	14.7	0.97	21	15.8	0.88
9	15.8	1.05	22	15.7	0.96
10	16.0	1.01	23	15.2	1.06
11	15.4	0.85	24	14.8	0.85
12	15.1	0.86	25	15.4	0.92
13	14.8	1.08			

8.大同公司為管制電容器壽命（以仟小時為單位）之品質，擬進行抽樣檢驗，以每小時抽取5個樣本進行測試，共測試20組，數據如下，試繪製中位數—全距管制圖（$\tilde{X} - R$ Chart）？

樣組	測量值				
	X_1	X_2	X_3	X_4	X_5
1	25	28	23	30	26
2	23	21	28	25	31
3	25	24	19	30	27
4	26	22	28	30	24
5	21	25	27	29	26
6	20	21	24	26	25
7	29	27	28	31	30
8	25	27	23	29	26
9	27	24	18	25	26
10	24	28	32	18	22

樣組	測量值				
	X_1	X_2	X_3	X_4	X_5
11	30	26	23	21	31
12	21	25	25	24	30
13	25	27	31	28	29
14	26	23	19	31	29
15	28	24	22	27	30
16	23	28	31	26	24
17	29	27	25	27	22
18	30	21	26	18	29
19	25	18	28	26	27
20	21	20	24	31	28

9.某化學工廠製造黏劑，經24小時後，測量其黏度，為確保每批之品質，擬進行20天管制，得數據如下，試以(1)n＝2(2)n＝3繪製個別值─移動全距管制圖（X－R_m chart）？

樣組	測量值	樣組	測量值
1	35	11	37
2	32	12	32
3	36	13	34
4	33	14	35
5	38	15	31
6	32	16	36
7	31	17	34
8	30	18	32
9	35	19	35
10	36	20	38

歷屆試題

1.有一常態分配之品質特性的$\overline{X}$－R 管制圖，每組樣件大小為5，d_2＝2.326

$\overline{X}$管制圖	R 管制圖
管制上限＝74.014	管制上限＝0.049
中心線＝74.001	中心線＝0.023
管制下限＝73.988	管制下限＝0

上列之管制圖均在管制狀態下，試估計此一製程標準差為　(A) 0.0099　(B)0.0234　(C)0.00256　(D)0.0033。

2.承上題，若產品規格之上下限為74,000±0.03則其對應之不良率為　(A)0.00256　(B)0.01780　(C)0.04327　(D)0.00678。

3.下列四項敘述，何者是正確的？　(A)管制圖不只是工程管理，也可用於工程分析　(B)在管制計數值的特性方面，主要使用$\overline{X}$－R 管制圖　(C)管制圖在未進行標準化的工程中，是無法使用的　(D)管制界限從規格來決定是非常合理的。

4.某品質特性採$\overline{X}$－R 管制圖，已知 n＝6（A_2＝0.483, D_4＝2.004, D_3＝0），$\overline{\overline{X}}$＝16.5, $\overline{R}$＝3.5，其 R 管制圖之 UCL 為　(A)18　(B)14　(C)7　(D)10。

5.當某產品之一種品質特性已知平均數為50，標準差為0.1，若 n＝4時，其$\overline{X}$管制圖之管制上限應為　(A)50.3　(B)50.15　(C)50.45　(D)50.5。

6.下列各符號中，那二種經常在管制圖中成對的加以使用？　(A) P_1, P_2　(B)AQL, LTPD　(C)α, β　(D)$\overline{X}, R$。

7.當我們檢視管制圖時發現，規格平均數在管制狀況下，若全距突然顯著的增加，則平均數將　(A)跟著增加　(B)不變　(C)減少　(D)偶而會超出管制界限外。

第六章

抽樣檢驗的基本概念

工業革命以後，由於機器代替了人工生產，產品大量生產的結果，使得全數檢驗的方法，受到了人力及時間上的限制，抽樣檢驗因此而被採用，而在第二次大戰期間，美國軍方為了提供戰場上所需的大量軍用品，而將軍用品委託民間企業生產，但在缺乏檢驗人員的情況下，軍用品的採購與驗收，不得不採用抽樣檢驗的方法，也正由於抽樣檢驗的方法在人員缺乏及時間受限的情況下，發揮了極大的效果，因此，企業界開始大量採用，使得抽樣檢驗已成為現代品管人員必備的知識。

抽樣檢驗的意義及術語

抽樣的意義

抽樣乃是從母群體中，隨機抽取一部分樣本資料，加以整理，以便推測母群體的特徵，常用的抽樣方法有兩種：

1.使用亂數表（表6-1）

表6-1　隨機亂數表

9069	7629	5766	2237	3069	6004	3792	2530
4321	5890	0822	5994	9996	8961	1262	5870
4195	5124	9161	6899	6857	6455	7662	7035
8589	4464	0905	8676	4514	8790	7186	4591
1007	3877	2592	8860	5753	8661	7694	5013
7047	2263	8242	9363	0458	5459	2369	3815
6974	5289	7527	6283	3635	1209	3791	1709
6203	5675	0586	8541	7337	3896	3060	1726
3888	0533	6091	6066	2169	4146	1047	3999
9860	9589	0814	1976	8775	8710	0231	8630
3845	7559	3167	1845	5491	4805	7966	9334

續表6-1　隨機亂數表

5732	0238	6134	5642	7306	2351	3150	2848
9534	6145	1823	0269	6577	4545	2181	9347
3574	9563	8359	4776	0111	9110	6160	8471
6574	1550	9890	5275	3005	3922	7048	1569
3756	6594	6634	9824	1318	6585	4075	5091
5569	2958	8823	3073	2471	1512	1015	9361
9109	2166	2148	9374	9483	2111	7095	8421
1165	2712	2021	6154	5522	9017	0354	0754
8078	2347	6410	2480	7247	1283	1307	6651
0179	4334	7117	2530	2504	4703	1756	0686
1125	2677	9553	7596	1407	3062	4701	9624
9936	2780	0687	7901	4265	5741	3310	2535
2827	1781	7272	4947	8892	7557	3134	8504
5389	9850	5081	5267	5164	1340	0605	5451
2166	6647	7554	4773	9682	3346	8503	8358
3760	1243	7458	6177	8038	2223	2679	4284
7522	6494	8298	7868	0822	8806	9255	3581
3111	6280	3705	0257	0298	6587	6677	6291
6589	0555	8479	4523	0150	4309	2756	9037
3879	9015	1218	3420	1552	8760	2758	3897
4607	5549	8957	1643	7731	6421	4639	0839
6202	0118	0479	4969	5067	3423	2718	1440
6226	1693	7411	0687	8890	0987	6252	8683
8490	3667	9016	6370	3826	4061	4548	6521
0267	5886	6597	3128	1833	7218	2997	4017
4977	9118	3327	7049	0913	0947	9262	8071
3846	7549	8036	7688	4659	9984	4752	7859
4786	4360	7316	7631	4045	0174	8035	4080
1680	4395	6313	9927	0274	1499	7072	4169

2.使用號碼球法：將一群體中的每個產品予以編號，然後以
準備好的號碼球置於箱中，混合均勻後，自其中抽出所需
樣本數的號碼球，則依照所抽出之號碼，檢驗相同號碼的
產品，此方法稱之。

檢驗的意義

將原物料或產品依照買賣雙方約定的檢查方法，就整批或抽
取一部分進行試驗，測定樣本的品質特性，將其結果與原定的品
質標準作比較，以判斷該批是否合格的全部過程，稱為檢驗。

檢驗的最終目的是要確保下一工程或顧客能得到較佳的品
質，而不是因為檢驗而改善了品質，因為品質是製造出來的，而
不是檢驗出來的，故檢驗的結果，只是提供給有關部門，作為改
善參考，以確保品質水準。

抽樣檢驗的意義

自母群體中批取一定數量為樣本經測試後所得結果與原標準
比較並利用統計方法加以判定該批是否合格的檢驗過程，稱為抽
樣檢驗（Sampling Inspection）。

抽樣檢驗的術語

抽樣檢驗常用的重要術語如下：

批量 檢驗批的數量大小，以 N 表示。

檢驗單位 檢驗批中不相重疊個體所成的集合稱之。

樣本 檢驗批中隨機抽取的部分檢驗單位所成的集合。

樣本大小 檢驗單位內含的數量為樣本大小，以 n 表示。

允收數 計數值抽樣檢驗中，用來判斷群體是否合格的不
合格品的個數稱之，通常以符號 C 表示。

合格判定值　計量值抽樣檢驗中，用來判斷群體是否合格的基準平均值稱之。

檢驗的種類

依檢驗性質分類

檢驗的種類依檢驗的性質可分為兩種：

破壞性檢驗（Destructive Inspection）　指產品經測試後其功能及價值，已不存在的檢驗，如電池壽命。

非破壞性檢驗（Non－destructive Inspection）　指產品經測試後，其功能及價值仍存在的檢驗，如產品規格檢驗。

依數據性質分類

檢驗的種類依檢驗數據性質可分為兩種：

計數值檢驗（Inspection by Attribute）。

計量值檢驗（Inspection by Variable）。

依檢驗方式分類

檢驗的種類依檢驗方式可分為三種：

全數檢驗（Total Inspection）　全數檢驗是將整批製品一一加以檢驗，發現有不良品或不合格品，即予以剔除更換或重製。

抽樣檢驗（Sampling Inspection）　抽樣檢驗指從整批製品中，抽取一部分為樣本，根據樣本內每個樣本品質的檢驗結果，以判定該批是否合格。

無檢驗通過　無檢驗通過是指當交貨者交來某批貨物，在

某一定條件下，經審查交貨者的檢驗記錄，認為合理且可以加以信賴，可不經檢驗而認定該批為合格。因此，無檢驗通過並不意味著無條件地判定合格。

以上三種抽樣方式，均可作為檢驗的判定方式，但究竟在何種情況，應採用全數檢驗？何種情況，應採用抽樣檢驗或無檢驗通過呢？一般可依照理論上與實際上兩方面來加以探討：

理論上的選擇　在理論上用來決定採用何種檢驗方式的方法，乃取決於損益平衡點（Break Even Point, BEP）與貨批不良率 P 的比較。

$$BEP = \frac{平均每一零件之檢驗成本}{平均每一不良品之修理總成本}$$

一般判定的原則如下：

(1)當 P＞BEP 時，採全數檢驗。

(2)當 P＝BEP 時，採抽樣檢驗。

(3)當 P＜BEP 時，但不甚穩定時採抽樣檢驗。

(4)當 P＜BEP 時，而且很穩定時，採無檢驗通過。

實際上的選擇

適合抽樣檢驗的情況：

(1)檢驗方法為破壞性檢驗時。

(2)產品群體面積或產量太大時，如肥料、米、棉花等產品。

(3)產品中允許有少量不良品時。

(4)為節省檢驗費用或縮短檢驗時間時。

(5)受檢產品為連續性產品時，如紙張、電線等。

適合全數檢驗的情況：

(1)批量小，抽樣檢驗無意義時。

⑵檢驗容易且費用低時，如燈泡亮不亮測試。

⑶產品必須全部為良品時。

⑷產品中若含有不良品，將影響全體時。

由於採用抽樣方式的情況各有不同，當然各有不同的優缺點，以下就全數檢驗與抽樣檢驗的優缺點，分述如下：

全數檢驗的優缺點

優點：⑴比較能確保品質合乎標準。

　　　⑵可避免允收壞批，拒收好批的風險。

　　　⑶提供較多的品質情報。

缺點：⑴檢驗數量多，耗時且耗費成本。

　　　⑵檢驗工作單調且具有重複性，檢驗人員易產生疲勞，故並不能保證100％的品質。

抽樣檢驗的優缺點

優點：⑴檢驗次數較少，所需的人力亦較少，可降低檢驗成本，因此較為經濟。

　　　⑵可降低檢驗誤差—即降低全檢中，檢驗人員因身心疲勞所造成的不合格品被接受。

　　　⑶可降低檢驗過程中所造成的損壞數量。

　　　⑷可刺激生產者提高品質。

缺點：⑴必需冒允收壞批、拒收好批的風險。

　　　⑵所獲得的產品資訊較少。

　　　⑶合格批中，常有些許不良品。

　　　⑷發展抽樣計劃需要時間規劃，同時要管理不同的抽樣計劃，增加管理成本。

依作業流程分類

檢驗種類依作業流程可分爲下列幾種：

進料檢驗（Incoming Material Inspection）　進料檢驗係指在購入大批材料、零件或其他半成品時，進行檢驗工作，以防止不良品物料進入廠內。

製程檢驗（In－Process Inspection）　製程檢驗係指在生產過程中，對在製品加以檢驗，避免將前一工作流程之不良品，流至下一工作流程中，徒增人工及材料成本之浪費。

成品檢驗（Product Inspection）　成品檢驗係指產品完成後，在包裝作業之前的檢驗。

出廠檢驗（Delivery Inspection）　出廠檢驗係指產品經包裝入庫後，在出廠時，爲保障消費者乃提供品質保證的檢驗。

抽樣計劃

何謂抽樣計劃

所謂「抽樣計劃」係指在進行抽樣檢驗時，經由買賣雙方之協議，針對送驗批的數量以決定需要由此批中抽取多少樣本，以及決定允收或拒收的準則，這種決定樣本量及允收或拒收的準則稱之爲抽樣計劃。

抽樣計劃的目的在於提供一個能符合買賣雙方協議，且能有效率檢驗品質的系統，以保證品質良好的送驗批有較高的機率被允收，同時，有較高的機率拒收壞批。

一個好的抽樣計劃，不但要能有效提供產品的品質情報外，尚需要能保護消費者的權益，並激勵生產者做好品質管理，所以，一個優良的抽樣計劃應具備的條件如下：

1.保護生產者，使好批免於被拒收。

2.保護消費者，以免允收壞批。

3.長期保護消費者，即消費者長期使用某一抽樣計劃，其允收產品平均不良率小於平均出廠品質界限 AOQL。

4.激勵生產者，保持製品於管制狀態下。

5.節省抽樣、檢驗及行政的成本。

6.提供有關產品、品質情報。

抽樣計劃的種類

抽樣計劃依所衡量的品質特性可分為兩種：

計數值抽樣計劃　係指由檢驗批中隨機抽取樣本，並將樣本中的產品，區分為良品及不良品，將不良品的個數與抽樣計劃中所規定的允收數作比較，以決定該批產品是否允收或拒收。

計量值抽樣計劃　係指由檢驗批中隨機抽取樣本，並對樣本中的每一產品加以分析及測量其品質特性，再將這些特性質加以整理，求其平均數及變異數等統計量，並與規定的允收數作比較，以決定該批產品允收或拒收。

計數值抽樣計劃及計量值抽樣計劃各有其特點，計數值抽樣計劃主要優點在於檢驗簡單，所需的設備、人手較少，但需要較大的樣本；而計量值抽樣計劃的主要優點在於每個樣本能提供較多的資訊；且在樣本大小相同的情況下，較計數值抽樣計劃有較高的判斷力，但檢驗費時、計算複雜。以下是計數值抽樣計劃與計量值抽樣計劃的比較。

表6－2計數值抽樣檢驗與計量值抽樣檢驗比較表

項目	計數值抽樣檢驗	計量值抽樣檢驗
檢驗過程	檢驗設備，計算及各項記錄簡單，無需熟悉檢驗技術，檢驗較不費時	檢驗設備、計算及各項記錄、複雜，較需熟悉檢驗技術，檢驗費時
使用條件	隨機抽樣外並無其他限制	隨機抽樣外特性值需呈常態分配
檢驗件數	較多	較少
品質表示方式	良品、不良品、缺點數	特性值
適用場合	檢驗所需時間、設備人手較少的場合	檢驗所需時間設備人手較多的場合

抽樣計劃亦可依抽樣的方式分為下列幾種：

單次抽樣計劃　係指從送驗批中隨機抽取樣本，根據此次樣本的檢驗結果，來決定允收或拒收該批產品的抽樣檢驗計劃，稱為單次抽樣計劃。例如一抽樣計劃為：

$$N = 1000, n = 100, c = 2$$

代表從含有1000件的產品批中，隨機檢驗100件，若在這100件的樣品中，不良品件數等於或小於2件，則判定為允收，否則為拒收。假設 N 為產品批的數量，n 為抽取的樣本數，其中含有不良品件數為 d，若其允收數為 C，則單次抽樣計劃的判定流程為：

1. 當 d≤C，則判定該送驗批合格，允收該批
2. 當 d＞C，則判定該送驗批不合格，拒收該批。

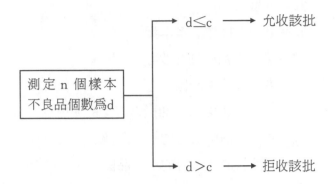

〈範題〉某一抽樣計劃 $N = 1000, n = 100$, $c = 2$ ，其判定流程為何？

〈解〉

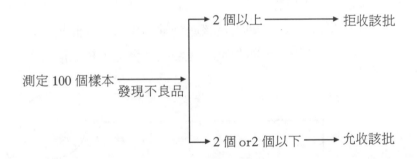

　　雙次抽樣計劃　係指從送驗批中抽取第一組樣本後可能判定的情況有：(1)允收(2)拒收(3)檢驗第二組樣本再進行判斷等三種情形，所以，雙次抽樣計劃最多抽取兩次樣本，即需判定該批允收與否。如果送驗批品質特別好或特別壞時，亦可能只抽一次樣本，即可判定允收或拒收。茲假設有一雙次抽樣計劃如下：

N＝批量

n_1＝第一次抽樣的樣本量

C_1＝第一次抽樣的允收數

n_2＝第二次抽樣的樣本量

C_2＝第一次和第二次抽樣合併後的允收數

d_1＝第一次抽樣所含的不良品數

d_2＝第二次抽樣所含的不良品數

則雙次抽樣計劃的判定流程為：

1.當 $d_1 \leq C_1$，則判定該送驗批合格，允收該批。

2.當 $d_1 > C_2$，則判定該送驗批不合格，拒收該批。

3.當 $C_1 < d_1 \leq C_2$，則從（ N－n_1 ）的產品中隨機抽取第二樣
　本 n_2，加以檢驗：

　⑴當 $d_1 + d_2 \leq C_2$，則判定該送驗批合格，允收該批。

　⑵當 $d_1 + d_2 > C_2$，則判定該送驗批不合格，拒收該批。

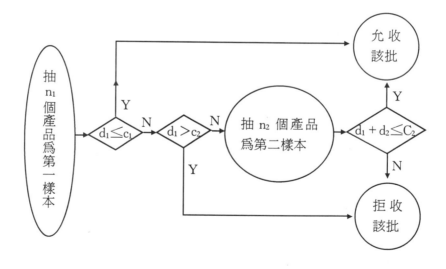

〈範題〉有一雙次抽樣計劃

$$N = 1000 , n_1 = 50 , \ C_1 = 2$$

$$n_2 = 100 , C_2 = 6$$

其判定流程爲何？

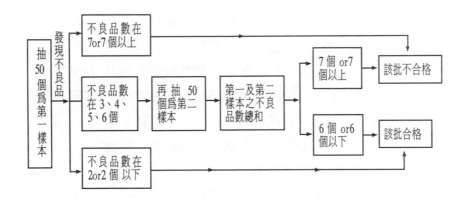

多次抽樣計劃 係爲雙次抽樣計劃之延伸，可以爲三次、四次、五次或更多次，其所抽取的樣本較單次及雙次來得少。

逐次抽樣計劃（Sequential Sampling Plan） 逐次抽樣類似多次抽樣，其樣本大小係由樣本之檢驗結果來決定，理論上逐次抽樣有可能無限制地一直持續檢驗下去，而達到100％檢驗，但一般均在檢驗數爲單次抽樣檢驗數之三倍時停止。其與多次抽樣最大的不同在於多次抽樣最多的抽樣次數已早已確定，而逐次抽樣卻未確定。逐次抽樣依每階段檢驗數數大小，可分爲兩種：

⑴組逐次抽樣（Group Sequential Sampling ）：在逐次抽樣中，若每一階段之檢驗樣本數大於1時，稱之。

⑵逐個逐次抽樣（Item－by－Item Sequential Sampling ）：

在逐次抽樣中，若每次之樣本大小等於1時，稱之。逐個逐次抽樣乃根據1947年華德（Abraham Wald）所提出之逐次機率比檢定（Sequential Probability Ratio Test，簡稱SPRT）而來的。（圖6-1）爲逐個逐次抽樣計劃。其橫軸爲檢驗的樣本數，縱軸爲累積的不良品數，階段線表示總檢驗數中的累積不良數，而兩條決策線將圖形分成允收、拒收及繼續抽樣三區，若累積檢驗不良品數等於或大於拒收線，則該送驗批拒收，若累積檢驗不良品數等於或小於允收線，則該送驗批允收，若介於兩線之間，則繼續抽樣檢驗，由於允收數及拒收數必須爲整數值，因此，一般將允收數設爲小於或等於允收線之整數值，拒收數設爲大於或等於拒收線之整數值。

在逐次抽樣中，允收線及拒收線各有其方程式，此方程式係根據生產者冒險率 α、生產者冒險率下的不良率 P_α、消費者冒險率 β 以及消費者冒險率下的不良率 P_β 所導出，公式如下：

$$ha = \left[\, \log\left(\frac{1-\alpha}{\beta}\right) \,\right] / A$$

$$hr = \left[\, \log\left(\frac{1-\beta}{\alpha}\right) \,\right] / A$$

$$S = \left[\, \log\left(\frac{1-P_\alpha}{1-P_\beta}\right) \,\right] / A$$

$$A = \log\frac{P_\beta(1-P_\alpha)}{P_\alpha(1-P_\beta)}$$

$$da = -ha + S \times n$$

$$dr = hr + S \times n$$

其中，S＝斜率

　　　ha＝允收線的截距

hr＝拒收線的截距

da＝允收之不良數

n ＝檢驗數

dr＝拒收之不良數

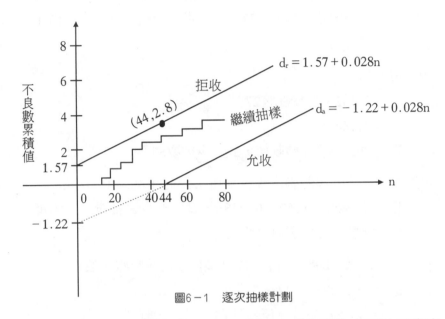

$$d_r = 1.57 + 0.028n$$

拒收

繼續抽樣

$$d_a = -1.22 + 0.028n$$

允收

(44，2.8)

不良數累積值

圖6-1　逐次抽樣計劃

〈範題〉假設生產冒險率 $\alpha = 0.05$，在此生產者冒險率下的不良率 $P_a = 0.02$，消費者冒險率 $\beta = 0.1$，在此消費者冒險率下的不良率 $P_\beta = 0.07$，求逐次抽樣計劃之允收線及拒收線方程式。

〈解〉$A = \log = \dfrac{P_\beta(1 - P_a)}{P_a(1 - P_\beta)} = \log \dfrac{(0.07)(0.98)}{(0.02)(0.93)} = 0.56681$

$ha = [\log(\dfrac{1 - \alpha}{\beta})]/A = (\log \dfrac{0.95}{0.1})/0.56681 = 1.725$

$hr = [\log(\dfrac{1 - \beta}{\alpha})]/A = (\log \dfrac{0.9}{0.05})/0.56681 = 2.215$

$$S = \left[\log \left(\frac{1 - P_\alpha}{1 - P_\beta} \right) \right] / A = \left(\log \frac{0.98}{0.93} \right) / 0.56681 = 0.04$$

$$\therefore da = -1.725 + 0.04n$$

$$dr = 2.215 + 0.04n$$

〈範題〉某逐次抽樣計劃，其不合格判定線之方程式為 $dr = 2.142 + 0.186n$，若樣本 $n = 27$，判定為不合格，其不良品數至少需要幾個？

〈解〉$dr = hr + Sn$

$\qquad = 2.142 + 0.186n \times 27$

$\qquad = 7.164$

因拒收數必須為整數值，故至少需要8個。

〈範題〉有一逐次抽樣計劃之接受線為 $X_A = -1.22 + 0.028n$，而拒收線為 $X_R = 1.57 + 0.028n$，試問至少需抽幾件，方能決定所驗收之批貨可以接受。

〈解〉不良品數為0時（因不可能為負值）之檢驗數為最小

$\qquad$ 故 $0 = -1.22 + 0.028n$

$\qquad n = 43.57$

因檢驗數取整數值，故至少需44件。

　　以上不論是單次、雙次、多次或逐次抽樣計劃，原則上對產品的品質保證皆可得到相同的結果，但買賣雙方在選擇這些抽樣計劃種類時，仍須考量計劃的有效性、經濟性及其他因素，以下針對單次、雙次、多次及逐次抽樣計劃的優劣點作一比較，以提供選擇抽樣計劃之參考：

表6-3 單次、雙次、多次及逐次抽樣檢驗比較表

項　　目	單次抽驗	雙次抽驗	多次抽驗	逐次抽驗
檢驗費用	大	中	小	小
心理效果	最差	中	好	好
實施的繁雜程度	簡單	中	複雜	複雜
情報利用性	大	中	小	小
每批檢驗個數的變異性	無	有	有	有
對產品品質的保證	相同	相同	相同	相同

抽樣計劃依抽樣的型態亦可分為下列幾種：

規準型抽樣計劃 規準型抽樣計劃亦稱為兩定點計劃（Two-Point Scheme）為了兼顧買賣雙方的權益，當送驗指的不良品率低於 P_0 時，被誤判不合格的機率應低於 α，始得以保護生產者，但送驗批的不良品率高於 P_1 時，被誤判為合格的機率應低於 β，始能保護消費者。如（圖6-2）所示：

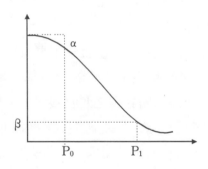

圖6-2 規準型抽樣計劃曲線

選別型抽樣計劃 選別型抽樣計劃係為送驗批經由抽樣檢驗後，如果被判定為合格，則允收該批，若被判為不合格，並不拒收，而是將剩餘的產品做全數檢驗，把不良品剔除，並補以良品，如此，可得到較佳的品質，但不適於破壞性檢驗。

調整型抽樣計劃　調整型抽樣計劃係根據供應商以往送驗品質的成績好壞,調整抽樣檢驗的鬆緊程度,一般可分為三種程度,即減量、正常及嚴格三種,驗收開始時,可採用正常檢驗,但品質連續都很好時,則改減量檢驗,若品質不好時,則採用嚴格檢驗。

　　連續生產型抽樣計劃　連續生產型抽樣計劃係由於有些產品的製造過程是連續的,並不適合分批方式檢驗,因此,必須依照製造的流程進行抽樣檢驗,其方法為開始時,針對流程上的產品一一檢驗,當連續出現良品達到規定數量時,改採抽樣檢驗,若在抽樣檢驗過程中,又發現不良品,則立即恢復全數檢驗。

作業特性曲線

作業特性曲線的義意

　　在抽樣檢驗中,產品在某一不良率下具有可能被判斷為允收的機率,因此,若以橫軸表示群體的不良率、縱軸表示允收機率,依不同群體之不良率所對應之允收機率,可描繪出座標點,將各點連接,描繪而成的曲線（Operating Characteristic Curve）,稱為作業特性曲線,簡稱 OC 曲線。如（圖6-3）:

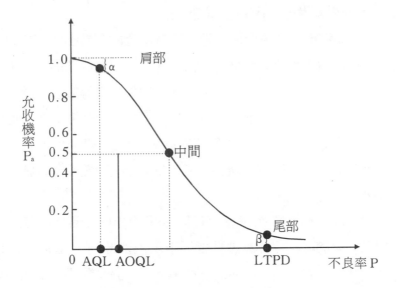

圖6-3　抽樣計劃之 OC 曲線三部分

　　此 OC 曲線隨著抽樣計劃之樣本數 n 及允收數 C 不同而有不同的型態，型態不同，代表此抽樣計劃判別好批與壞批的能力亦不同，OC 曲線上有三個部位，分別為肩部、中間部位及尾部，由此三個部位可探討五個的重要的名詞，在肩部處可探討生產者冒險率（Producer's Risk, PR）α，及允收品質水準（Acceptable Quality Level，AQL），中間部位探討，平均出廠品質界限（Average Outgoling Quality Limit, AOQL），尾部探討消費者冒險率（Consumer's Risk, CR）β 及拒收品質水準（Lot Tolerance Percent Defective, LTPD）茲針對這五個名詞，加以探討其意義：

　　生產者冒險率 α　當生產者所生產的產品，大都為良品時，由於抽樣的關係，該批良品被誤判為不合格而拒收，使生產者遭受被退貨的損失，如此的機率，稱為生產者冒險率，簡稱

PR，一般以 α 表示，其值約為5％。

允收品質水準 AQL　　當生產者生產的產品批中所含的不良品程度同為買賣雙方所接受，認為應該予以允收時的最高不良率為允收品質水準，亦即，當送驗批中的不良率等於或小於允收品質水準時，應判定該批合格而允收，但由於抽樣關係，亦可能被拒收，拒收的機率即為生產者冒險率 α，一般為5％，也就是說，當送驗批的不良率等於或小於 AQL 時，被允收的機率為95％。

平均出廠品質界限 AOQL　　平均出廠品質界限是在選別型抽樣檢驗後，為計算該批貨的平均出廠品質（AOQ）時所產生，其值為在不同的送驗批不良率下，所計算出平均出廠品質的最大值，即是平均出廠品質界限（AOQL），而利用 OC 曲線，可粗略計算 AOQL 的值，其作法為自允收機率50％處，畫一平行橫軸的平行線與 OC 曲線交會於一點，自該點畫一垂直橫軸的直線與橫軸交會於一點，該點之不良率的一半，即為平均出廠品質界限。

消費者冒險率 β　　當生產者所生產的產品，大都為不良品時，由於抽樣的關係，該批不良品被誤判為合格而允收，使消費者因此而遭受購買不良品的損失，如此的機率，稱為消費者冒險率，簡稱 CR，一般以 β 表示，其值約為10％。

拒收品質水準 LTPD　　當生產者生產的產品批中所含的不良品程度不能為消費者所接受，認為應該予以拒收時的最低不良率，為拒收品質水準，亦即當送驗批中的不良率等於或大於拒收品質水準時，應判定該批不合格而拒收，但由於抽樣關係，亦可能被允收，允收的機率即為消費者冒險率 β，一般為10％。

作業特性曲線的繪製　OC 曲線係根據各個送驗批之不良率 P 來計算允收機率 P_a，首先必須先確定應採用何種分配，一般 OC 曲線主要係採用超幾何分配，但當批量很大時，如 N≧10n 時，採用二項分配計算，可得超幾何分配之近似值，而當批量 N 很大，樣本 n 亦很大的情況下，則可採用卜瓦松分配或常態分配來計算近似值，選擇情況如下：

　1.當不良率 P＞0.1 或 nP＞5 時，則採用常態分配計算。

　2.當不良率 P＜0.1 或 nP＜5 時，則採用卜瓦松分配計算。

茲以卜瓦松分配之計算為例，說明 OC 曲線的繪製步驟：

1.假定不良率 P 的值。

2.計算 λ 值即 λ＝nP。

3.用允收數及 λ 值查機率分配表，而得允收機率 Pa，以橫軸為不良率，縱軸為允收機率。

4.將每一不良率 P 及對應的允收機率值 Pa 所組合的點，描繪於圖上。

5.將各點連接起來，即得 OC 曲線。

單次抽樣計劃的 OC 曲線

單次抽樣計劃 N＝1000，隨機抽取 n＝100 件為樣本，允收數 C 為 2，則分別計算在各種不良率下的允收機率，如（表6-4）所示：

表6-4　N＝1000，n＝100 c＝2單次抽樣計劃的各種不良率下的允收機率

不良率 P	參數 λ＝np	允收機率 P_a
0		1,000
0.01	1	0.920
0.02	2	0.677
0.03	3	0.423
0.04	4	0.238
0.05	5	0.125
0.07	7	0.030
0.09	9	0.006

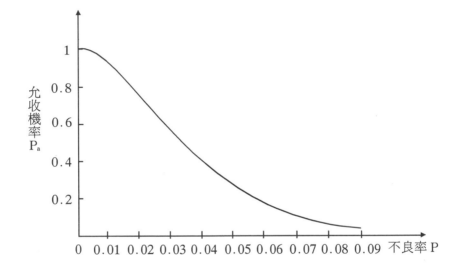

圖6-4　N＝1000,n＝100,C＝2單次抽樣計劃之 OC 曲線

（圖6-4）為 N＝1000，λ＝100，c＝2的單次抽樣計劃的 OC 曲線，茲以不良率 P＝0.01為例，計算如下：

因批量 N＝1000，樣本 n＝100

則 N≧10n，且 n＝100在二項分配表中無法查到相關機率，

而不良率 P＝0.01＜0.1　∴採用卜瓦松分配計算允收機率：

$$\lambda = np = 100 \times 0.01 = 1$$

$$P_a = P(X \leq 2) = \sum_{x=0}^{2} \frac{e^{-1}1^x}{x!}$$

$$= \frac{e^{-1}1^0}{0!} + \frac{e^{-1}1^1}{1!} + \frac{e^{-1}1^2}{2!}$$

$$= 0.92$$

亦可以 λ 值及允收數 C 查卜瓦松分配表得之。

雙次及多次抽樣計劃的 OC 曲線

雙次抽樣計劃，依其允收及拒收的可能性，可分成四種情況：

1. 第一樣本就允收。
2. 第一樣本就拒收。
3. 第二樣本才允收。
4. 第二樣本才拒收。

故雙次抽樣計劃的 OC 曲線的繪製，牽涉較多，因為必須求出第一次允收的機率以及第二次允收的機率，故 OC 曲線亦需繪製兩條，第一條曲線是第一次樣本的允收機率，第二條曲線是第一次抽樣及第二次抽樣的允收機率和。

〈範題〉今有一雙次抽樣計劃

$$N = 1000 \quad n_1 = 32 \quad c_1 = 0$$

$$n_2 = 50, c_2 = 2$$

試繪出 OC 曲線

〈解〉在計算雙次抽樣計劃的允收機率時，可將允收機率分為第

一次允收及第二次允收機率。

假設 $P = 0.01$

則第一次允收機率：$\lambda_1 = n_1 P = 32 \times 0.01 = 0.32$

$$p(d_1 = 0) = \frac{e^{-0.32} 1^0}{0!} = 0.726 \text{——} P_{a1}$$

而第二次允收機率需考慮二種狀況：

d_1 代表第一次抽樣的不良數，d_2 代表第二次抽樣的不良數

① $d_1 = 1$ 則 $d_2 \leq 1$

$$\lambda_1 = n_1 P = 32 \times 0.01 = 0.32, \lambda_2 = n_2 P' = 50 \times \frac{9}{968} = 0.46$$

$$P(d_1 = 1) = \frac{e^{-0.32} 0.32^1}{1!} = 0.232, P(d_2 \leq 1) = \sum_{d_2=0}^{1}$$

$$\frac{e^{-0.46} 0.46^{d_1}}{d!} = \frac{e^{-0.46} 0.46^0}{0!} + \frac{0^{-0.46} 0.46^1}{1!} = 0.922$$

$$Pa_{21} = 0.232 \times 0.92\alpha = 0.214$$

② $d_1 = 2$ 則 $d_2 = 0$

$$\lambda_1 = n_1 P = 32 \times 0.01 = 0.32, \lambda_2 = n_2 P' = 50 \times \frac{8}{968} = 0.41 \ P$$

$$(d_1 = 2) = \frac{e^{-0.32} 0.32^2}{2!} = 0.037, P(d_2 = 0) = \frac{e^{-0.41} 0.41^0}{0!}$$

$$= 0.664$$

$$P_{a22} = 0.037 \times 0.664 = 0.025$$

$$\therefore P_a = P_{a1} + P_{a21} + P_{a22} = 0.726 + 0.214 + 0.025 = 0.965$$

依範題之計算方式，同理可求得 $P = 0.02$，$0.03 \cdots$ 的允收機率，如（表6-5），則雙次抽樣計劃的 OC 曲線繪製如（圖6-5）所示：

表6-5雙次抽樣機率計算表

不良率 P	第一樣本允收機率 P_a	第一樣本與第二樣本允收機率和	第一樣本就拒收機率
0.01	0.726	0.965	$1-0.997=0.003$
0.03	0.382	0.628	$1-0.927=0.073$
0.05	0.202	0.314	$1-0.783=0.217$
0.07	0.106	0.145	$1-0.612=0.388$

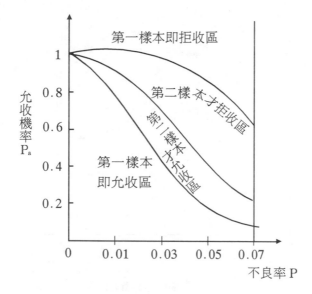

圖6-5　雙次抽樣計劃，$N=1000, n_1=32, C_1=0$
　　　　$n_2=50, C_2=2$ 之 OC 曲線

　　多次抽樣計劃的允收機率求法與雙次抽樣計劃相似，所以 OC 曲線之繪製方法亦相類似，故不再贅述。

作業特性曲線的特性

　　OC 曲線隨著抽樣中樣本數 n 及允收數 C 的不同，而有不同的 OC 曲線，OC 曲線若愈陡峭，則判斷好批壞批的能力愈高，

如（圖6-6）所示，圖中可看出曲線Ⅰ較曲線Ⅱ陡峭，當群體不良率為 P_1 時，曲線Ⅰ的允收機率為 P_A，曲線Ⅱ的允收機率 P_B，而當群體不良率為 P_2 時，曲線Ⅰ的允收機率降為 P_C，曲線Ⅱ的允收收機率降為 P_D，而曲線Ⅰ的降幅（$P_A - P_C$）比曲線Ⅱ的降幅大（$P_B - P_D$），代表群體不良率增大後，曲線Ⅰ的反應較為靈敏，亦即判斷力較高。

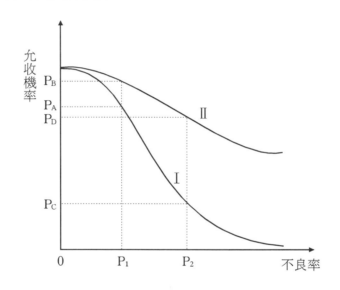

圖6-6　OC 曲線的判斷力比較

OC 曲線的型態、受批量 N、樣本數 n 及允收數 C 三者所影響；以下針對此三者的變化，分別加以探討。

批量 N 及允收數 C 固定，樣本數 n 不同時　當批量 N 及允收數 C 固定時，樣本數 n 愈大，OC 曲線愈陡峭，判別好批與壞批的能力愈強，如（圖6-7）所示：

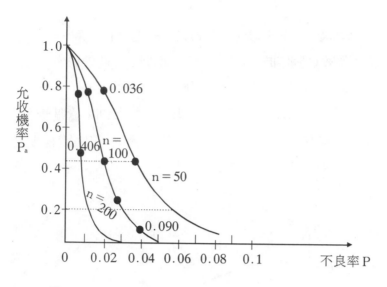

圖6－7　N＝100，C＝1時，n＝200，100，50時之 OC 曲線

　　批量 N 及樣本數 n 固定，允收數 C 不同時　當批量 N 及樣本數 n 固定時，允收數 C 愈小，OC 曲線愈陡峭，判別好批與壞批的能力愈強如（圖6－8）所示：

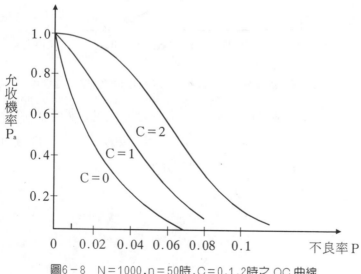

圖6－8　N＝1000，n＝50時，C＝0，1，2時之 OC 曲線

樣本數 n 及允收數 C 固定,批量 N 不同時　當樣本數 n 及允收數 C 固定時,批量 N 的大小對 OC 曲線影響相當小,即對品質的保證程度受批量大小的影響程度不大。

　　批量 N,樣本數 n 及允收數 C 成比例　當批量 N、樣本數 n 及允收數 C 成一定比例時,則對產品的保證程度並不相同,須視情況而定,如(圖6-9)所示:

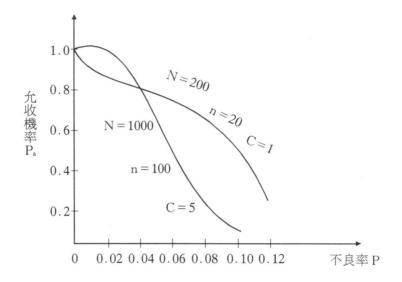

圖6-9　批量 N、樣本數 n,允收數 C 成比例之 OC 曲線

　　任何抽樣計劃的 OC 曲線,均不能完全判別好批或壞批,惟一能判別好批或壞批者,只有採行全數檢驗,而全數檢驗所劃之 OC 曲線成 Z 字型,如(圖6-10)所示:

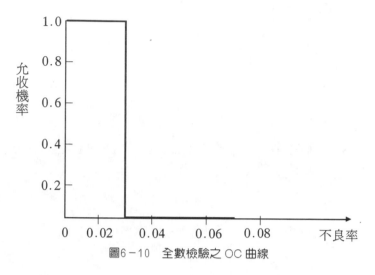

圖6-10　全數檢驗之 OC 曲線

平均樣本數

平均樣本數（Average Sample Number，ASN）係指抽樣計劃若採用單次，雙次或多次抽樣時每批平均的檢驗數。單次抽樣檢驗的 ASN 是一定，等於樣本大小 n，而雙次抽樣檢驗的 ASN 計算，必需考量第二次樣本抽不抽取的問題，雙次抽樣 ASN 的計算公式為：

$$ASN = n_1 + n_2 \ (\ 1 - P_I\ )$$

n_1：第一次樣本數

n_2：第二次樣本數

P_I：第一次樣本就作決定的機率

〈範題〉有一單次抽樣計劃 $n = 60, c = 1$，以及同等有效的雙次抽樣計劃 $n_1 = n_2 = 50, c_1 = 0, c_2 = 1$，試計算兩種抽樣計劃的平均樣本數。

〈解〉單次抽樣計劃的 ASN 剛好等於樣本數 n

　　　　∴單次抽樣計劃之 ASN＝n＝60

　　　　雙次抽樣計劃的 ASN 計算如下：

　　　　假設不良率 P＝0.01

　　　　則 $n_1 P = 50 \times 0.01 = 0.5$

　　　　第一次就允收之機率爲 $P(X=0) = \dfrac{e^{-0.5}0.5^0}{0!} = 0.607$

　　　　第一次就拒收之機率爲 $P(X \geq 2) = 1 - P(X \leq 1) = 1 -$
　　　　$(\dfrac{e^{-0.5}0.5^0}{0!} + \dfrac{e^{-0.5}0.5^1}{1!})$

　　　　$= 0.09$

　　　　（以上機率均可查卜瓦松分配機率表而得）

　　　　$ASN = n_1 + n_2 (1 - P_I)$

　　　　　　　$= 50 + 50 \times (1 - 0.607 - 0.09) \doteqdot 66$

　　平均樣本數 ASN 的公式係假設即使不合格數已達到拒收數後，檢驗仍然繼續進行，但事實上，不論檢驗第一次樣本或第二次樣本，只要不合格數達到拒收數就不再繼續檢驗，這種做法稱爲截尾檢驗（Curtailed Inspection）；其公式甚爲複雜，讀者可自行參考有關書籍。

　　而多次抽樣計劃的 ASN 曲線之計算又比雙次抽樣計劃 ASN 曲線複雜的多，在此提出計算公式，僅供讀者參考。

　　　　$ASN = n_1 P_I + (n_1 + n_2) P_{II} + \cdots\cdots + (n_1 + n_2 + \cdots\cdots + n_k)$
　　　　P_K

　　　　n_k：第 K 次抽樣的樣本大小

　　　　P_k：第 K 次之決策機率

抽樣計劃的設計

規定生產者冒險率之抽樣計劃　當已知生產者冒險率（α）和其對應的允收品質水準（AQL）的條件下，就可以決定出很多組抽樣計劃，這些抽樣計劃的 OC 曲線都會通過 $P_a = 1 - \alpha$，和 P＝AQL 的這一點，例如，生產者冒險率 α 為0.05，AQL 為1.2％，如此，可決定很多組抽樣計劃的 OC 曲線均通過（$P_a = 0.95, P_{0.95} = 0.012$）這一點，即表示這些組中的每一組抽樣計劃都能保證不良率為1.2％的產品，有95％的機會會被允收，只有5％的機會會被拒收。

　　這些抽樣計劃的求法，通常需經由下列步驟：

　　1.先假定一個允收數（C）值，並在（表6-6）找出相對應的 nP 值。

　　2.將 nP 值除以相對應之 P_0 值，即可求得樣本數 n。

表6-6　C 值與對應之 nP 值表

P_a ＼ C	0	1	2	3	4	5	6	7	8	9	10
$P_a = 0.95$	0.051	0.355	0.818	1.366	1.970	2.613	3.286	3.981	4.695	5.426	6.169
$P_a = 0.1$	2.303	3.890	5.322	6.681	7.994	9.275	10.532	11.771	12.995	14.206	15.407
$P_{0.1}/P_{0.95}$	44.890	10.946	6.509	4.890	4.057	3.549	3.206	2.957	2.768	2.618	2.497

　　以（圖6-11）中的三個抽樣計劃為例：

當 $P_a = 0.95, P_{0.95} = 0.012$

　C＝2時查（表6-6），得 $nP_{0.95} = 0.818$

　$n = \dfrac{nP_{0.95}}{P_{0.95}} = \dfrac{0.818}{0.012} \doteq 68.2$（取68）

　C＝3時，查（表6-6）得 $nP_{0.95} = 1.366$

　$n = \dfrac{nP_{0.95}}{p_{0.95}} = \dfrac{1.366}{0.012} = 113.8$（取114）

$c = 5$時，查（表6-6）時，$P_{0.95} = 2.613$

$$n = \frac{np_{0.95}}{p_{0.95}} = \frac{2.613}{0.012} = 217.75 \ (取218)$$

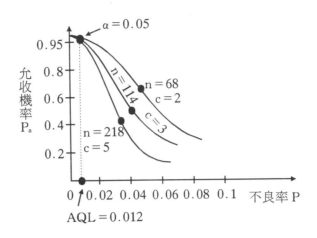

圖6-11　規定生產者冒險率及允收品質水準之單次抽樣計劃

以上所採用之 $C = 2, C = 3$ 和 $C = 5$ 係隨意選取的，讀者亦可選取其他 C 值，以計算其樣本數 n。

這些抽樣計劃都能對生產者提供相同的保護程度，但對於消費者的保護程度，卻有所不同，以 $\beta = 0.1$ 時為例，對 $n = 68, c = 2$ 的抽樣計劃而言，送驗批不良率為7.8％之產品，將有10％的機會會被允收，而 $n = 218, c = 5$ 的抽樣計劃，送驗批不良率為4.3％之產品有10％的機會被允收，從消費者的觀點而言，後者具有較佳的保護程度，但是樣本卻太大，增加了檢驗成本，選用的方式，通常依批量而定。

規定消費者冒險率之抽樣計劃　當已知消費者冒險率（β）和其對應的拒收品質水準（LTPD）的條件下，就可以決

定出很多組抽樣計劃，這些抽樣計劃的 OC 曲線都會通過 $P_a = \beta$ 和 $P = LTPD$ 的這一點，例如，消費者冒險率 β 為 0.1，LTPD 為 5%，如此，可決定很多組抽樣計劃的 OC 曲線均通過（$P_a = 0.1$，$P_{0.1} = 0.05$）這一點，即表示這些組中的每一組抽樣抽樣計劃都能保證不良率為 5% 的產品，只有 10% 的機會會被允收。

這些抽樣計劃的求法同規定生產冒險率的求法，以 $P_a = 0.1$，$P_{0.01} = 0.05$ 為例，求法如下：

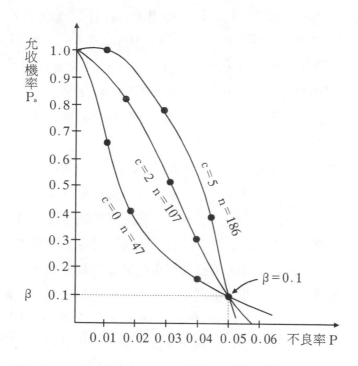

C = 0 時，查（表6－6）得 $nP_{0.1} = 2.303$

$$n = \frac{nP_{0.1}}{P_{0.1}} = \frac{2.303}{0.05} = 46.066 \text{（取47）}$$

C = 2 時，查（表6－6）得 $nP_{0.1} = 5.322$

$$n = \frac{nP_{0.1}}{P_{0.1}} = \frac{5.322}{0.05} = 106.44 \text{（取107）}$$

C＝5時，查（表6－5）得 $nP_{0.1} = 9.275$

$$n = \frac{nP_{0.1}}{P_{0.1}} = \frac{9.275}{0.05} = 185.5 \text{（取186）}$$

以上所採用之 C＝0, C＝2和 C＝5係隨意選取，讀者亦可選取其他 C 值，以計算其樣本數 n

這些抽樣計劃都能對消費者提供相同的保護程度，但對能生產者的保護程度，卻有所不同，以 α＝0.05時為例，對 n＝47, C＝0的抽樣計劃而言，送驗批不良率為0.106％的產品，將有5％的機會會被拒收，而 n＝186, C＝5的抽樣計劃，送驗批不良率為1.4％的產品有5％的機會被拒收，從生產者的觀點而言，後者具有較佳的保護，但是樣本卻太大，增加了檢驗成本，選用的方式，通常依批量而定。

規定生產者冒險率和消費者冒險率之抽樣計劃 抽樣計劃中，若要同時保護生產者及消費者，可找尋一條符合生產者規定及消費者規定的 OC 曲線，但要求得同時滿足買賣雙方規定的抽樣計劃之 OC 曲線，並不容易，只能找到完全符合生產者規定的條件，而又非常接近消費者規定的抽樣計劃，或是完全符合消費者的條件，而又非常接近生產者規定的抽樣計劃，（圖6－13）為接近 α＝0.05，AQL＝1.0％和 β＝0.1，LTPD＝6％的四個抽樣計劃，其中兩個抽樣計劃完全符合消費者規定，如圖中實線所示，另兩個抽樣計劃完全符合生產者規定，如圖中虛線所示，而求得這些抽樣計劃的步驟如下：

1.求 $P_{0.1}/P_{0.95}$ 的比值。

2.查（表6－6）得知此比值是在那兩個允收數之間。

3.依消費者規定，分別計算在這兩個允收數下的樣本數。

4.依生產者規定，分別計算在這兩個允收數下的樣本數。

如此即可得到四個抽樣計劃。

以（圖6-13）為例，所求得之四個抽樣計劃的計算如下：

$$\frac{P_{0.1}}{P_{0.95}} = \frac{LTPD}{AQL} = \frac{0.06}{0.01} = 6$$

由（表6-6）中，得知6.0落在 C＝2和 C＝3之間
符合消費者規定之抽樣計劃：

當 c＝2時，$n = \frac{nP_{0.1}}{P_{0.1}} = \frac{5.322}{0.06} = 88.7$（取89）

當 C＝3時，$n = \frac{nP_{0.1}}{P_{0.1}} = \frac{6.681}{0.06} = 111.35$（取112）

符合生產者規定之抽樣計劃：

當 C＝2時，$n = \frac{nP_{0.95}}{P_{0.95}} = \frac{0.818}{0.01} = 81.8$（取82）

當 C＝3時，$n = \frac{nP_{0.95}}{P_{0.95}} = \frac{1.366}{0.01} = 136.6$（取137）

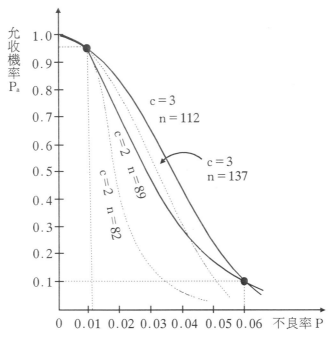

圖6-13　規定生產者冒險率與消費者冒險率的抽樣計劃

以上四個抽樣計劃中，究竟要選用那一個，可根據四個準則之一來作決定：

1. 選用樣本數及允收數都最小的抽樣計劃，依上例，則採用 n＝82, c＝2的抽樣計劃。

2. 選用樣本數及允收數都最大的抽樣計劃，依上例，則採用 n＝137, c＝3的抽樣計劃。

3. 選用完全符合消費者規定，並接近生產者規定的抽樣計劃，依上例，完全符合消費者規定者，有 n＝89, c＝2及 n ＝112, c＝3，兩個抽樣計劃，此二者中較接近生產者規定 α＝0.05，AQL＝1％的為 n＝89, c＝2，故採用之，其計

算如下：

當 n＝89, C＝2時

$$P_{0.95}=\frac{nP_{0.95}}{n}=\frac{0.818}{89}=0.0092$$

當 n＝112, C＝3時

$$P_{0.95}=\frac{nP_{0.95}}{n}=\frac{1.366}{112}=0.0122$$

∵P_{0.95}＝0.0092較接近生產者規定之 AQL＝0.01，故選取
n＝89, c＝2

4. 選用完全符合生產者規定，並接近消費者規定的抽樣計
劃，依上例，完全符合生產者規定者，有 n＝82, c＝2及 n
＝137, c＝3兩個抽樣計劃，此二者中較接近消費者規定
（β＝0.1, LTPD＝6％）的為 n＝82, c＝2，故採用之，
其計算如下：

當 n＝82, c＝2時

$$P_{0.1}=\frac{nP_{0.1}}{n}=\frac{5.322}{82}=0.065$$

當 n＝114, c＝3時

$$P_{0.1}=\frac{nP_{0.1}}{n}=\frac{6.681}{137}=0.049$$

∵P_{0.1}＝0.065較接近消費者規定之 LTPD＝0.06，故選取
n＝82, c＝2

〈範題〉設製程不良率為0.4％時之生產者冒險率為0.05，製程不
良率為1.282％時之消費者冒險率為0.1，求 OC 曲線均通
過此兩點之單次抽樣計劃？已知下列數據：

C	$nP_{0.95}$	$nP_{0.1}$	$nP_{0.05}$	$\dfrac{P_{0.1}}{P_{0.95}}$
5	2.613	9.275	10.513	3.549
6	3.286	10.532	11.842	3.206
7	3.981	11.771	13.148	2.957

〈解〉

C 值	符合生產者之規定之 n 值	符合消費者規定之 n 值
C＝5	$n = \dfrac{2.613}{0.004} = 653$	$n = \dfrac{9.275}{0.01282} = 723$（不合）
C＝6	$n = \dfrac{3.286}{0.004} = 822$	$n = \dfrac{10.532}{0.01282} = 822$
C＝7	$n = \dfrac{3.981}{0.004} = 995$	$n = \dfrac{11.771}{0.01282} = 918$（不合）

∴單次抽樣計劃為 n＝822，c＝6

習題

1.適宜採用全數檢驗的情況為　(A)對人體有重大影響時　(B)批量很少時　(C)容易進行時　(D)以上皆是。

2.適宜採用全數檢驗的產品為　(A)人工心臟　(B)降落傘　(C)外太空防護具　(D)以上皆是。

3.適宜採用抽樣檢驗的情況為　(A)檢驗費用高時　(B)破壞性檢驗　(C)希望激勵生產者提高品質時　(D)以上皆是。

4.適宜採用抽樣檢驗的產品為　(A)打火機　(B)燈泡　(C)雨傘　(D)以上皆是。

5.當材料不良率（P）比損益平衡點（BEP）低很多且很規律，

則宜採用　(A)抽樣檢驗　(B)全數檢驗　(C)免檢　(D)以上皆非。

6.當材料不良率（P）比損益平衡點（BEP）高，則宜採用　(A)抽樣檢驗　(B)全數檢驗　(C)免檢　(D)以上皆非。

7.在抽樣檢驗中，接受壞批的機率為　(A)α　(B)β　(C)AQL　(D)LTPD。

8.在抽樣檢驗中，接受好批的機率為　(A)α　(B)β　(C)$1-\alpha$　(D)$1-\beta$。

9.何種方式的抽樣，對產品品質的保證較佳　(A)單次抽樣　(B)雙次抽樣　(C)多次抽樣　(D)都一樣。

10.何種方式的抽樣對供應商心理上的影響較佳　(A)單次抽樣　(B)雙次抽樣　(C)多次抽樣　(D)都一樣。

11.那一種抽樣的總檢驗費用最少　(A)單次抽樣　(B)雙次抽樣　(C)多次抽樣　(D)都一樣。

12.OC 曲線愈陡，則判別好批壞批的能力就　(A)愈強　(B)愈弱　(C)一樣　(D)以上皆非。

13.當 $C, \frac{n}{N}$ 固定，則 n 愈大，OC 曲線判別好批壞批的能力就　(A)愈強　(B)愈弱　(C)一樣　(D)以上皆非。

14.間隔一定時間或一定數量由群體中抽取樣本的方法稱為　(A)分層抽樣法　(B)系統抽樣法　(C)區域抽樣法　(D)以上皆非。

15.若 N, n 固定當 C 愈小，則 OC 曲線判別好批壞批的能力就　(A)愈強　(B)愈弱　(C)一樣　(D)以上皆非。

16.就買方而言抽樣計劃 $N=1000, n=50, c=0$ 與 $N=1000, n=300, c=2$，何者較有利　(A)前者　(B)後者　(C)都一樣　(D)無法判定。

17.OC 曲線是用來　(A)說明如何拒收不良率高於 AQL 的送驗批　(B)說明單次抽樣比雙次抽樣佳　(C)辨別好批壞批的能力　(D)以

上皆是。

18.在使用抽樣計劃前應先決定　(A)抽樣方法　(B)抽樣條件　(C)α及β　(D)以上皆是。

19.(1)破壞性檢驗(2)批量太小時(3)允許少量不良品(4)檢驗費用低及檢驗容易時，以上適合全數檢驗者為　(A)1,3　(B)2,4　(C)1,4　(D)2,3。

20.OC 曲線的中間部位係探討　(A)AQL　(B)AOQL　(C)LTPD　(D)α。

21.能完全判別好批壞批的 OC 曲線，僅在何種檢驗中出現　(A)單次抽樣檢驗　(B)雙次抽樣檢驗　(C)全數檢驗　(D)以上皆非。

22.抽樣檢驗以小批量固定樣本來進行，則 OC 曲線之計算係依據　(A)二項分配　(B)超幾何分配　(C)卜氏分配　(D)常態分配。

23.雙次抽樣計劃 $n_1 = 50, c_1 = 1, r_1 = 4, n_2 = 100, c_2 = 5, r_2 = 6$ 若第一個樣本中發現有3件不良品，而第二個樣本中發現1件不良品，則應判定　(A)允收　(B)拒收　(C)無法判定　(D)以上皆非。

24.某布匹100呎中隨機抽驗3呎，若3呎中皆無缺點則允收，試求平均每呎有一缺點之送驗批被拒收的機率　(A)0.95　(B)0.05　(C)0.1　(D)以上皆非。

25.下列何者為雙次抽樣計劃優於單次抽樣計劃之原因　(A)給予第二次檢驗的機會　(B)送驗批品質特別好或特別壞時可減少檢驗　(C)不考慮送驗批品質時較為經濟　(D)以上皆是。

26.單次抽樣計劃 $n = 50, c = 1$，當送驗批不良率為0.08時，則該批被拒收之機率為　(A)0.918　(B)0.082　(C)0.908　(D)0.928。

27.一批產品品質不佳，理應拒收，但因抽樣關係被允收，此風險　(A)是消費者要擔負的　(B)稱為型 II 誤差　(C)通常以 β 表示　(D)以上皆是。

28.何謂 OC 曲線？曲線上可分為那些部分？試繪圖說明之。

29.已知單次抽樣計劃 $n = 80, c = 2$，試求單次抽樣計劃之①允收機率（P_a）②平均樣本數（ASN）？。

30.某雙次抽樣計劃，$n_1 = 50, c_1 = 0, r_1 = 2$ 及 $n_2 = 50, c_2 = 2, r_2 = 3$ 試求此計劃之①第一次被允收機率？②第二次才允收之機率？③第二次被拒收之機率？④平均樣本數（ASN）？

31.何謂抽樣檢驗？可分為那些種類？

32.試說明全數檢驗及抽樣檢驗之優缺點及適用場合？

33.一個優良的抽樣計劃應具備那些條件？

34.試比較多次抽樣檢驗與逐次抽樣檢驗之異同？

35.某逐次抽樣計劃其不合格判定線方程式為 $d_0 = 3.154 + 0.218$ n，若樣本數 $n = 20$，若判定為不合格，其不良數至少需要幾個？

36.試比較計量值抽樣檢驗與計數值抽樣檢驗之異同？

37.檢驗種類的選擇在理論上的選擇原則為何？

38.已知 $AQL = 1.5\%, \alpha = 0.05, LTPD = 6\%, \beta = 0.1$ 試求符合以上條件或近似於以上條件之抽樣計劃（n.c）。

39.試比較單次、雙次、多次及逐次抽樣檢驗之各項效果？。

歷屆試題

1.OC 曲線能告知品管人員　(A)在已知的抽樣計劃下如不良率為 P，允收機率是多少　(B)生產線的生產效率是否合標準　(C)已知不良率 P 時，如何計算品管成本　(D)以上皆非。

2.符號 AQL 代表　(A)好品質　(B)普通品質　(C)確實品質極限　(D)整體品質水準。

3.下列四項敘述中,何者是正確的? (A)抽樣檢驗的主要目的是選別每個產品之良否 (B)經抽樣檢驗合格的批中,全未包含不良品 (C)利用抽樣檢驗的品質保證是一個個產品的保證,而不是檢驗批全體的保證 (D)在抽樣檢驗中,依據檢驗單位的品質要求,可以使用多種不同的抽樣方式。

4.下列四項敘述,何者是正確的? (A)所謂 AOQ 是指允收水準 (B)經抽樣檢驗判定不合格時,即是將試驗的樣本當做不合格 (C)在進料檢驗中採用抽樣檢驗比使用全數檢驗,將不良品退貨對生產者刺激提高品質的效果較大 (D)檢驗部門對其他部門而言,不僅要供應檢驗的情報,如有異常時要具有對工程上採取處置的權限。

5.($N = 1000, n = 100, c = 10$) 與 ($N = 1000, n = 10, c = 1$) 兩個抽樣計劃從 OC 曲線來看品質保證的程度 (A)相同 (B)前者對消費者較有保障 (C)後者對消費者較有保障 (D)不一定。

6.若比較 ($n = 75, c = 1$) 與 ($n = 75, c = 2$) 兩個計數值抽樣計劃同一品質的批合格機率 (A)兩者一樣大 (B)前者較大 (C)後者較大 (D)不一定。

7.某逐次抽樣計劃,其不合格判定線之方程式為 $d_0 = 2.142 + 0.186n$,若樣本大小 $n = 27$,判定為不合格,其不良品數至少需要幾個? (A)6 (B)7 (C)8 (D)9。

8.下列四項敘述中何者為不正確的? (A)樣本數如果相同,計量的數據比計數的數據,能獲得更多的情報 (B)品質保證的程度如果相同時,計量抽樣檢驗比計數抽樣檢驗其優點是樣本數可以較少,但檢驗作業一般比計數檢驗麻煩 (C)計數抽樣檢驗與計量抽樣檢驗一樣,關於批的品質分配近似服從常態的假設是需要的 (D)在缺點數的檢驗裡,檢驗項目相互獨立是需要的,

而在不良率的檢驗就不需要。

9. 下列何種狀況下，不適合採用抽樣檢驗　(A)製程的品質狀況惡化，極需修正為規定品質水準時　(B)檢驗項目很多的情況　(C)檢驗項目為破壞性試驗　(D)單位檢驗費用昂貴或耗時的情況。

10. 某批產品的批量總數為1000，今隨機抽出100個產品檢驗，其允收數2，若該批產品之不良率為1％，試計算該產品允收之機率為　(A)0.99　(B)0.98　(C)0.94　(D)0.92〔註已知 $e^{-1}=0.368$，並請用卜瓦松（Poisson）分配計算〕。

11. 驗收計劃的目的是　(A)估計製程平均值　(B)估計產品品質　(C)決定製程是否失控　(D)決定每批貨的品質是否達到預定標準。

12. 若有一單次抽樣計劃，其樣本大小 n＝90，允收數 c＝2，不良率 P＝0.01則批貨之接受率為　(A)0.406　(B)0.772　(C)0.826　(D)0.940。

13. 採用下列何種抽樣檢驗，會使檢驗批中平均抽驗件數為最大？　(A)單次抽樣　(B)雙次抽樣　(C)多次抽樣　(D)逐次抽樣。

14. 抽樣計劃中，樣本愈大則　(A)OC 曲線愈平緩，判別能力愈弱　(B)OC 曲線愈陡峭，判別能力愈弱　(C)OC 曲線愈平緩，判別能力愈強　(D)OC 曲線愈陡峭，判別能力愈強。

15. 某產品單位檢驗成本很大時，以採取何種抽樣檢驗為佳？　(A)單次抽樣　(B)雙次抽樣　(C)多次抽樣　(D)逐次抽樣。

16. 下列各項中，何者為在使用目視檢驗的狀況下，最好的降低檢驗錯誤的方法之一？　(A)檢驗員多休息　(B)經常對檢驗員施以再訓練　(C)有一個經常檢驗眼睛的措施　(D)設定基準，作為作業中對照的依據。

第 七 章

計數值抽樣檢驗

前章抽樣檢驗的基本概念中曾述及抽樣檢驗的種類，若依照品質特性加以區分，可分為計數值抽樣檢驗及計量值抽樣檢驗，本章擬介紹以不良數或缺點數為計數基礎的計數值抽樣檢驗，並深入探討各種抽樣計劃的原理、使用場所及計劃表。

規準型抽樣檢驗

規準型抽樣檢驗之原理

　　規準型抽樣檢驗，乃當送驗批之不良率低於允收品質水準（AQL）時，依理該批應判定為合格，但由於抽樣的關係，可能被誤判為不合格，此誤判不合格的機率，應該低於生產者冒險率（α），如此，才得以保護生產者。又當送驗批不良率高於拒收品質水準（LTPD）時，依理應判定該批為不合格，但由於抽樣的關係，可能被誤判為合格，此誤判為合格之機率，應該低於消費者冒險率（β），才能保護消費者，因此，此種抽樣計劃是為兼顧買賣雙方的利益，故其抽樣計劃的 OC 曲線必須通過（AQL, $1-\alpha$）及（LTPD, β）兩點。

規準型抽樣檢驗之使用場合

　　當生產者與消費者雙方均為多數，為了兼顧買賣雙方的利益，可經由買賣雙方協議，訂出買賣雙方的保護條件，依此條件進行抽樣檢驗，即適合使用規準型抽樣檢驗。

規準型抽樣檢驗在 OC 曲線上的控制重點

　　前章曾提及 OC 曲線上分為肩部、中間部位及尾部，肩部由生產者冒險率及允收品質水準所構成，尾部則由消費者冒險率及拒收品質水準所構成，因此，規準型抽樣檢驗在於兼顧生產者與

消費者的利益，則 OC 曲線上的控制重點即為肩部及尾部。

規準型單次抽樣檢驗表—JIS Z9002

特性　JIS Z9002為日本於1956年所制定的抽樣表，此抽樣表在於保證批的不良率，當批的不良率為 P_0 時，其拒收的機率為 $\alpha = 0.05$；而當批的不良率為 P_1 時，允收的機率為 $\beta = 0.1$，所以，買賣雙方只要協議 P_0 及 P_1 的值，即可透過此抽樣表，查得單次抽樣計劃（n.c），若自批中抽取一次樣本數為 n 的數量，若不良數不超過允收數 C，則判該批為合格，否則為不合格。

適用範圍

1. 適合買賣雙方交易次數不多且不連續時，即不定期採購時或一次購進大量貨品的檢驗。
2. 對拒收批全部退貨，不做選別處理。
3. 買賣雙方需同時得到保證時。
4. 有關品質知識預備不多時。
5. 破壞性檢驗時。

檢驗步驟

1. 檢驗單位明確訂定良品與不良品的品質判定基準。
2. 由買賣雙方共同協議，指定 P_0 及 P_1，且 $P_0 < P_1$ 而以 $\dfrac{P_1}{P_0} > 3$ 較佳。
3. 在同一生產條件下決定檢驗批量 N。
4. 由 P_0 及 P_1 查（表7-1）得抽樣計劃（n.c）。
   (1) 若查得之樣本數 n 大於或等於批量 N，則採全數檢驗。
   (2) 若查得之欄為箭號，則依箭號指示方向去查，直到有數字為止。

表 7－1　JIS Z9002　計數值單次抽樣檢驗計劃表
$\alpha \fallingdotseq 0.05,\ \beta \fallingdotseq 0.10$

P_0(%) ＼ P_1(%)	1.13~1.40	1.41~1.80	1.81~2.24	2.25~2.80	2.81~3.55	3.56~4.50	4.51~5.60	5.61~7.10	7.11~9.00	9.01~11.2	11.3~14.0	14.1~18.0	18.1~22.4
0.090~0.112	→	↑	→	↑	60 0	50 0	↓	→	→	↓	→	→	→
0.113~0.140	300 1	→	↓	→	↑	↑	40 0	↓	→	→	↓	→	→
0.141~0.180	→	250 1	→	↓	→	→	↑	30 0	↓	→	→	↓	→
0.181~0.224	400 2	→	200 1	→	↓	↓	→	↑	25 0	↓	→	→	↓
0.225~0.280	500 3	300 2	250 2	150 1	→	→	↓	→	↑	20 0	↓	→	→
0.281~0.355	*	400 3	300 3	200 2	120 1	100 1	→	↓	→	↑	15 0	↓	→
0.356~0.450	*	500 4	400 4	250 3	150 2	120 2	80 1	→	↓	→	↑	15 0	↓
0.451~0.560	*	*	500 6	300 4	200 3	150 3	100 2	60 1	→	↓	→	↑	10 0
0.561~0.710	*	*	*	400 6	250 4	200 4	120 3	80 2	50 1	→	↓	→	↑
0.711~0.900	*	*	*	*	300 6	250 6	150 4	100 3	60 2	40 1	→	↓	→
0.901~1.12	*	*	*	*	500 10	400 10	200 6	120 4	80 3	50 2	30 1	→	↓
1.13~1.40	*	*	*	*	*	*	300 10	150 6	100 4	60 3	40 2	25 1	→
1.41~1.80	*	*	*	*	*	*	*	250 10	120 6	70 4	50 3	30 2	20 1
1.81~2.24	*	*	*	*	*	*	*	*	200 10	100 6	60 4	40 3	25 2
2.25~2.80	*	*	*	*	*	*	*	*	*	150 10	80 6	50 4	30 3
2.81~3.55	*	*	*	*	*	*	*	*	*	*	120 10	60 6	40 4
3.56~4.50	*	*	*	*	*	*	*	*	*	*	*	100 10	50 6
4.51~5.60	*	*	*	*	*	*	*	*	*	*	*	*	70 10
5.61~7.10	*	*	*	*	*	*	*	*	*	*	*	*	*
7.11~9.00	*	*	*	*	*	*	*	*	*	*	*	*	*
9.014~11.2	*	*	*	*	*	*	*	*	*	*	*	*	*

[註] 表格中之數字,左邊為 n,右邊為 C。

(3)若查得之欄爲＊號，則使用（表7-2）。

5.依抽樣計劃（n.c）抽取樣本。

6.測量樣本的品質特性，並判定該批是否允收或拒收。

〈範題〉某公司購買一批通訊器材零組件與廠商協定依照 P_0（AQL）＝1％,α＝0.05,P_1（LTPD）＝5％,β＝0.1，試以 JIS Z9002規準型單次抽樣表，求其抽樣計劃（n,c）。

〈解〉由（表7-1）中 P_0＝1％所在列爲0.91％～1.12％,P_1＝5％所在行爲4.51％～5.6％的交叉處，得 n＝120,c＝3

〈範題〉承上題若 P_1（LTPD）＝12％，其餘不變，試求其抽樣計劃（n.c）

〈解〉由（表7-1）中查 P_0＝1％及 P_1＝12％之交叉處爲↓，沿著箭頭得 n＝30,c＝1

〈範題〉承上題若 P_0＝4％，P_1＝8％，試求其抽樣計劃（n.c.）

〈解〉由（表7-1）查 P_0＝4％，P_1＝8％之交叉處爲星號，故計算 $\dfrac{P_1}{P_0}=\dfrac{8\%}{4\%}=2$，再查（表7-2）得，$n=\dfrac{502}{P_0}+\dfrac{1065}{P_1}$,C＝15，將 P_0＝4％，P_1＝8％代入得到n≒259, C＝15

選別型抽樣檢驗

選別型抽樣檢驗之原理

選別型抽樣檢驗，係指當抽樣檢驗後，被判爲不合格的製造批不予退回，而進行全數檢驗，並將該批內的不良品全部剔除，

而換以良品，如此，可得到較佳的品質，其目的在於保護消費者，但此種抽樣檢驗因可能採取全數檢驗的方式，故不適於破壞性檢驗。

選別型抽樣檢驗之使用場合

當生產者為少數，而消費者佔多數時，消費者對於生產者的產品沒有選擇的餘地時，為了保護消費者的利益時，適合採用選別型抽樣檢驗。

選別型抽樣檢驗在 OC 曲線上的控制重點

選別型抽樣檢驗的主要目的，在於保護消費者的利益。因此，OC 曲線上所控制的重點為由消費者冒險率及拒收品質水準所構成的尾部，代表當送驗批不良率大於或等於拒收品質水準（LTPD）被允收的機率只有 $\beta = 0.1$，此係針對單一送驗批而言，若要保護消費者，保證多批之品質水準，則控制重點在 OC 曲線的中間部位，由平均出廠品質界限 AOQL 所構成。

平均出廠品質（Average Outgoing Quality, AOQ）

所謂平均出廠品質（AOQ）係指經過長期的連續抽樣檢驗，抽樣的允收批與拒收拒經過選剔檢驗後混合的平均品質（平均不良率），即為平均出廠品質。而在不同送驗批的不良率 P 值下，其 AOQ 的最大值（最大不良率）稱為平均出廠品質界限（AOQL）。

由於選別型抽樣檢驗，對於判定為不合格批進行全數檢驗，因此，不合格批最後均成為良品，而有不良品者只有判定為合格的允收批，故平均出廠品質的計算如下：

假設最近檢驗 K 批產品，每批之批量為 N，不良率 P，今自每批中抽取 n 個樣本，允收機率為 P_a，則：

1.當不良數小於或等於合格判定數時，即允收該批，而該批中的不良品數為 $K \times P_a \times P \times (N-n)$。

2.當不良數大於合格判定數時，剩下的產品實施全數檢驗，將不良品剔除，補以良品，所以，拒收批中之不良品數為 0。

而檢驗後接受的全部產品個數為 $K \times N$

故 $AOQ = \dfrac{K \times P_a \times P \times (N-n) + 0}{K \times N} = P_a P (\dfrac{N-n}{N})$

當批量 N 很大或無限時，則 $\dfrac{N-n}{N}$ 趨近於1

故 $AOQ \doteqdot P_a \times P$

〈範題〉有一單次抽樣計劃 $n = 100, c = 2$，若送驗批之批量 $N = 1000$，不良率 $P = 0.02$，則平均出廠品質（AOQ）為多少？

〈解〉當 $P = 0.02, n = 100, \lambda = np = 100 \times 0.02 = 2$ 且 $C = 2$

∴允收機率 $P_a = P(X \leq 2) = \sum_{x=0}^{2} \dfrac{e^{-2}2^x}{x!} = \dfrac{e^{-2}2^0}{0!} + \dfrac{e^{-2}2^1}{1!} + \dfrac{e^{-2}2^2}{2!}$

$= 0.677$

亦可查卜氏分配表得允收機率 $P_a = 0.677$

故 $AOQ = P \times P_a \times \dfrac{N-n}{N} = 0.02 \times 0.677 \times \dfrac{1000 - 100}{1000}$

$= 0.012$

〈範題〉假有一單次抽樣計劃 $N = 1000, n = 50, C = 1$ 試計算其 AOQL，並繪圖。

〈解〉

P	P_a	$AOQ = P \cdot P_a \cdot \dfrac{N-n}{N}$
0	1.000	0
0.01	0.910	0.00865
0.02	0.736	0.01398
0.03	0.558	0.01590
0.04	0.406	0.01543
0.05	0.287	0.01363
0.06	0.199	0.01134
0.07	0.136	0.00904
0.08	0.092	0.00699
0.09	0.061	0.00522
0.10	0.040	0.00380

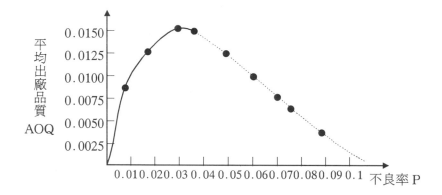

由圖中最高點畫一垂直橫軸線交橫軸於0.0346,則為平均出廠品質界限。

平均總檢驗件數(Average Total Inspection,ATI)

所謂平均總檢驗件數,係指在選別檢驗下,每批之平均檢驗產品件數。由於選別型抽樣檢驗,對於不合格批作全數檢驗,在指定 LTPD 或 AOQL 下,有無數個(n.c)組合的抽樣計劃可採

用，惟其中只有一組（n.c）組合，其平均總檢驗件數（ATI）為最少，檢驗費用為最低。因此那一組抽樣計劃較為經濟，可透過 ATI 之求算得知。ATI 的計算如下：

單次抽樣計劃之 ATI　　假設有不良率為 P 的 K 批產品進行檢驗，每批數量為 N，數本數為 n，允收機率 P_a，拒收機率 P_r，則平均總檢驗件數（ATI）為：

$$ATI = \frac{K \times P_a \times n + K \times P_r \times N}{K}$$
$$= P_a n + P_r N$$
$$= (1 - P_r) n + P_r N$$
$$= n - nP_r + NP_r$$
$$= n + P_r (N - n)$$
$$= n + (1 - P_a)(N - n)$$

〈範題〉有一單次抽樣計劃 n＝100，c＝2，若一送驗批之批量 N＝1000，不良率 P＝0.02，允收機率 P_a＝0.677，則平均總檢驗件數（ATI）為多少？

〈解〉ATI ＝ n +（1 - P_a）（N - n）
　　　　＝ 100 +（1 - 0.677）（1000 - 100）
　　　　＝ 397

雙次抽樣計劃之 ATI　　假設有不良率為 P 的 K 批產品檢驗，每批數量為 N，樣本數為 n，而第一次就允收之機率為 P_a，第一次就拒收之機率為 P_r，第二次才允收之機率為 P_{2a}，第二次才拒收之機率為 P_{2r}，則平均總檢驗件數 ATI 的計算，分為四部分來探討：

⑴送驗批中不論允收或拒收均須檢驗之件數為 K × n_1。

(2)若第一次抽樣就拒收之批扣除樣本後再檢驗之件數爲 $K \times P_r \times (N - n_1)$

(3)進行第二次抽樣的機率爲 $1 - P_a - P_r$ ，不管第二次允收或拒收均須檢驗之件數爲 $K \times (1 - P_a - P_r) \times n_2$ 。

(4)若第二次抽樣拒收之批，扣除第一次樣本及第二次樣本後，再檢驗件數爲 $K \times P_{2r} \times (N - n_1 - n_2)$ 。

故 $\text{ATI} = \dfrac{K \times n_1 + K \times P_r(N - n_1) + K \times (1 - P_a - P_r) \times n_2}{K}$

$\qquad\qquad + \dfrac{K \times P_{2r} \times (N - n_1 - n_2)}{K}$

$\quad = n_1 + (N - n_1)P_r + n_2(1 - P_a - P_r) + (N - n_1 - n_2)P_{2r}$

$\quad = n_1 + NP_r - n_1P_r + n_2 - n_2P_a - n_2P_r + Np_{2r} - n_1P_{2r} - n_2P_{2r}$

$\quad = n_1 + n_2 - n_2P_a - (n_1 + n_2)(P_r + P_{2r}) + N(p_r + P_{2r})$

$\quad = n_1 + n_2 - n_2P_a - (n_1 + n_2)(1 - P_a - P_{2a}) + N(1 - P_a - P_{2a})$

$\quad = n_1 + n_2 - n_2P_a - (n_1 - n_1P_a - n_1p_{2a} + n_2 - n_2P_a - n_2P_{2a}) + N(1 - P_a - P_{2a})$

$\quad = n_1P_a + (n_1 + n_2)P_{2a} + N(1 - P_a - P_{2a})$

〈範題〉設有一雙次抽樣計劃：

$\qquad N = 1000, n_1 = 40, c_1 = 0$

$\qquad\qquad n_2 = 60, c_2 = 3$

$\qquad$ 求不良率 $P = 0.01$ 時之 ATI 爲多少？

〈解〉設第一次抽樣不良數爲 X_1 ，$\lambda_1 = n_1p = 40 \times 0.01 = 0.40$

$\qquad$ 第一次允收機率 $P_a = P(X_1 = 0) = \dfrac{e^{-0.40}0.40^0}{0!} = 0.67$

而第二次允收機率之計算，可分爲三種情況：

⑴當第一樣本不良數爲1個時，則第二樣本不良數必須小於或等於2個，才能允收，而當第一樣本不良數被抽出1個時，理論上，在抽取第二樣本時，不良率中已改變爲

$$P' = \frac{1000 \times 0.01 - 1}{1000 - 40} = \frac{9}{960} = 0.009375$$

$$\therefore \lambda_2 = n_2 P' = 60 \times 0.009375 = 0.5625$$

$$P_{2a1} = P(x_1 = 1) \times P(x_2 \leq 2) = \frac{e^{-0.40} 0.40^1}{1!} \times \sum_{x_2=0}^{2}$$

$$\frac{e^{-0.5625} 0.5625^{x_2}}{x_2!} = 0.263 \quad\cdots\cdots\cdots\cdots\cdots\cdots\cdots\cdots\cdots\cdots ①$$

⑵當第一樣本不良數爲2個時，則第二樣本不良數必須小於或等於1個才能允收，而當第一樣本不良數被抽出2個時，不良率 P 改變爲 $P' = \dfrac{10-2}{1000-40} = \dfrac{8}{96} = 0.00833$

$$\therefore \lambda_2 = n_2 P' = 60 \times 0.00833 = 0.50$$

$$P_{2a2} = P(X_1 = 2) \times P(X_2 \leq 1) = \frac{e^{-0.40} 0.40^2}{2!} \times \sum_{X_2=0}^{1}$$

$$\frac{e^{-0.50} 0.50^{X2}}{X_2!} = 0.049 \quad\cdots\cdots\cdots\cdots\cdots\cdots\cdots\cdots\cdots ②$$

⑶當第一樣本不良數爲3個時，則第二樣本不良數必須爲零，才能允收，而當第一樣本不良數被抽出3個時，不良率 P 改變爲 $P' = \dfrac{10-3}{1000-40} = \dfrac{7}{960} = 0.00729$

$$\therefore \lambda_2 = n_2 P' = 60 \times 0.00729 = 0.4375$$

$$P_{2a3} = P(X_1 = 3) \times P(X_2 = 0) = \frac{e^{-0.40} 0.40^3}{3!} \times$$

$$\frac{e^{-0.4375} 0.4375^0}{0!} = 0.0046 \quad\cdots\cdots\cdots\cdots\cdots\cdots\cdots\cdots ③$$

$\therefore$ 第二次允收機率 $P_{2a} = ① + ② + ③ = 0.263 + 0.049 +$

0.0046 = 0.3166

（以上機率可利用卜氏分配求得）

故 ATI $= n_1 P_a + (n_1 + n_2) P_{2a} + N (1 - P_a - P_{2a})$

$\quad = 40 \times 0.67 + (40 + 61) \times 0.3166 + 1000 (1 - 0.$

$\quad 67 - 0.3166)$

$\quad \doteqdot 72$

選別型抽樣檢驗表──道奇雷敏抽樣表

特性　道奇雷敏（Dodge & Roming）抽樣表是選別型抽樣檢驗表中較具代表性者，由1941年貝爾（Bell）電話研究所 H. F.Dodge 及 H.G.Roming 所製作發表，此抽樣表主要在於保障消費者利益，在指定 LTPD 或 AOQL 下，分為單次及雙次抽樣，使平均總檢驗件數為最小設計而成的抽樣表，其內容依指定 LTPD 或 AOQL 以及單、雙次抽樣之組合，共有四種表：

1.LTPD 型單次抽樣檢驗表（SL 表）。

2.LTPD 型雙次抽樣檢驗表（DL 表）。

3.AOQL 型單次抽樣檢驗表（SA 表）。

4.AOQL 型雙次抽樣檢驗表（DA 表）。

其中 LTPD 型係保證單一批之用，而 AOQL 型則為長期保證多批時使用。

適用範圍

1.消費者無法選擇生產者，卻需保持一定品質時，即必須保障消費者利益時。

2.對不合格品需做全數選別檢驗時。

3.抽樣檢驗與不合格批的全數檢驗均由同樣的人員負責時。

檢驗步驟

1.指定 LTPD 或 AOQL 值。

2.推定製程之平均不良率$\bar{P}$。

3.決定批量大小 N。

4.決定抽樣方法—單次或雙次抽樣。

5.求抽樣計劃（n.c）。

　⑴選取合乎指定之 LTPD 或 AOQL 值的抽樣表。

　⑵由表中查批量 N 大小所在的列。

　⑶由表中查製程平均不良率$\bar{P}$所在的行。

　⑷由行列交叉之欄可得抽樣計劃（n.c）。

6.依抽樣計劃抽取樣本。

7.測定樣本之品質，以判定送驗批爲允收或拒收。

8.對合格批予不修，對拒收批予以選別，以良品代替不良品。

〈範題〉設 N＝1200,$\bar{P}$＝1.2％，LTPD＝3％時，試用道奇雷敏表求⑴單次抽樣計劃？⑵雙次抽樣計劃？

〈解〉⑴由（表7-3-2）（LTPD＝3％,SL）中查批量 N＝1200 所屬之列（1001～2000）及製程平均不良率$\bar{P}$＝1.2％ 所屬之行（0.91～1.20）之相交處，即可得單次抽樣計劃 n＝300,c＝5,AOQL＝0.9％。

⑵由（表7-4-2）（LTPD＝3％,DL）中查批量 N＝1200 所屬之列（1001～2000）及製程平均不良率$\bar{P}$＝1.2％ 所屬之行（0.91～1.20）之相交處，可得雙次抽樣計劃 n_1＝150,c_1＝1,n_2＝325,c_2＝9, AOQL＝1.0％。

〈範題〉設 $N = 1800, \bar{P} = 0.45\%$，AOQL $= 2.0\%$ 時，試用道奇雷敏表求(1)單次抽樣計劃？(2)雙次抽樣計劃？

〈解〉(1)由（表7-3-1）（ AOQL $= 2.0\%$,SA ）中查批量 N $=1800$,所屬之列（ $1001 \sim 2000$ ）及製程平均不良率 $\bar{P} = 0.45\%$，所屬之行（ $0.41 \sim 0.8$ ）之相交處可得單次抽樣計劃：$n = 65, c = 2$, LTPD $= 8.2\%$。

(2)由（表7-4-1）（ AOQL $= 2.0\%$,DA ）中查批量 N $=1800$ 所屬之列（ $1001 \sim 2000$ ）及製程平均不良率 $\bar{P} = 0.45\%$ 所屬之行（ $0.41 \sim 0.8$ ）之相交處可得雙次抽樣計劃：$n_1 = 37, c_1 = 0, n_2 = 63, c_2 = 3$, LTPD $= 7.5\%$

日本依據道奇雷敏之單次抽樣表加以修改，製成 JIS Z9006 抽樣表，使用的方法與程序與道奇雷敏表相同，唯一不同點為 JIS Z9006，只有單次抽樣表，即 SL 表及 SA 表。

調整型抽樣檢驗

調整型抽樣檢驗之原理

調整型抽樣檢驗，乃依據廠商以往的品質檢驗記錄，作為調整抽樣檢驗時鬆緊程度的抽樣檢驗方法，可分為正常檢驗，嚴格檢驗及減量檢驗三種，檢驗開始時，一般均採用正常檢驗，若送驗批品質連續多批皆良好時，則改為減量檢驗，降低抽樣樣本，減少檢驗費用，若送驗批品質不良時，則改為嚴格檢驗，降低允收標準的判定值，如此，可刺激廠商嚴控品質，提高品質水準。

調整型抽樣檢驗之使用場合

當生產者為數較多，消費者為數較少時，為了保障生產者利

益時,可採用調整型抽樣檢驗。

調整抽樣檢驗在 OC 曲線上的控制重點

調整型抽樣檢驗的主要目的,在於保護生產者的利益,因此 OC 曲線上所控制的重點為由生產者冒險率及允收品質水準所構成的肩部,代表當送驗批不良率小於或等於允收品質水準(AQL)時,被允收的機率為 $1-\alpha$。

調整型抽樣檢驗表—MIL－STD－105抽樣表

MIL－STD－105 抽樣表的演變 MIL－STD－105抽樣表乃為調整型計數值抽樣檢驗表,是一種 AQL 型的抽樣檢驗表,最初由美國兵工署所提出,並在1950年9月修正為 MIL－STD－105A 表,為美國軍方單位採用,且於1955年4月,制定了MIL－STD－105A 表附錄,設定了小樣本的檢驗規格,而在1958年12月,將105A 表及附錄內容綜合,制定了 MIL－STD－105B 表,至1961年7月,廢止了105B 表,並增加單一群體批的品質保證規定而制定了 MIL－STD－105C 表,而在1960～1962年間,美國,英國及加拿大等三國軍方組成委員會 ABC(American Britain and Canada)工作小組,改善雙次抽樣檢驗效率,對於各種數值表作全面性的製作,於1963年4月制定了 MIL－STD－105D 表,此表在國際上稱為 ABC－STD－105D 表,至1989年,美國軍備研究發展工程中心再加以修訂,制定 MIL－STD－105E 表,使此表變得更為簡潔、易記、明瞭。

特性 MIL－STD－105抽樣表係為一種 AQL 型的抽樣檢驗表,其 AQL 與樣本大小 n 均依照約1.6($\sqrt[5]{10}\fallingdotseq1.6$)倍的等比級數作成,所以表內之 AQL 值為1.0%,1.5%,2.5%,4.0%,6.0%,10.0%,樣本大小 n 為5,8,13,20,32,50,80,125,200等。

105表係適用於不良數或百件缺點數的檢驗，共有單次、雙次及多次抽樣三種型式，每一型式都可分為正常檢驗、嚴格檢驗及減量檢驗三種程度，共有九種抽樣表。

適用範圍

1. 生產者提供大量的貨品時，若群體被判定為不合格，對生產者所受的損失較大時。
2. 希望大部分良品的貨批皆被判定為合格。
3. 非破壞性檢驗。

允收品質水準(AQL)之指定　AQL值的訂定一般採用不良率或百件缺點數來表示，通常製品的結構愈複雜，愈需要較嚴格或較小之 AQL 值，而且，若製品檢驗的項目愈少，亦需要較嚴格或較小的 AQL 值，AQL 值通常採用下列兩種方式來訂定：

1. 損益平衡點對照表法：由每件產品之檢驗成本除以每一不良成品之修理總成本可得損益平衡點（BEP），即
$$BEP = \frac{每件產品檢驗成本}{每一不良成品之修理總成本}$$
再依據（表7-5）可查得相對應之 AQL 值。

損益平衡點 BEP（％）	允收品質水準 AQL（％）
0.5～1.0	0.25
1～1.75	0.65
1.75～3.0	1.0
3.0～4.0	2.5
4.0～6.0	4.0
6.0～10.5	6.5
10.5～17	10.0

2. 歸納分類法：針對產品生產的過程中，可能面臨影響產品
   品質的因素，加以分類，共分成五類，分述如下：

   (1)檢驗成本與修理成本之比例。

   (2)發現問題的可能階段。

   (3)不良品之處理方式。

   (4)製程之方式。

   (5)不良品鑑定之難易度。

   依照以上五項來評估產品品質在抽樣檢驗時之 AQL 值，該
如何訂定，並利用（圖7-1）可得到 AQL 之建議值。

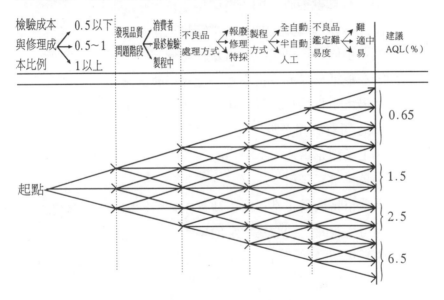

圖7-1　訂定 AQL 之歸納分類圖

檢驗水準的選擇　MIL－STD－105抽樣表分為兩類檢驗
水準，分別為：

   1. 一般檢驗水準：又可分為Ⅰ、Ⅱ、Ⅲ三個檢驗水準，須較

高判斷力時，採用Ⅲ水準，不須太高判斷力時，採用Ⅰ水準，一般使用時，採用Ⅱ水準。

2.特殊檢驗水準：又可分為 S－1, S－2, S－3, S－4四個檢驗水準，適用於小樣本且允許有較大抽樣風險的情況。

檢驗嚴格程度之轉換

1.檢驗開始：開始檢驗時，均使用正常檢驗，除非另有指示。

2.由正常轉換為嚴格檢驗：當實施正常檢驗時，連續五批中，有二批拒收，則改為嚴格檢驗。

3.由正常轉換為減量檢驗：當實施正常檢驗時，如能符合下列各項條件，則可改採減量檢驗。

⑴在最近檢驗的十批中無一批被拒收者。

⑵最近十批所抽取樣本中，其不良品總數，不超過（表7－2）所訂的界限數。

⑶生產穩定者。

⑷負責當局認可。

4.由嚴格轉換為正常檢驗：當實施嚴格檢驗時，連續五批認為可允收時，則改為正常檢驗。

5.由減量轉換為正常檢驗：當實施減量檢驗時，若發生下列任何情形之下，則改為正常檢驗。

⑴有一批被拒收。

⑵不良數 d 介於允收數 Ac 與拒收數 Re 之間，該批允收，但自下一批開始則恢復正常檢驗。

⑶生產呈不規則情形或停滯者。

⑷在其他情形下，認為恢復正常檢驗較為適當者。

6.檢驗之中止：若連續十批均須按照嚴格檢驗進行，則應中止檢驗，等待品質改善爲止。

檢驗步驟

1.決定品質標準，以判定良品及不良品。

2.決定批量 N。

3.決定 AQL。

4.指定檢驗水準。

5.決定樣本代字。

6.決定抽樣方法—單次、雙次或多次抽樣。

7.決定檢驗的嚴格程度。

8.求抽樣計劃（ n, Ac, Re ）。

9.抽取樣本。

10.測定樣本的品質特性判定送驗批允收或拒收。

〈範題〉某廠商採用調整型抽樣檢驗驗收所供應產品之品質，若雙方約定 AQL = 2.5%，批量 N = 1000，採用 II 水準，試求：

⑴正常、嚴格、減量檢驗之單次抽樣計劃。

⑵正常、嚴格、減量檢驗之雙次抽樣計劃。

⑶正常檢驗之多次抽樣計劃。

〈解〉

⑴

N = 1000 \（ 表7-6 ） AQL = 2.5% \（ 表7-7 ） →

II 級水準 樣本代字 J

正常檢驗
n = 80、Ac = 5、Re = 6

嚴格檢驗
n = 80、Ac = 3、Re = 4

減量檢驗
n = 32、Ac = 2、Re = 5

(2)

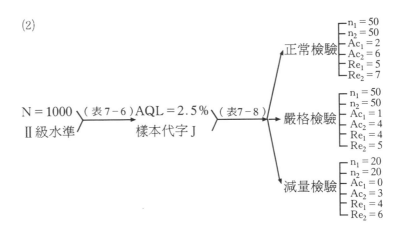

$$N = 1000 \diagdown \underset{(表7\text{-}6)}{\diagup} AQL = 2.5\% \diagdown \underset{(表7\text{-}8)}{\diagup}$$
Ⅱ級水準　　　　　樣本代字 J

正常檢驗
- $n_1 = 50$
- $n_2 = 50$
- $Ac_1 = 2$
- $Ac_2 = 6$
- $Re_1 = 5$
- $Re_2 = 7$

嚴格檢驗
- $n_1 = 50$
- $n_2 = 50$
- $Ac_1 = 1$
- $Ac_2 = 4$
- $Re_1 = 4$
- $Re_2 = 5$

減量檢驗
- $n_1 = 20$
- $n_2 = 20$
- $Ac_1 = 0$
- $Ac_2 = 3$
- $Re_1 = 4$
- $Re_2 = 6$

(3)

$$N = 1000 \diagdown \underset{(表7\text{-}6)}{\diagup} AQL = 2.5\% \diagdown \underset{(表7\text{-}9)}{\diagup}$$
Ⅱ級水準　　　　　樣本代字 J

$n_1 = 20$　$Ac_1 = \#$　$Re_1 = 4$
$n_2 = 20$　$Ac_2 = 1$　$Re_2 = 5$
$n_3 = 20$　$Ac_3 = 2$　$Re_3 = 6$
$n_4 = 20$　$Ac_4 = 3$　$Re_4 = 7$
$n_5 = 20$　$Ac_5 = 5$　$Re_5 = 8$
$n_6 = 20$　$Ac_6 = 7$　$Re_6 = 9$
$n_7 = 20$　$Ac_7 = 9$　$Re_7 = 10$

♯：代表在這種樣本下，不予允收。

連續生產型抽樣檢驗

連續生產型抽樣檢驗之原理

　　連續生產型抽樣檢驗係由抽樣檢驗與全數檢驗兩者交替順序組成，此抽樣計劃開始時先採用全數檢驗，若在規定的檢驗個數內沒有發現缺點，則開始採用抽樣檢驗，一直到再發現特定不良數時再恢復全數檢驗。

連續生產型抽樣檢驗之使用場合

前面所介紹之各種抽樣檢驗皆以產品完全生產完畢，準備交貨時才予以檢驗，但有些產品若希望在生產過程中，即加以檢驗，以避免產生過多的不良品時，則須採用連續生產型抽樣檢驗，此檢驗方法適用於計數值、連續移動產品之非破壞性檢驗。

連續生產型抽樣檢驗在 OC 曲線上的控制重點

連續生產型抽樣檢驗係針對生產過程中各階段重要製程予以適當管制，並以抽樣檢驗及全數檢驗交互使用，以期對長期性的品質維持在某一水準之上，所以在 OC 曲線上的控制重點在中間部位，也就是以 AOQL 為管制重點。

連續生產型抽樣計劃—CSP－1,CSP－2,CSP－3,JIS Z9008

CSP－1 抽樣計劃 CSP－1抽樣計劃是係用平均出廠品質界限（AOQL）為指標，每一個 AOQL 值可由（表7－10）查出對應之 i（檢驗間隔常數）及 f（抽樣比率，若 $f=\frac{1}{10}$，表示10個產品抽取1個檢驗）組合，此抽樣開始時去實施全數檢驗，當連續出現 i 個良品後，則改為每隔 $\frac{1}{f}$ 的產品抽取一個樣本檢驗，若在抽樣過程中發現一個不良品，立即恢復全數檢驗，依此循環，其抽樣流程如（圖7－2）所示：

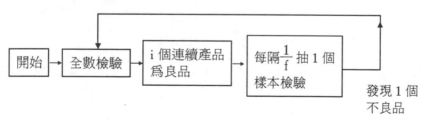

圖7－2 CSP－1實施流程

〈範題〉假設 AOQL＝0.53％時，CSP－1抽樣計劃有那些 i 及 f 組合？

〈解〉由（表7-10）可查出11種不同組合，舉出兩種組合如：

①$f = \frac{1}{2}, i = 53$

②$f = \frac{1}{3}, i = 87$

各種組合的取捨，視實際生產情形及經濟考量而定。

.CSP－2 抽樣計劃　CSP－2抽樣計劃為 CSP－1抽樣計劃之改良，CSP－2依照 CSP－1之規則進行，但在進行抽樣過程中發現一個不良品時，不立即採行全數檢驗，仍繼續抽樣檢驗，在規定的 i 個產品內（查表7-11）若未發現不良品，則仍繼續每隔$\frac{1}{f}$個抽樣檢驗，若發現1個不良品，則恢復全數檢驗，此抽樣計劃的目的在於避免偶發出現一個不良品即恢復全數檢驗，其檢驗流程如（圖7-3）：

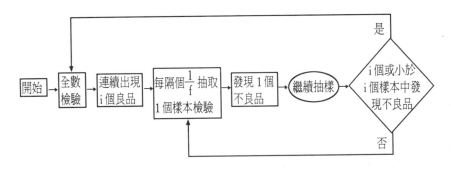

圖7-3　CSP－2實施流程

〈範題〉假設 AOQL＝1.9％，試求 CSP－2抽樣計劃，並說明其實施程序？

〈解〉查（表7-11）得 AOQL＝1.9％時，有九種抽樣計劃，茲以$i = 36, f = \frac{1}{3}$為例，開始為全數檢驗直到連續36件皆為良品，則改為抽樣檢驗，每3個連續產品抽取一個檢驗，若

發現一個不良品，仍繼續每3個產品抽驗1個，若再發現不良品，則恢復全數檢驗，若沒有發現不良品，則繼續抽樣檢驗。

CSP－3 抽樣計劃　CSP－3抽樣計劃亦為 CSP－1抽樣計劃的改良型，惟一不同的是在抽檢階段發現第一個不良品後，不立即採行全數檢驗，但必須對後面連續4個產品加以檢驗，若未發現不良品則繼續抽樣檢驗，若發現任何一個不良品，則恢復全數檢驗。

JIS Z9008 抽樣計劃　JIS Z9008抽樣計劃，係依據 CSP－1抽樣計劃而加以制定的，其實施過程與 CSP－1相同，惟一不同的是 i 及 f 的組合決定方式不同，其方法係先估計製程平均不良率$\overline{P}$，再由$\overline{P}$與 AOQL 求出品質改善指標 b，再依據（表7－12）查出$\frac{1}{f}$的值，再由（表7－13）查出 i 值。

$$\overline{P}\ (\ \%\ )=\frac{\text{不良品數}}{\text{總檢驗件數}}\times 100\%$$

$$b=\frac{\overline{P}}{\text{AOQL}}$$

〈範題〉大同電視製造商所生產的大同電視製程平均不良率$\overline{P}=2.0\%$，試以 JIS Z9008，求 AOQL＝0.95％之抽樣計劃（檢驗中若發現不良品時必須剔除以良品替換）。

〈解〉$b=\dfrac{\overline{P}}{\text{AOQL}}=\dfrac{2.0\%}{0.95}=2.1$

查（表7－12）得$\dfrac{1}{f}=8$

查（表7－13）得 i＝155

Dodge Roming 單次抽樣表

表7−3−1（SA）＜平均出廠品質界＝2.0％＞（AOQL＝2.0％）

$\overline{P}(\%)$ \ N	0−.22			.23−.33			.34−.55			.56−.77			.78−1.1		
	n	c	P_1(%)	n	c	P_1(%)	n	c	P_1(%)	n	c	P_1(%)	n	c	P_1(%)
16以下	全數	0	—	全數	0	—	全數	0	—	全數	0	—	全數	0	—
17~70	16	0	12.0	16	0	12.0	16	0	12.0	16	0	12.0	16	0	12.0
71~100	17	0	11.6	17	0	11.6	17	0	11.6	17	0	11.6	17	0	11.6
101~200	18	0	11.5	18	0	11.5	18	0	11.5	18	0	11.5	18	0	11.5
201~500	18	0	11.7	18	0	11.7	42	1	8.7	42	1	8.7	42	1	8.7
501~700	18	0	11.9	42	1	8.7	42	1	8.7	42	1	8.7	70	2	7.2
701~1000	42	1	8.8	42	1	8.8	42	1	8.8	42	1	8.8	70	2	7.3
1001~2000	42	1	8.9	42	1	8.9	70	2	7.4	70	2	7.4	70	2	7.4
2001~3000	42	1	8.9	42	1	8.9	70	2	7.4	70	2	7.4	95	3	6.9
3001~5000	42	1	8.9	70	2	7.4	70	2	7.4	95	3	6.9	95	3	6.9
5001~7000	70	2	7.4	70	2	7.4	70	2	7.4	95	3	6.9	125	4	6.3
7001~10000	70	2	7.4	70	2	7.4	70	3	7.4	95	3	6.9	155	5	5.9
10001~20000	70	2	7.4	70	2	7.4	95	3	6.9	125	4	6.3	190	6	5.5
20001~30000	70	2	7.4	70	2	7.4	95	3	6.9	455	5	5.9	220	7	5.3
30001~50000	70	2	7.4	95	3	6.9	125	4	6.3	155	5	5.9	255	8	5.1

$\overline{P}$＝平均不良率　N＝批量

表7－3－2（SL）＜批容許不良率＝3.0%＞（LTPD＝3.0%）

P(%) N	0 - .22			.23 - .33			.34 - .55			.56 - .77			.78 - 1.1		
	n	c	AOQL (%)	n	c	AOQL (%)	n	c	AOQL (%)	n	c	AOQL (%)	n	c	AOQL (%)
48以下	全數	0	0	全數	0	0	全數	0	0	全數	0	0	全數	0	0
49～70	48	0	.45	48	0	.45	48	0	.45	48	0	.45	48	0	.45
71～100	55	0	.46	55	0	.46	55	0	.46	55	0	.46	55	0	.46
101～200	65	0	.48	65	0	.48	65	0	.48	65	0	.48	65	0	.48
201～300	65	0	.48	65	0	.48	65	0	.48	65	0	.48	65	1	.67
301～500	125	1	.67	125	1	.67	125	1	.67	125	1	.67	125	2	.78
501～700	125	1	.67	125	1	.67	175	2	.78	175	2	.78	220	3	.88
701～1000	125	1	.67	125	1	.67	175	2	.78	220	3	.88	260	4	.96
1001～2000	125	1	.67	175	2	.78	220	3	.88	260	4	.98	305	5	1.0
2001～3000	175	2	.78	220	3	.88	260	4	.98	305	5	1.0	390	7	1.2
3001～5000	175	2	.78	220	3	.88	260	4	.98	345	6	1.1	430	8	1.2
5001～7000	175	2	.78	220	3	.88	260	4	.98	345	6	1.1	510	10	1.3
7001～10000	175	2	.78	220	3	.88	305	5	1.0	345	6	1.1	550	11	1.3
10001～20000	220	3	.88	260	4	.98	345	6	1.1	390	7	1.2	625	13	1.4
20001～30000	220	3	.88	260	4	.98	345	6	1.1	430	8	1.2	665	14	1.4
30001～50000	220	3	.88	305	5	1.0	390	7	1.2	510	10	1.3	655	14	1.4

$\overline{P}$＝平均不良率　N＝批量

Dodge Roming 雙次抽樣表（DA）

表7-4-1　平均出廠品質界限＝2.0%

（AOQL＝2.0%）

平均不良率 $\overline{P}$(%) ＼ 批量 N	0-0.04%						0.05-0.40%						0.41-0.80%					
	第一次抽樣		第二次抽樣			P_t %	第一次抽樣		第二次抽樣			P_t %	第一次抽樣		第二次抽樣			P_t %
	n_1	c_1	n_2	(n_1+n_2)	c_2		n_1	c_1	n_2	(n_1+n_2)	c_2		n_1	c_1	n_2	(n_1+n_2)	c_2	
1-15	全數0		-	-	-	-	全數0		-	-	-	-	全數0		-	-	-	-
16-50	14	0	-	-	-	13.6	14	0	-	-	-	13.6	14	0	-	-	-	13.6
51-100	21	0	12	33	1	11.7	21	0	12	33	1	11.7	21	0	12	33	1	11.7
101-200	24	0	13	37	1	11.0	24	0	13	37	1	11.0	24	0	13	37	1	11.0
201-300	26	0	15	41	1	10.4	26	0	15	41	1	10.4	29	0	31	60	2	9.1
301-400	26	0	16	42	1	10.3	26	0	16	42	1	10.3	30	0	35	65	2	9.0
401-500	27	0	16	43	1	10.3	30	0	35	65	2	9.0	30	0	35	65	2	9.0
501-600	27	0	16	43	1	10.3	31	0	34	65	2	8.9	35	0	55	90	3	7.9
601-800	27	0	17	44	1	10.2	31	0	39	70	2	8.8	35	0	60	95	3	7.7
801-1000	27	0	17	44	1	10.2	32	0	38	70	2	8.7	36	0	59	95	3	7.6
1001-2000	33	0	37	70	2	8.5	33	0	37	70	2	8.5	37	0	63	100	3	7.5
2001-3000	34	0	41	75	2	8.2	34	0	41	75	2	8.2	41	0	84	125	4	7.0
3001-4000	34	0	41	75	2	8.2	38	0	62	100	3	7.3	41	0	89	130	4	6.9
4001-5000	34	0	41	75	2	8.2	38	0	62	100	3	7.3	42	0	88	130	4	6.9
5001-7000	35	0	40	75	2	8.1	38	0	62	100	3	7.3	44	0	116	160	5	6.4
7001-10,000	35	0	40	75	2	8.1	38	0	62	100	3	7.3	45	0	115	160	5	6.3
10,001-20,000	35	0	40	75	2	8.1	39	0	66	105	3	7.2	45	0	115	160	5	6.3
20,001-50,000	35	0	40	75	2	8.1	43	0	92	135	4	6.6	47	0	148	195	6	6.0
50,001-100,000	35	0	45	80	2	8.0	43	0	92	1.5	4	6.6	85	1	185	270	8	5.2

Dodge Roming 雙次抽樣表（DA）

續表7－4－1　平均出廠品質界限＝2.0％

（AOQL＝2.0％）

平均不良率 $\bar{P}$(%) 批量 N	0.81－1.20%				1.21－1.60%				1.61－2.00%			
	第一次抽樣	第二次抽樣		P_t %	第一次抽樣	第二次抽樣		P_t %	第一次抽樣	第二次抽樣		P_t %
	n_1　c_1	n_2　(n_1+n_2)	c_2		n_1　c_1	n_2　(n_1+n_2)	c_2		n_1　c_1	n_2　(n_1+n_2)	c_2	
1－15	全數 0	－　－	－	－	全數 0	－　－	－	－	全數 0	－　－	－	－
16－50	14　0	－　－	－	13.6	14　0	－　－	－	13.6	14　0	－　－	－	13.6
51－100	21　0	12　33	1	11.7	21　0	12　33	1	11.7	23　0	23　46	2	10.9
101－200	27　0	28　55	2	9.6	27　0	28　55	2	9.6	27　0	28　55	2	9.6
201－300	29　0	31　60	2	9.1	32　0	48　80	3	8.4	32　0	48　80	3	8.4
301－400												
401－500	34　0	56　90	3	7.9	36　0	74　110	4	7.5	60　1	90　150	6	7.0
501－600	35　0	55　90	3	7.9	37　0	78　11	4	7.4	65　1	95　160	6	6.8
601－800	38　0	82　120	4	7.3	38　0	82　120	4	7.3	70　1	120　190	7	6.4
801－1000	38　0	87　125	4	7.2	70　1	100　170	6	6.5	70　1	145　215	8	6.2
1001－2000	43　0	112　155	5	6.5	80　1	160　240	8	5.8	110　2	205　315	11	5.5
2001－3000	75　1	115　190	6	6.1	115　2	195　310	10	5.3	160　3	310　470	15	4.7
3001－4000	80　1	140　220	7	5.8	120　2	255　375	12	5.0	235　5	415　650	20	4.3
4001－5000	80　1	175　255	8	5.5	125　2	285　410	13	4.9	275　6	475　750	23	4.2
5001－7000	85　1	205　290	9	5.3	125　2	320　445	14	4.8	280　6	575　850	26	4.1
7001－10,000	85　1	210　295	9	5.2	165　3	335　500	15	4.5	320　7	645　965	29	4.0
10,001－20,000	90　1	260　350	11	5.1	170　3	425　595	18	4.4	395　9	835　1230	37	3.9
20,001－50,000	130　2	300　430	13	4.7	205　4	515　720	22	4.3	480　11	1090　1570	46	3.7
50,001－100,000	135　2	345　480	14	4.5	250　5	615　865	26	4.1	580　13	1460　2040	58	3.5

表7-4-2 （DL）＜批容許不良率＝3.0％＞（LTPD＝3.0％）

平均不良率 P(%) 批量 N	0.81-1.20%						1.21-1.60%						1.61-2.00%					
	第一次抽樣		第二次抽樣			AOQL %	第一次抽樣		第二次抽樣			AOQL %	第一次抽樣		第二次抽樣			AOQL %
	n_1	c_1	n_2	(n_1+n_2)	c_2		n_1	c_1	n_2	(n_1+n_2)	c_2		n_1	c_1	n_2	(n_1+n_2)	c_2	
1-40	全數	0	-	-	-	-	全數	0	-	-	-	-	全數	0	-	-	-	-
41-55	40	0	-	-	-	0.18	40	0	-	-	-	0.18	40	0	-	-	-	0.18
56-100	55	0	-	-	-	0.30	55	0	-	-	-	0.30	55	0	-	-	-	0.30
101-150	70	0	30	110	1	0.37	70	0	30	110	1	0.37	70	0	30	110	1	0.37
151-200	75	0	40	115	1	0.45	75	0	40	115	1	0.45	75	0	40	115	1	0.45
201-300	75	0	40	115	1	0.50	75	0	40	115	1	0.50	75	0	40	115	1	0.50
301-400	80	0	45	125	1	0.52	80	0	45	125	1	0.52	80	0	85	165	2	0.57
401-500	85	0	50	135	1	0.53	85	0	50	135	1	0.53	85	0	90	175	2	0.60
501-600	85	0	50	135	1	0.54	85	0	50	135	1	0.54	85	0	95	180	2	0.62
601-800	90	0	50	140	1	0.55	90	0	95	185	2	0.64	90	0	135	225	3	0.70
801-1,000	90	0	55	145	1	0.56	90	0	100	190	2	0.66	90	0	140	230	3	0.72
1,001-2,000	90	0	60	150	1	0.58	90	0	105	195	2	0.70	90	0	190	280	4	0.84
2,001-3,000	90	0	60	150	1	0.59	90	0	155	245	3	0.80	90	0	200	290	4	0.86
3,001-4,000	95	0	105	200	2	0.72	95	0	150	245	3	0.80	95	0	235	330	5	0.92
4,001-5,000	95	0	105	200	2	0.73	95	0	155	250	3	0.81	150	1	230	380	6	0.98
5,001-7,000	95	0	105	200	2	0.73	95	0	155	250	3	0.81	150	1	230	380	6	1.0
7,001-10,000	95	0	105	200	2	0.73	95	0	155	250	3	0.81	150	1	275	425	7	1.0
10,001-20,000	95	0	105	200	2	0.74	95	0	200	295	4	0.92	150	1	320	470	8	1.1
20,001-50,000	95	0	105	200	2	0.74	95	0	200	295	4	0.93	150	1	365	515	9	1.2
50,001-100,000	95	0	105	200	2	0.75	95	0	245	340	5	1.0	150	1	405	555	10	1.2

續表7－4－2　（DL－2）＜批容許不良率＝3.0%＞（LTPD＝3.0%）

平均不良率 P(%) ／ 批量 N	0.81－1.20% 第一次抽樣 n_1	c_1	第二次抽樣 n_2	(n_1+n_2)	c_2	AOQL %	1.21－1.60% 第一次抽樣 n_1	c_1	第二次抽樣 n_2	(n_1+n_2)	c_2	AOQL %	1.61－2.00% 第一次抽樣 n_1	c_1	第二次抽樣 n_2	(n_1+n_2)	c_2	AOQL %
1－40	全數	0	－	－	－	－	全數	0	－	－	－	－	全數	0	－	－	－	－
41－55	40	0	－	－	－	0.18	40	0	－	－	－	0.18	40	0	－	－	－	0.18
56－100	55	0	－	－	－	0.30	55	0	－	－	－	0.30	55	0	－	－	－	0.30
101－150	70	0	30	110	1	0.37	70	0	30	110	1	0.37	70	0	30	110	1	0.37
151－200	75	0	40	115	1	0.45	75	0	65	140	2	0.47	75	0	65	140	2	0.47
201－300	75	0	80	155	2	0.54	75	0	80	155	2	0.54	75	0	80	155	2	0.54
301－400	80	0	85	165	1	0.57	80	0	120	200	3	0.62	80	0	120	200	3	0.62
401－500	85	0	125	210	3	0.64	85	0	125	210	3	0.64	85	0	160	245	4	0.69
501－600	85	0	130	215	3	0.67	85	0	170	255	4	0.72	135	1	185	320	6	0.76
601－800	85	0	170	260	4	0.74	140	1	15	335	6	0.79	140	1	210	350	7	0.81
801－1,000	90	0	180	270	4	0.77	145	1	235	380	7	0.85	145	1	270	415	8	0.86
1,001－2,000	150	1	210	360	6	0.90	150	1	325	475	9	1.0	195	2	350	545	11	1.1
2,001－3,000	150	1	300	450	8	1.0	200	2	365	565	11	1.1	290	4	470	760	16	1.2
3,001－4,000	150	1	350	500	9	1.1	245	3	405	650	13	1.2	330	5	545	875	19	1.2
4,001－5,000	200	2	340	540	10	1.2	250	3	445	695	64	1.2	380	6	620	1000	22	1.3
5,001－7,000	200	2	385	585	11	1.2	250	3	530	780	16	1.3	380	6	700	1080	24	1.4
7,001－10,000	200	2	425	625	12	1.2	250	3	575	825	17	1.3	425	7	785	1210	27	1.5
10,001－20,000	200	2	475	675	13	1.3	295	4	655	950	20	1.4	7470	8	900	1370	31	1.6
20,001－50,000	200	2	515	715	14	1.3	295	4	755	1050	23	1.5	515	9	1165	1680	39	1.7
50,001－100,000	200	2	555	755	15	1.3	340	5	840	1180	26	1.6	515	9	1315	1830	43	1.8

MIL－STD－105E 抽樣計劃表

表7-6 樣本代字

批量		一般檢驗水準			特殊檢驗水準			
		I	II	III	S－1	S－2	S－3	S－4
2 ～ 8		A	A	B	A	A	A	A
9 ～ 15		A	B	C	A	A	A	A
16 ～ 25		B	C	D	A	A	B	B
26 ～ 50		C	D	E	A	B	B	C
51 ～ 90		C	E	F	B	B	C	C
91 ～ 150		D	F	G	B	B	C	D
151 ～ 280		E	G	H	B	C	D	E
281 ～ 500		F	H	J	B	C	D	E
501 ～ 1200		G	J	K	C	C	E	F
1201 ～ 3200		H	K	L	C	D	E	G
3201 ～ 10000		J	L	M	C	D	F	G
10001 ～ 35000		K	M	N	C	D	F	H
35001 ～ 150000		L	N	P	D	E	G	J
15001 ～ 500000		M	P	Q	D	E	G	J
500001以上		N	O	R	D	E	H	K

表 7－7－1 正常檢驗單次抽樣計劃（主抽樣表）

允收品質水準（正常檢驗）

樣本大小代字	樣本大小	0.010	0.015	0.025	0.040	0.065	0.10	0.15	0.25	0.40	0.65	1.0	1.5	2.5	4.0	6.5	10	15	25	40	65	100
		Ac Rc	Ac Rc	Ac Rc	Ac Rc	Ac Rc	Ac Rc	Ac Rc	Ac Rc	Ac Rc	Ac Rc	Ac Rc	Ac Rc	Ac Rc	Ac Rc	Ac Rc	Ac Rc	Ac Rc	Ac Rc	Ac Rc	Ac Rc	Ac Rc
A	2	↓	↓	↓	↓	↓	↓	↓	↓	↓	↓	↓	↓	↓	↓	↓	0 1	1 2	2 3	3 4	5 6	7 8
B	3	↓	↓	↓	↓	↓	↓	↓	↓	↓	↓	↓	↓	↓	↓	0 1	1 2	2 3	3 4	5 6	7 8	10 11
C	5	↓	↓	↓	↓	↓	↓	↓	↓	↓	↓	↓	↓	↓	0 1	1 2	2 3	3 4	5 6	7 8	10 11	14 15
D	8	↓	↓	↓	↓	↓	↓	↓	↓	↓	↓	↓	↓	0 1	1 2	2 3	3 4	5 6	7 8	10 11	14 15	21 22
E	13	↓	↓	↓	↓	↓	↓	↓	↓	↓	↓	↓	0 1	1 2	2 3	3 4	5 6	7 8	10 11	14 15	21 22	↑
F	20	↓	↓	↓	↓	↓	↓	↓	↓	↓	↓	0 1	1 2	2 3	3 4	5 6	7 8	10 11	14 15	21 22	↑	↑
G	32	↓	↓	↓	↓	↓	↓	↓	↓	↓	0 1	1 2	2 3	3 4	5 6	7 8	10 11	14 15	21 22	↑	↑	↑
H	50	↓	↓	↓	↓	↓	↓	↓	↓	0 1	1 2	2 3	3 4	5 6	7 8	10 11	14 15	21 22	↑	↑	↑	↑
J	80	↓	↓	↓	↓	↓	↓	↓	0 1	1 2	2 3	3 4	5 6	7 8	10 11	14 15	21 22	↑	↑	↑	↑	↑
K	125	↓	↓	↓	↓	↓	↓	0 1	1 2	2 3	3 4	5 6	7 8	10 11	14 15	21 22	↑	↑	↑	↑	↑	↑
L	200	↓	↓	↓	↓	↓	0 1	1 2	2 3	3 4	5 6	7 8	10 11	14 15	21 22	↑	↑	↑	↑	↑	↑	↑
M	315	↓	↓	↓	↓	0 1	1 2	2 3	3 4	5 6	7 8	10 11	14 15	21 22	↑	↑	↑	↑	↑	↑	↑	↑
N	500	↓	↓	↓	0 1	1 2	2 3	3 4	5 6	7 8	10 11	14 15	21 22	↑	↑	↑	↑	↑	↑	↑	↑	↑
P	800	↓	↓	0 1	1 2	2 3	3 4	5 6	7 8	10 11	14 15	21 22	↑	↑	↑	↑	↑	↑	↑	↑	↑	↑
Q	1250	↓	0 1	1 2	2 3	3 4	5 6	7 8	10 11	14 15	21 22	↑	↑	↑	↑	↑	↑	↑	↑	↑	↑	↑
R	2000	0 1	1 2	2 3	3 4	5 6	7 8	10 11	14 15	21 22	↑	↑	↑	↑	↑	↑	↑	↑	↑	↑	↑	↑

Ac：允收數。
Rc：拒收數。
註：↓：使用箭頭下第一個抽樣計畫。
　　↑：使用箭頭上第一個抽樣計畫。

表 7－7－2 加嚴檢驗單次抽樣計劃（主抽樣表）

允收品質水準（正常檢驗）

樣本代字	樣本大小	0.010	0.015	0.025	0.040	0.065	0.10	0.15	0.25	0.40	0.65	1.0	1.5	2.5	4.0	6.5	10	15	25	40	65	100
		Ac Rc	Ac Rc	Ac Rc	Ac Rc	Ac Rc	Ac Rc	Ac Rc	Ac Rc	Ac Rc	Ac Rc	Ac Rc	Ac Rc	Ac Rc	Ac Rc	Ac Rc	Ac Rc	Ac Rc	Ac Rc	Ac Rc	Ac Rc	Ac Rc
A	2	↓	↓	↓	↓	↓	↓	↓	↓	↓	↓	↓	↓	↓	↓	↓	↓	↓	0 1	1 2	2 3	3 4
B	3	↓	↓	↓	↓	↓	↓	↓	↓	↓	↓	↓	↓	↓	↓	↓	↓	0 1	1 2	2 3	3 4	5 6
C	5	↓	↓	↓	↓	↓	↓	↓	↓	↓	↓	↓	↓	↓	↓	↓	0 1	1 2	2 3	3 4	5 6	8 9
D	8	↓	↓	↓	↓	↓	↓	↓	↓	↓	↓	↓	↓	↓	↓	0 1	1 2	2 3	3 4	5 6	8 9	12 13
E	13	↓	↓	↓	↓	↓	↓	↓	↓	↓	↓	↓	↓	↓	0 1	1 2	2 3	3 4	5 6	8 9	12 13	18 19
F	20	↓	↓	↓	↓	↓	↓	↓	↓	↓	↓	↓	↓	0 1	1 2	2 3	3 4	5 6	8 9	12 13	18 19	↑
G	32	↓	↓	↓	↓	↓	↓	↓	↓	↓	↓	↓	0 1	1 2	2 3	3 4	5 6	8 9	12 13	18 19	↑	↑
H	50	↓	↓	↓	↓	↓	↓	↓	↓	↓	↓	0 1	1 2	2 3	3 4	5 6	8 9	12 13	18 19	↑	↑	↑
J	80	↓	↓	↓	↓	↓	↓	↓	↓	↓	0 1	1 2	2 3	3 4	5 6	8 9	12 13	18 19	↑	↑	↑	↑
K	125	↓	↓	↓	↓	↓	↓	↓	↓	0 1	1 2	2 3	3 4	5 6	8 9	12 13	18 19	↑	↑	↑	↑	↑
L	200	↓	↓	↓	↓	↓	↓	↓	0 1	1 2	2 3	3 4	5 6	8 9	12 13	18 19	↑	↑	↑	↑	↑	↑
M	315	↓	↓	↓	↓	↓	↓	0 1	1 2	2 3	3 4	5 6	8 9	12 13	18 19	↑	↑	↑	↑	↑	↑	↑
N	500	↓	↓	↓	↓	↓	0 1	1 2	2 3	3 4	5 6	8 9	12 13	18 19	↑	↑	↑	↑	↑	↑	↑	↑
P	800	↓	↓	↓	↓	0 1	1 2	2 3	3 4	5 6	8 9	12 13	18 19	↑	↑	↑	↑	↑	↑	↑	↑	↑
Q	1250	↓	↓	↓	0 1	1 2	2 3	3 4	5 6	8 9	12 13	18 19	↑	↑	↑	↑	↑	↑	↑	↑	↑	↑
R	2000	↓	↓	0 1	1 2	2 3	3 4	5 6	8 9	12 13	18 19	↑	↑	↑	↑	↑	↑	↑	↑	↑	↑	↑
S	3150	↓	0 1	1 2	2 3	3 4	5 6	8 9	12 13	18 19	↑	↑	↑	↑	↑	↑	↑	↑	↑	↑	↑	↑

Ac：允收數。
Rc：拒收數。
⇩：使用箭頭下第一個抽樣計畫。
⇧：使用箭頭上第一個抽樣計畫。

206　☞ 品質管制

表7-7-3 減量檢驗單次抽樣計劃(主抽樣表)

樣本代字	樣本大小	允收品質水準(減量檢驗)																				
		0.010	0.015	0.025	0.040	0.065	0.10	0.15	0.25	0.40	0.65	1.0	1.5	2.5	4.0	6.5	10	15	25	40	65	100
		Ac Rc	Ac Rc	Ac Rc	Ac Rc	Ac Rc	Ac Rc	Ac Rc	Ac Rc	Ac Rc	Ac Rc	Ac Rc	Ac Rc	Ac Rc	Ac Rc	Ac Rc	Ac Rc	Ac Rc	Ac Rc	Ac Rc	Ac Rc	Ac Rc
A	2																		0 1		2 2	3 3	5 6
B	2																			1 2	3 4	5 6
C	3																0 1		1 3	1 4	2 5	3 6	5 8
D	3													0 1			0 2	1 3	1 4	2 5	3 6	5 8	7 10
E	5														0 1		0 2	1 3	2 5	3 6	5 8	7 10	10 13
F	8												0 1			0 2	1 3	1 4	3 6	5 8	7 10	10 13	
G	13										0 1			0 2	1 3	1 4	2 5	3 6	5 8	7 10	10 13		
H	20									0 1			0 2	1 3	1 4	2 5	3 6	5 8	7 10	10 13			
J	32								0 1			0 2	1 3	1 4	2 5	3 6	5 8	7 10	10 13				
K	50						0 1			0 2	1 3	1 4	2 5	3 6	5 8	7 10	10 13						
L	80							0 2	1 3	1 4	2 5	3 6	5 8	7 10	10 13								
M	125				0 1			0 2	1 3	2 5	3 6	5 8	7 10	10 13									
N	200		0 1			0 2	1 3	1 4	2 5	3 6	5 8	7 10	10 13										
P	315			0 2	1 3	1 4	2 5	3 6	5 8	7 10	10 13												
Q	500	0 1		0 2	1 3	2 5	3 6	5 8	7 10	10 13													
R	800		0 2	1 3	1 4	2 5	3 6	5 8	7 10	10 13													

Ac:允收數。
Rc:拒收數。
⇩:使用箭頭下第一個抽樣計畫。
⇧:使用箭頭上第一個抽樣計畫。

表 7－8－1　正常檢驗雙次抽樣計劃（主抽樣表）

允收品質水準（正常檢驗）

（各允收品質水準欄位下之數值以「Ac Rc」表示；↓、↑、＊為符號。）

樣本代字	樣本大小	累積樣本大小	0.010	0.015	0.025	0.040	0.065	0.10	0.15	0.25	0.40	0.65	1.0	1.5	2.5	4.0	6.5	10	15	25	40	65	100
A	第一 －	－	↓	↓	↓	↓	↓	↓	↓	↓	↓	↓	↓	↓	↓	↓	↓	↓	↓	↓	↓	↓	↓
	第二 －	－	↓	↓	↓	↓	↓	↓	↓	↓	↓	↓	↓	↓	↓	↓	↓	↓	↓	↓	↓	↓	↓
B	第一 2	2	↓	↓	↓	↓	↓	↓	↓	↓	↓	↓	↓	↓	↓	↓	↓	↓	＊	0 2	0 3	1 4	2 5
	第二 2	4	↓	↓	↓	↓	↓	↓	↓	↓	↓	↓	↓	↓	↓	↓	↓	↓	＊	1 2	3 4	4 5	6 7
C	第一 3	3	↓	↓	↓	↓	↓	↓	↓	↓	↓	↓	↓	↓	↓	↓	↓	＊	0 2	0 3	1 4	2 5	3 7
	第二 3	6	↓	↓	↓	↓	↓	↓	↓	↓	↓	↓	↓	↓	↓	↓	↓	＊	1 2	3 4	4 5	6 7	8 9
D	第一 5	5	↓	↓	↓	↓	↓	↓	↓	↓	↓	↓	↓	↓	↓	↓	＊	0 2	0 3	1 4	2 5	3 7	5 9
	第二 5	10	↓	↓	↓	↓	↓	↓	↓	↓	↓	↓	↓	↓	↓	↓	＊	1 2	3 4	4 5	6 7	8 9	12 13
E	第一 8	8	↓	↓	↓	↓	↓	↓	↓	↓	↓	↓	↓	↓	↓	＊	0 2	0 3	1 4	2 5	3 7	5 9	7 11
	第二 8	16	↓	↓	↓	↓	↓	↓	↓	↓	↓	↓	↓	↓	↓	＊	1 2	3 4	4 5	6 7	8 9	12 13	18 19
F	第一 13	13	↓	↓	↓	↓	↓	↓	↓	↓	↓	↓	↓	↓	＊	0 2	0 3	1 4	2 5	3 7	5 9	7 11	11 16
	第二 13	26	↓	↓	↓	↓	↓	↓	↓	↓	↓	↓	↓	↓	＊	1 2	3 4	4 5	6 7	8 9	12 13	18 19	26 27
G	第一 20	20	↓	↓	↓	↓	↓	↓	↓	↓	↓	↓	↓	＊	0 2	0 3	1 4	2 5	3 7	5 9	7 11	11 16	↑
	第二 20	40	↓	↓	↓	↓	↓	↓	↓	↓	↓	↓	↓	＊	1 2	3 4	4 5	6 7	8 9	12 13	18 19	26 27	↑
H	第一 32	32	↓	↓	↓	↓	↓	↓	↓	↓	↓	↓	＊	0 2	0 3	1 4	2 5	3 7	5 9	7 11	11 16	↑	↑
	第二 32	64	↓	↓	↓	↓	↓	↓	↓	↓	↓	↓	＊	1 2	3 4	4 5	6 7	8 9	12 13	18 19	26 27	↑	↑
J	第一 50	50	↓	↓	↓	↓	↓	↓	↓	↓	↓	＊	0 2	0 3	1 4	2 5	3 7	5 9	7 11	11 16	↑	↑	↑
	第二 50	100	↓	↓	↓	↓	↓	↓	↓	↓	↓	＊	1 2	3 4	4 5	6 7	8 9	12 13	18 19	26 27	↑	↑	↑
K	第一 80	80	↓	↓	↓	↓	↓	↓	↓	↓	＊	0 2	0 3	1 4	2 5	3 7	5 9	7 11	11 16	↑	↑	↑	↑
	第二 80	160	↓	↓	↓	↓	↓	↓	↓	↓	＊	1 2	3 4	4 5	6 7	8 9	12 13	18 19	26 27	↑	↑	↑	↑
L	第一 125	125	↓	↓	↓	↓	↓	↓	↓	＊	0 2	0 3	1 4	2 5	3 7	5 9	7 11	11 16	↑	↑	↑	↑	↑
	第二 125	250	↓	↓	↓	↓	↓	↓	↓	＊	1 2	3 4	4 5	6 7	8 9	12 13	18 19	26 27	↑	↑	↑	↑	↑
M	第一 200	200	↓	↓	↓	↓	↓	↓	＊	0 2	0 3	1 4	2 5	3 7	5 9	7 11	11 16	↑	↑	↑	↑	↑	↑
	第二 200	400	↓	↓	↓	↓	↓	↓	＊	1 2	3 4	4 5	6 7	8 9	12 13	18 19	26 27	↑	↑	↑	↑	↑	↑
N	第一 315	315	↓	↓	↓	↓	↓	＊	0 2	0 3	1 4	2 5	3 7	5 9	7 11	11 16	↑	↑	↑	↑	↑	↑	↑
	第二 315	630	↓	↓	↓	↓	↓	＊	1 2	3 4	4 5	6 7	8 9	12 13	18 19	26 27	↑	↑	↑	↑	↑	↑	↑
P	第一 500	500	↓	↓	↓	↓	＊	0 2	0 3	1 4	2 5	3 7	5 9	7 11	11 16	↑	↑	↑	↑	↑	↑	↑	↑
	第二 500	1000	↓	↓	↓	↓	＊	1 2	3 4	4 5	6 7	8 9	12 13	18 19	26 27	↑	↑	↑	↑	↑	↑	↑	↑
Q	第一 800	800	↓	↓	↓	＊	0 2	0 3	1 4	2 5	3 7	5 9	7 11	11 16	↑	↑	↑	↑	↑	↑	↑	↑	↑
	第二 800	1600	↓	↓	↓	＊	1 2	3 4	4 5	6 7	8 9	12 13	18 19	26 27	↑	↑	↑	↑	↑	↑	↑	↑	↑
R	第一 1250	1250	↓	↓	＊	0 2	0 3	1 4	2 5	3 7	5 9	7 11	11 16	↑	↑	↑	↑	↑	↑	↑	↑	↑	↑
	第二 1250	2500	↓	↓	＊	1 2	3 4	4 5	6 7	8 9	12 13	18 19	26 27	↑	↑	↑	↑	↑	↑	↑	↑	↑	↑

Ac：允收數。
Rc：拒收數。
↓：使用箭頭下第一個抽樣計畫。
↑：使用箭頭上第一個抽樣計畫。
＊：使用相當之單次抽樣計畫。

表 7－8－2 加嚴檢驗雙次抽樣計劃（主抽樣表）

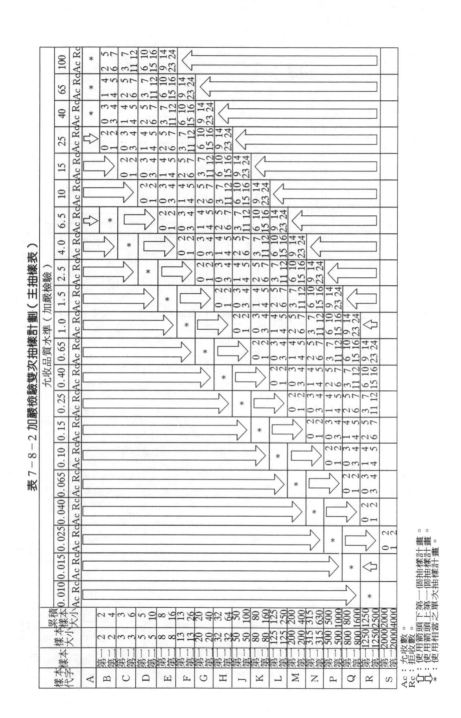

Ac：允收數。
Rc：拒收數。
註：↓：使用前箭頭下第一個抽樣計畫。
　　↑：使用前箭頭上第一個抽樣計畫。
　　＊：使用相當之單次抽樣計畫。

表 7－8－3 減量檢驗雙次抽樣計劃（主抽樣表）

允收品質水準（減量檢驗）

樣本大小代字		樣本大小	累積樣本大小	0.010	0.015	0.025	0.040	0.065	0.10	0.15	0.25	0.40	0.65	1.0	1.5	2.5	4.0	6.5	10	15	25	40	65	100
				Ac Rc	Ac Rc	Ac Rc	Ac Rc	Ac Rc	Ac Rc	Ac Rc	Ac Rc	Ac Rc	Ac Rc	Ac Rc	Ac Rc	Ac Rc	Ac Rc	Ac Rc	Ac Rc	Ac Rc	Ac Rc	Ac Rc	Ac Rc	Ac Rc
A				⇓																			*	*
B				⇓																			*	*
C				⇓																			*	*
D	第一	2	2	⇓									*					0 2	0 3	0 4	1 5	2 7	3 8
	第二	2	4															0 2	0 4	1 5	4 7	6 9	8 12
E	第一	3	3	⇓										*			0 2	0 3	0 4	1 5	2 7	3 8	5 10
	第二	3	6														0 2	0 4	1 5	4 7	6 9	8 12	12 16
F	第一	5	5	⇓											*	0 2	0 3	0 4	1 5	2 7	3 8	5 10	⇑
	第二	5	10													0 2	0 4	1 5	4 7	6 9	8 12	12 16	
G	第一	8	8	⇓										*	0 2	0 3	0 4	1 5	2 7	3 8	5 10	⇑	⇑
	第二	8	16												0 2	0 4	1 5	4 7	6 9	8 12	12 16		
H	第一	13	13	⇓									*	0 2	0 3	0 4	1 5	2 7	3 8	5 10	⇑	⇑	⇑
	第二	13	26											0 2	0 4	1 5	4 7	6 9	8 12	12 16			
J	第一	20	20	⇓								*	0 2	0 3	0 4	1 5	2 7	3 8	5 10	⇑	⇑	⇑	⇑
	第二	20	40										0 2	0 4	1 5	4 7	6 9	8 12	12 16				
K	第一	32	32	⇓							*	0 2	0 3	0 4	1 5	2 7	3 8	5 10	⇑	⇑	⇑	⇑	⇑
	第二	32	64									0 2	0 4	1 5	4 7	6 9	8 12	12 16					
L	第一	50	50	⇓						*	0 2	0 3	0 4	1 5	2 7	3 8	5 10	⇑	⇑	⇑	⇑	⇑	⇑
	第二	50	100								0 2	0 4	1 5	4 7	6 9	8 12	12 16						
M	第一	80	80	⇓					*	0 2	0 3	0 4	1 5	2 7	3 8	5 10	⇑	⇑	⇑	⇑	⇑	⇑	⇑
	第二	80	160							0 2	0 4	1 5	4 7	6 9	8 12	12 16							
N	第一	125	125	⇓				*	0 2	0 3	0 4	1 5	2 7	3 8	5 10	⇑	⇑	⇑	⇑	⇑	⇑	⇑	⇑
	第二	125	250						0 2	0 4	1 5	4 7	6 9	8 12	12 16								
P	第一	200	200	⇓			*	0 2	0 3	0 4	1 5	2 7	3 8	5 10	⇑	⇑	⇑	⇑	⇑	⇑	⇑	⇑	⇑
	第二	200	400					0 2	0 4	1 5	4 7	6 9	8 12	12 16									
Q	第一	315	315	⇓		*	0 2	0 3	0 4	1 5	2 7	3 8	5 10	⇑	⇑	⇑	⇑	⇑	⇑	⇑	⇑	⇑	⇑
	第二	315	630				0 2	0 4	1 5	4 7	6 9	8 12	12 16										
R	第一	500	500	⇓	*	0 2	0 3	0 4	1 5	2 7	3 8	5 10	⇑	⇑	⇑	⇑	⇑	⇑	⇑	⇑	⇑	⇑	⇑
	第二	500	1000			0 2	0 4	1 5	4 7	6 9	8 12	12 16											

Ac：允收數。
Rc：拒收數。
⇓：使用前頭下第一個抽樣計畫。
⇑：使用前頭上第一個抽樣計畫。
＊：使用相當之單次抽樣計畫。

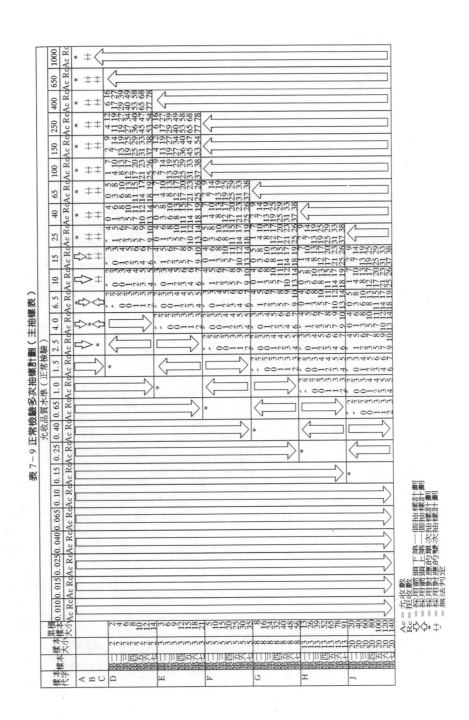

表 7-9 正常檢驗多次抽樣計劃（主抽樣表）

正常檢驗多次抽樣計劃（主抽樣表）（續）

表7-10　CPS-1表（由AOQL及f值查i）

f	AOQL（%）										
	0.113	0.198	0.33	0.53	0.79	1.22	1.90	2.90	4.94	7.12	11.46
1/2	245	140	84	53	36	23	15	10	6	5	3
1/3	405	232	140	87	59	38	25	16	10	7	5
1/4	530	303	182	113	76	49	32	21	13	9	6
1/5	630	360	217	135	91	58	38	25	15	11	7
1/7	790	450	270	168	113	73	47	31	18	13	8
1/10	965	550	335	207	138	89	57	38	22	16	10
1/15	1180	672	410	255	170	108	70	46	27	19	12
1/25	1450	828	500	315	210	134	86	57	33	23	14
1/50	1870	1067	640	400	270	175	110	72	42	29	18
1/100	2305	1302	790	500	330	215	135	89	52	36	22
1/200	2760	1583	950	590	400	255	165	106	62	43	26

表7-11　CSP-2查（由AOQL及f值查（K=i）

f	AOQ（%）					
	1.22	1.90	2.90	4.94	7.12	11.46
1/2	35	23	15	9	7	4
1/3	55	36	24	14	10	7
1/4	70	45	30	18	12	8
1/5	81	52	35	20	14	9
1/7	99	64	42	25	17	11
1/10	118	76	50	29	20	13
1/15	140	90	99	59	35	24
1/25	170	109	71	42	29	18
1/50	210	134	88	52	36	22

表7－12　JIS Z9008計數值單次抽樣檢驗計劃表

品質改善指標	1.52 以下	1.52 | 1.61 (未滿)	1.61 | 1.70 (未滿)	1.70 | 1.83 (未滿)	1.83 | 1.96 (未滿)	1.96 | 2.12 (未滿)	2.12 | 2.31 (未滿)	2.31 | 2.51 (未滿)	2.51 | 2.89 (未滿)	2.89 | 3.75 (未滿)	3.75 以上
$\frac{1}{f}$	50	30	20	15	10	8	6	5	4	3	2

表7－13　連續良品數表

剔除不良品以良品替換否？	AOQL％的範圍	$\frac{1}{f}$										
		2	3	4	5	6	8	10	15	20	30	50
是	0.4～0.63未滿	70	120	155	180	205	245	275	340	380	450	540
	0.63～1.0未滿	45	74	96	115	130	155	175	215	245	285	340
	1.0～1.6未滿	29	47	61	72	82	98	110	135	155	180	215
	1.6～2.5未滿	18	30	38	45	51	61	69	84	95	115	135
	2.5～4.0未滿	12	19	25	29	33	39	44	54	61	72	85
否	0.4～0.63未滿	69	120	155	180	205	245	275	340	380	450	540
	0.63～1.0未滿	44	73	95	115	130	155	175	215	245	285	340
	1.0～1.6未滿	28	46	60	71	81	97	110	135	155	180	340
	1.6～2.5未滿	17	29	37	44	50	60	68	83	94	115	215
	2.5～4.0未滿	11	18	14	18	14	38	47	53	60	71	84

習題

1. 允收品質水準 AOQ 是指　(A)一批產品有很大機率被允收的最小不良率　(B)一批產品有很大機率被拒收的最小不良率　(C)一批產品有很大機率被允收的最大不良率　(D)一批產品有很大機率被拒收的最大不良率。

2. 一批產品會被拒收的最小不良率為　(A)AOQ　(B)AQL　(C)LTPD　(D)β。

3. AOQL 是指　(A)允收機率　(B)允收品質水準　(C)拒收品質水準　(D)平均出廠品質界限。

4. LTPD 是指　(A)拒收機率　(B)允收品質水準　(C)拒收品質水準　(D)平均出廠品質水準。

5. 下列何種抽樣計劃之 OC 曲線均通過肩部及尾部　(A)規準型　(B)選別型　(C)調整型　(D)以上皆非。

6. 重點在保護消費者之抽樣計劃為　(A)JIS Z9002　(B)JIS Z9006　(C)MIL－STD－105D　(D)JIS Z9008。

7. 某個抽樣計劃的 AQL 為1.5%，這意味著　(A)所有允收批的不良率小於等於1.5%　(B)平均品質界限為1.5%　(C)允收機率為1.5%　(D)驗收批不良率小於等於1.5%時，被拒收的風險不大。

8. 使用 Dodge－Roming AOQL 抽樣表中，選擇抽樣計劃需要　(A)製程平均數估計值　(B)AOQ 估計值　(C)拒收機率　(D)以上皆非。

9. 在計數值抽樣計劃中，主要是要決定　(A)α 及 β　(B)AQL 及 LTPD　(C)樣本數及合格判定數　(D)AOQL。

10.在 MIL－STD－105D 抽樣計劃中，下列何種情況可採減量檢驗　(A)最大不良率小於 AQL　(B)製程平均數小於 AOQL　(C)正常檢驗十批皆允收　(D)嚴格檢驗連續2批允收。

11.控制重點在 AOQL 之抽樣計劃爲　(A)規準型　(B)選別型　(C)調整型　(D)連續生產型。

12.假定生產者在一段時間內送15批（ N＝3000 ）給消費者，不良率是20％，用 n＝89, C＝2的選別抽樣計劃來驗收，試求 AOQ？　(A)1.2％　(B)1.4％　(C)1.6％　(D)1.8％。

13.Dodge－Roming 表與下列那一抽樣計劃同爲選別型　(A)JIS Z9002　(B)JISZ 9006　(C)JIS Z9008　(D)MIL－STD－105D。

14.OC 曲線控制的重點在肩部者爲何型抽樣檢驗　(A)規準型　(B)選別型　(C)調整型　(D)連續生產型。

15.有關 MIL－SID－105D 計數值抽樣表，對 AQL 值之訂定，一般而言，製品結構愈複雜，AQL 要　(A)愈大　(B)愈小　(C)不變　(D)視情況而定。

16.承上題，製品檢查項目愈少，則 AQL　(A)愈大　(B)愈小　(C)不變　(D)視情況而定。

17.MIL－STD－105D，一般皆採用 Ⅱ 水準，但須較高判斷力時，採用　(A)Ⅰ　(B)Ⅲ　(C)Ⅱ　(D)不一定。

18.JISZ9008適用於何種檢驗　(A)定期採購之抽樣　(B)少量貨品之檢驗　(C)破壞性實驗　(D)以上皆非。

19.假設製程不良率 P 爲0.05，採用選別型檢驗時 ATI 爲若干？　(A)272　(B)391　(C)454　(D)以上皆非（ 已知 $P_a＝0.125, N＝1000, n＝100$ ）。

20.有以下各叙述(1)規準型抽樣檢驗在 OC 曲線上是控制肩部及尾部與中間部分(2)選別型檢驗是控制肩部(3)調整型檢驗是控制肩

部(4)連續型只控制中間部位，上列幾點，可者正確？　(A)1，2
(B)3，4　(C)1，3　(D)以上皆非。

21.計量檢驗比計數檢驗較佳之處在　(A)檢驗人員偏好計量檢驗
(B)計量檢驗可獲得的資訊較多　(C)計量檢驗較易計算　(D)以上
皆非。

22.單次抽樣計劃 $n = 100$，$c = 2$，若送驗批之批量 $N = 1000$，不
良率 1.5%，則　(A)允收機率為何？　(B)平均出廠品質
（AOQ）為何？　(C)平均總檢驗件數（ATI）為何？

23.有一雙次抽樣計劃，$N = 1000, n_1 = 30, C_1 = 0$ 及 $u_2 = 60, C_2 = 2$，
當送驗批不良率為0.01時，試求　(A)第一次允收機率　(B)第二
次允收機率　(C)平均總檢驗件數（ATI）？

24.試說明計數值規準型抽樣檢驗之原理、使用場合、控制重點及
抽樣表？

25.試說明計數值選別型抽樣檢驗之原理、使用場合、控制重點及
抽樣表？

26.試說明計數值調整型抽樣檢驗之原理、使用場合、控制重點及
抽樣表？

27.試說明計數值連續型抽樣檢驗之原理、使用場合、控制重點及
抽樣表？

28.試述 MIL－STD－105E 計數值抽樣表之 AQL 值訂定原則？

29.試述 MIL－STD－105E 表檢驗水準及嚴格程度之調整原則？

30.試以 JIS Z9002表，求下列規定之抽樣計劃：

(1)$P_0 = 0.8\%, \alpha = 0.05, P_1 = 5.5\%, \beta = 0.1$

(2)$P_0 = 1.0\%, \alpha = 0.05, P_1 = 7.6\%, \beta = 0.1$

(3)$P_0 = 1.6\%, \alpha = 0.05, P_1 = 4.0\%, \beta = 0.1$

31.試以 Dodge－Roming 表，求下列規定之單次抽樣計劃：

(1)$N = 2500, \overline{P} = 0.3\%$, LTPD $= 3.0\%$

(2)$N = 1500, \overline{P} = 0.08\%$，AOQL $= 2.0\%$

32.試以 Dodge－Roming 表求下列規定之雙次抽樣計劃：

(1)$N = 1600, \overline{P} = 0.5\%$, LTPD $= 3.0\%$

(2)$N = 650, \overline{P} = 0.25\%$, AOQL $= 2.0\%$

33.假設 $N = 3000$, AQL $= 1.0\%$，檢驗水準 II，試以 MIL－STD －105表，求：

(1)正常檢驗之單次抽樣計劃

(2)嚴格檢驗之單次抽樣計劃

(3)減量檢驗之單次抽樣計劃

34.假設 $N = 3000$, AQL $= 2.5\%$，檢驗水準 II，試以 MIL－STD －105表，求：

(1)正常檢驗之雙次抽樣計劃

(2)嚴格檢驗之雙次抽樣計劃

(3)減量檢驗之雙次抽樣計劃。

35.假設 AOQL $= 0.79\%$ 時，求 CSP－1抽樣計劃有那些 i 及 f 的 組合？

36.某工廠採用連續生產型抽樣檢驗，來驗收產品，要求品質要達 到 AOQL $= 1.5\%$, $\overline{P} = 2.5\%$ 的水準，試以 JISZ9008求其抽樣 計劃？

歷屆試題

1.道奇雷敏 Dodge－Roming 抽驗表是屬於那一類的抽驗計劃？ (A)規準型　(B)選別型　(C)調整型　(D)連續生產型。

2.美軍標準 MIL－STD－105D 之特殊檢驗水準分為幾級？　(A)

2級 (B)3級 (C)4級 (D)5級。

3. 下列敘述何者為眞？ (A)雙次抽樣驗收計劃必須作二次抽樣，方能決定批貨是否接受 (B)雙次抽樣驗收計劃之平均抽樣次數比單次抽樣計劃為少 (C)美軍標準 MIL – STD – 105D 是美軍用來作計量值之驗收計劃 (D)於逐次抽樣驗收計劃，每抽一件後，可能採取決定有三種可能。

4. 若送驗批之批量 N＝1000，採用之單次抽驗計劃之樣本大小 n＝100，規定被拒收之批施100％檢驗，將發現不良品剔出，以良品換補，而樣本中所發現之不良品亦須剔出，以良品換補，假定當送驗批不良率為0.05時，允收機率為0.12，試問 AOQ 為何？ (A)0.00594 (B)0.00789 (C)0.00897 (D)0.00314。

5. AOQ 出線表示 (A)最大品質 (B)相關於未來出廠產品品質之平均出廠品質 (C)確實品質水準 (D)好品質。

6. 視賣方品質的好壞，將檢驗的嚴格度可調整加嚴或減量時，應採用何型的抽樣計劃？ (A)逐次抽樣 (B)選別型 (C)規準型 (D)ABC – STD – 105。

7. 不合格的批進行全數檢驗，其中的不良品以良品交換使檢驗後的平均品質抑制在一定的水準為 (A)逐次抽樣 (B)選別型 (C)規準型 (D)ABC – STD – 105。

8. 抽樣計劃的 OC 曲線愈陡峭時，表示該計劃 (A)樣本數愈少 (B)AQL 愈低 (C)對生產者與消費者愈不具保護的作用 (D)對生產者與消費者愈具保護作用。

9. 可唯一決定單次抽樣計劃的二個數量為 (A)AOQL 與 LTPD (B)AQL 與 LTPD (C)生產者冒險率 α 與消費者冒險率 β (D)樣本數 n 與拒絕或允收的判定值 C。

第八章

計量值抽樣檢驗

前章所探討的計數值抽樣檢驗，是以產品區分爲良品或不良品來加以判定允收或拒收，是較常用之抽樣檢驗，是屬於二項或卜瓦松分配，本章所要探討的是計量值抽樣檢驗，是測定產品的品質特性，並求得產品特性之平均品質（樣本平均數）及變異程度（樣本標準差）來推斷送驗批之品質，以作爲判定合格與不合格之基礎，是以常態分配爲基礎。

規準型抽樣計劃—JIS Z9003表，JIS Z9004表

JIS Z9003表

　　JIS Z9003抽樣計劃是應用在計量規準型單次抽樣檢驗，此抽樣計劃適用於產品特性呈常態分配且標準差 σ 已知的情況，主要的功用是爲保証下列兩種品質標準而設計。

　　以下針對保証送驗批的平均值、保証送驗批的不良率兩種抽樣計劃的作法，分述如下：

保証送驗批平均值之步驟

1.決定品質特性及測定方法。

2.指定 m_0，m_1：

　　m_0：儘可能判爲合格的群體平均值。

　　m_1：儘可能判爲不合格的群體平均值。

3.決定批量。

4.指定送驗批的標準差 σ。

5.決定係數 G_0 及樣本數 n。

　　(1)當 $m_0 < m_1$ 時（特性值愈低愈好時）

①計算$\dfrac{m_1 - m_0}{\sigma}$ $\xrightarrow{\text{查（表8-1）}}$ $<\dfrac{n}{G_0}$ $\xrightarrow[\text{判定值}]{\text{計算上限合格}}$ $\overline{X_u} = m_0$

$+ G_0\sigma$。

②根據 n 及 $\overline{X_U}$ 檢討檢驗費用，若認為不適當，則修正

m_0 及 m_1 重新求 n 及 $\overline{X_u}$，直到適當為止。

(2)當 $m_0 > m_1$ 時（特性值愈高愈好時）

①計算$\dfrac{m_0 - m_1}{\sigma}$ $\xrightarrow{\text{查（表8-1）}}$ $<\dfrac{n}{G_0}$ $\xrightarrow[\text{判定值}]{\text{計算下限合格}}$ $\overline{X_L} = m_0$

$+ G_0\sigma$。

②根據 n 及 $\overline{X_L}$，檢討檢驗費用，若認為不適當，則修

正 m_0 及 m_1，重新求 n 及 $\overline{X_L}$，直到適當為止。

6.抽取樣本。

7.測定樣本特性值 X 並計算平均數 $\overline{X}$。

8.判定送驗批合格或不合格。

  (1)當 $m_0 < m_1$ 時：

  $\overline{X} \leqslant \overline{X_U}$ 時，判定該批為合格。

  $\overline{X} > \overline{X_U}$ 時，判定該批為不合格。

  (2)當 $m_0 > m_1$ 時：

  $\overline{X} \geqslant \overline{X_L}$ 時，判定該批為合格。

  $\overline{X} < \overline{X_L}$ 時，判定該批為不合格。

〈範題〉某化學產品之純度呈常態分配（純度愈高愈好），若純度

平均值在90％以上為合格，平均值在85％以下不合格，已

知標準差為5％，$\alpha = 0.05$，$\beta = 0.1$，試利用 JIS Z9003

表，求出樣本數 n 及下限合格判定值$\overline{X_L}$？

〈解〉$m_0 = 90\%$，$m_1 = 85\%$，$\sigma = 5\%$

$$\frac{m_0 - m_1}{\sigma} = \frac{90\% - 85\%}{5\%} = 1$$

查（表8-1）得 $n = 9$，$G_0 = 0.548$

$$\overline{X_L} = m_0 - G_0\sigma = 90\% - 0.548 \times 5\%$$

$$= 87.26\%$$

表8-1　JIS Z9003計量值單次抽樣檢驗表 σ 已知

平均數管制型（$\alpha \doteq 0.05$　$\beta \doteq 0.10$）

$\dfrac{|m_1 - m_0|}{\sigma}$	n	G_0
2.069以上	2	1.163
1.690～2.068	3	0.950
1.463～1.689	4	0.822
1.309～1.462	5	0.736
1.195～1.308	6	0.672
1.106～1.194	7	0.622
1.035～1.105	8	0.582
0.975～1.034	9	0.548
0.925～0.974	10	0.520
0.882～0.924	11	0.496
0.845～0.881	12	0.475
0.812～0.844	13	0.456
0.772～0.811	14	0.440
0.756～0.771	15	0.425
0.732～0.755	16	0.411
0.710～0.731	17	0.399
0.690～0.709	18	0.383
0.671～0.689	19	0.377
0.654～0.670	20	0.368
0.585～0.653	25	0.329
0.534～0.584	30	0.300
0.495～0.533	35	0.278
0.463～0.494	40	0.260
0.436～0.462	45	0.245
0.414～0.435	50	0.233

〈範題〉某茶類飲料含咖啡因之濃度呈常態分配（咖啡因含量愈少愈好）若咖啡因含量在4％以下為合格，在4.5％以上為不合格，試利用 JIS Z9003表，求樣本數 n 及上限合格判定值$\overline{X_u}$，（已知 $\sigma=0.3\%$，$\alpha=0.05$，$\beta=0.1$）？

〈解〉$m_0=4\%$，$m_1=4.5\%$，$\sigma=0.3\%$

查（表8-1）得 $n=4$，$G_0=0.822$

$\overline{X_u}=m_0+G_0\sigma$

$\quad=4\%+0.822\times0.3\%$

$\quad=4.25\%$

保証送驗批不良率之步驟

1.決定品質特性及測定方法。

2.指定 P_0，P_1：

P_0：儘可能判為合格群體的最大不良率。

P_1：儘可能判為不合格群體的最小不良率。

3.決定批量。

4.指定送驗批標準差 σ。

5.決定係數 K 及樣本數 n。

　⑴當指定上限規格 S_u 時：

利用 P_0，P_1查（表8-2）$<\genfrac{}{}{0pt}{}{n}{k}$ 計算上限合格判定值 $\longrightarrow$ $\overline{X_u}=S_u-k\sigma$。

　⑵當指定下限規格 S_L 時：

利用 P_0，P_1查（表8-2）$<\genfrac{}{}{0pt}{}{n}{k}$ 計算下限合格判定值 $\longrightarrow$ $\overline{X_L}=S_L+k\sigma$。

6.抽取樣本。

7.測定樣本特性值 X，並計算平均數 $\overline{X}$。

8.判定送驗批合格或不合格。

(1)當指定上限規格 S_u 時：

$\overline{X} \leqslant \overline{X_u}$時，判定該批為合格。

$\overline{X} > \overline{X_u}$時，判定該批為不合格。

(2)當指定下限規格 S_L 時：

$\overline{X} \geqslant \overline{X_L}$時，判定該批為合格。

$\overline{X} < \overline{X_L}$時，判定該批為不合格。

(3)當同時指定上限規格 S_u 及下限規格 S_L 時，首先必須計算$\dfrac{S_u - S_L}{\sigma}$之值，然後與（表8-3）之相比較，若比查表值大，此法才可適用，其判定方法為：

$\overline{X_L} \leqslant \overline{X} \leqslant \overline{X_u}$時，判定該批為合格。

$\overline{X} < \overline{X_L}$ 或 $\overline{X} > \overline{X_u}$時，判定該批為不合格。

〈範題〉某鋼品內徑上限規格 S_u 為50mm，下限規格 S_L 為45mm，$P_0 = 1\%$，$P_1 = 4\%$，已知標準差 $\sigma = 0.5$，$\alpha = 0.05$，$\beta = 0.1$，試求樣本數 n 及上、下限合格判定值。

〈解〉$\dfrac{S_u - S_L}{\sigma} = \dfrac{50 - 45}{0.5} = 10$

查（表8-3）$P_0 = 1\%$時，$\dfrac{S_u - S_L}{\sigma}$之值為6.4，10＞6.4故可適用

查（表8-2）$P_0 = 1\%$，$P_1 = 4\%$，得 $n = 26$，$k = 2$

$\overline{X_U} = S_u - k\sigma = 50 - 2 \times 0.5 = 49$

$\overline{X_L} = S_L + k\sigma = 45 + 2 \times 0.5 = 46$

表8-2 JIS Z9003 不良率型計量值型單次抽樣檢驗表

σ已知(從 P_0, P_1 查 n, k)

P_0(%) 代表值	P_0 範圍	0.80 / 0.71~0.90	1.00 / 0.91~1.12	1.25 / 1.13~1.40	1.60 / 1.41~1.80	2.00 / 1.81~2.24	2.50 / 2.25~2.80	3.15 / 2.81~3.55	4.00 / 3.56~4.50	5.00 / 4.51~5.60	6.30 / 5.61~7.10	8.00 / 7.11~9.00	10.00 / 9.01~11.2	12.5 / 11.3~14.0
0.100	0.090~0.112	$18^{2.71}$	$15^{2.66}$	$12^{2.61}$	$10^{2.56}$	$8^{2.51}$	$7^{2.46}$	$6^{2.40}$	$5^{2.34}$	$4^{2.28}$	$4^{2.30}$	$3^{2.14}$	$3^{2.08}$	$2^{1.99}$
0.125	0.113~0.140	$23^{2.68}$	$18^{2.63}$	$14^{2.58}$	$10^{2.53}$	$9^{2.48}$	$8^{2.43}$	$6^{2.37}$	$5^{2.31}$	$5^{2.25}$	$4^{2.19}$	$3^{2.11}$	$3^{2.05}$	$2^{1.96}$
0.160	0.141~0.180	$29^{2.64}$	$22^{2.60}$	$17^{2.55}$	$13^{2.50}$	$11^{2.45}$	$9^{2.39}$	$7^{2.35}$	$6^{2.28}$	$5^{2.22}$	$4^{2.15}$	$4^{2.09}$	$3^{2.01}$	$3^{1.94}$
0.200	0.181~0.224	$39^{2.61}$	$28^{2.57}$	$21^{2.52}$	$16^{2.47}$	$13^{2.42}$	$10^{2.36}$	$8^{2.30}$	$7^{2.25}$	$6^{2.19}$	$5^{2.12}$	$4^{2.05}$	$3^{1.98}$	$3^{1.91}$
0.250	0.225~0.280	*	$37^{2.54}$	$27^{2.49}$	$20^{2.44}$	$15^{2.38}$	$12^{2.33}$	$10^{2.28}$	$8^{2.21}$	$6^{2.15}$	$5^{2.09}$	$4^{2.02}$	$4^{1.95}$	$3^{1.87}$
0.315	0.271~0.355	*	*	$36^{2.46}$	$25^{2.40}$	$19^{2.35}$	$14^{2.30}$	$11^{2.24}$	$9^{2.18}$	$7^{2.12}$	$6^{2.06}$	$5^{1.99}$	$4^{1.92}$	$3^{1.84}$
0.400	0.356~0.450	*	*	*	$33^{2.37}$	$24^{2.32}$	$18^{2.26}$	$14^{2.21}$	$11^{2.15}$	$8^{2.08}$	$7^{2.02}$	$6^{1.95}$	$5^{1.89}$	$4^{1.81}$
0.500	0.451~0.560	*	*	*	$46^{2.33}$	$31^{2.28}$	$23^{2.23}$	$17^{2.17}$	$13^{2.11}$	$10^{2.05}$	$8^{1.99}$	$6^{1.92}$	$5^{1.85}$	$4^{1.77}$
0.630	0.561~0.710	*	*	*	*	$44^{2.25}$	$30^{2.19}$	$21^{2.09}$	$15^{2.08}$	$12^{2.02}$	$9^{1.95}$	$7^{1.89}$	$6^{1.81}$	$5^{1.74}$
0.800	0.711~0.900	*	*	*	*	*	$42^{2.16}$	$28^{2.10}$	$20^{2.04}$	$15^{1.98}$	$11^{1.91}$	$8^{1.84}$	$7^{1.78}$	$5^{1.70}$
1.00	0.901~1.12	*	*	*	*	*	*	$38^{2.06}$	$26^{2.00}$	$18^{1.94}$	$14^{1.88}$	$10^{1.81}$	$8^{1.74}$	$6^{1.66}$
1.25	1.13~1.40	*	*	*	*	*	*	*	$36^{1.97}$	$24^{1.91}$	$17^{1.84}$	$12^{1.77}$	$9^{1.70}$	$7^{1.63}$
1.60	1.41~1.80			*	*	*	*	*	*	$34^{1.86}$	$23^{1.80}$	$16^{1.73}$	$12^{1.66}$	$9^{1.59}$
2.00	1.81~2.24				*	*	*	*	*	*	$31^{1.76}$	$20^{1.69}$	$14^{1.62}$	$10^{1.54}$
2.50	2.25~2.80					*	*	*	*	*	$46^{1.72}$	$28^{1.65}$	$19^{1.58}$	$13^{1.50}$
3.15	2.81~3.55											$42^{1.60}$	$26^{1.53}$	$17^{1.46}$
4.00	3.56~4.50												$39^{1.49}$	$24^{1.41}$
5.00	4.51~5.60												*	$35^{1.37}$
6.30	5.61~7.10													*

表8-3　$\dfrac{S_u - S_L}{\sigma}$ 與 P_0% 之對照表

P_0（ % ）	$\dfrac{S_u - S_L}{\sigma}$	P_0（ % ）	$\dfrac{S_u - S_L}{\sigma}$
0.1	7.9	1.5	6.0
0.15	7.7	2.0	5.8
0.2	7.5	3.0	5.55
0.3	7.2	5.0	5.0
0.5	6.9	7.0	4.7
0.7	6.6	10.0	4.3
1.0	6.4	15.0	4.8

JIS Z9004表

　　JIS Z9004抽樣計劃亦是計量規準型單次抽樣檢驗，其用法與 JIS Z9003類似，唯一不同的是 JIS Z9003抽樣表是在標準差已知的情況下使用，而 JIS Z9004抽樣表係在標準差未知的情況下，以樣本標準差 $S = \sqrt{\dfrac{\sum (x_i - \bar{x})^2}{n-1}}$ 來代替，其抽樣計劃之使用方法如下：

　　1.決定品質特性及測定方法。

　　2.指定 P_0，P_1：

　　　P_0：合格批的最大不良率。

　　　P_1：不合格批的最小不良率。

　　3.利用 P_0，P_1查（表8-4）得樣本數 n 及合格判定數 K。

　　4.依樣本數 n 抽取樣本

　　5.測定樣本特性質並計算樣本平均數 $\bar{X}$ 及樣本標準差 S。

　　6.判定送驗批合格或不合格。

　　　(1)指定規格上限 S_u 時：

$\overline{X} + KS \leqslant S_u$ 時，判定該批爲合格。

$\overline{X} + KS > S_u$ 時，判定該批爲不合格。

⑵指定規格不限 S_L 時：

$\overline{X} - KS \geqslant S_L$ 時，判定該批爲合格。

$\overline{X} - KS < S_L$ 時，判定該批爲不合格。

〈範題〉某工廠生產鋼管其外徑規格上限 S_u 爲32mm，若外徑規格超過32mm 的產品在0.3%以下時，判定該批爲合格，若外徑規格超過32mm 的產品在4.2%以上時，則判定該批爲不合格，若此鋼管外徑尺寸呈常態分配，試以 $\alpha = 0.05$，$\beta = 0.10$ 之 JIS Z9004抽樣表，求抽樣計劃（n，k）。

〈解〉 $\left.\begin{array}{l} P_0 = 0.3\% \\ P_1 = 4.2\% \end{array}\right\} \xrightarrow{\text{查（表8-4）}}$ 得 n = 28，k = 2.17

表8-4 JIS Z9004不良率基準型計量值單次抽樣檢驗表

σ未知（由 P_0，P_1 查 n，k）$\alpha \fallingdotseq 0.05$ $\beta \fallingdotseq 0.10$

P_0	0.1		0.15		0.2		0.3		0.5		0.7		1.0		1.5		2.0		3.0		5.0		7.0	
n	P1	k	P1	k	P1	k	P1	k	P1	k	P1	k	P1	k	P1	k	P1	k	P1	k	P1	k	P1	k
5	21.0	1.81	22.0	1.73	24.0	1.66	25.0	1.57	28.0	1.45	30.0	1.37	32.0	1.28	35.0	1.18	38.0	1.08						
6	17.0	1.90	18.0	1.82	19.0	1.75	21.0	1.65	24.0	1.53	25.0	1.44	27.0	1.35	30.0	1.25	33.0	1.15	36.0	1.02				
7	14.0	1.97	15.0	1.89	16.0	1.82	19.0	1.72	20.0	1.59	22.0	1.51	24.0	1.41	26.0	1.31	29.0	1.20	33.0	1.08	38.0	0.89		
8	12.0	2.02	13.0	1.95	14.0	1.87	16.0	1.77	17.0	1.64	20.0	1.56	22.0	1.46	24.0	1.36	27.0	1.25	30.0	1.12	35.0	0.93	39.0	0.80
9	10.0	2.07	11.0	2.00	12.0	1.92	14.0	1.82	15.0	1.69	18.0	1.60	20.0	1.50	22.0	1.40	25.0	1.29	28.0	1.16	33.0	0.97	37.0	0.83
10	9.0	2.12	9.7	2.04	11.0	1.96	12.0	1.86	14.0	1.73	16.0	1.64	18.0	1.54	20.0	1.43	23.0	1.32	26.0	1.19	31.0	1.00	35.0	0.86
11	7.7	2.16	8.6	2.08	9.6	1.99	11.0	1.89	13.0	1.76	15.0	1.68	16.0	1.57	19.0	1.46	21.0	1.35	24.0	1.22	29.0	1.02	33.0	0.88
12	6.9	2.19	7.7	2.11	8.7	2.02	10.0	1.92	12.0	1.79	13.5	1.71	15.0	1.60	18.0	1.49	20.0	1.38	23.0	1.24	28.0	1.05	32.0	0.90
13	6.2	2.22	7.0	2.14	8.0	2.05	9.2	1.95	11.2	1.81	12.6	1.73	14.0	1.62	16.4	1.51	19.0	1.40	22.0	1.26	27.0	1.07	31.0	0.92
14	5.7	2.24	6.4	2.16	7.4	2.08	8.5	1.97	10.4	1.83	11.7	1.75	13.4	1.64	15.5	1.53	18.3	1.42	21.0	1.28	26.0	1.08	30.0	0.94
15	5.2	2.27	5.9	2.18	6.8	2.10	7.9	1.99	9.7	1.85	11.1	1.77	12.7	1.66	14.7	1.55	17.5	1.44	20.0	1.30	25.0	1.10	29.0	0.96
16	4.8	2.29	5.5	2.20	6.3	2.12	7.4	2.01	9.1	1.87	10.6	1.78	12.1	1.68	14.0	1.57	16.8	1.45	19.3	1.32	24.2	1.11	28.1	0.97
17	4.5	2.31	5.1	2.22	5.9	2.14	7.0	2.03	8.6	1.89	9.9	1.80	11.5	1.70	13.4	1.58	16.1	1.47	18.6	1.33	23.4	1.13	27.3	0.99
18	4.2	2.33	4.8	2.24	5.6	2.16	6.6	2.05	8.2	1.91	9.4	1.82	11.0	1.71	12.9	1.60	15.5	1.48	18.0	1.34	22.4	1.14	26.7	1.00
19	3.9	2.35	4.5	2.26	5.3	2.18	6.2	2.07	7.8	1.93	9.0	1.83	10.6	1.73	12.4	1.61	14.9	1.50	17.4	1.35	22.1	1.15	26.1	1.01
20	3.7	2.36	4.2	2.28	5.0	2.19	5.9	2.09	7.5	1.94	8.6	1.85	10.2	1.74	11.9	1.62	14.4	1.51	16.9	1.36	21.5	1.16	25.5	1.02
21	3.5	2.38	4.0	2.30	4.7	2.21	5.6	2.10	7.2	1.95	8.3	1.86	9.8	1.75	11.5	1.63	14.0	1.52	16.4	1.37	21.0	1.17	24.9	1.03
22	3.3	2.39	3.8	2.31	4.5	2.22	5.3	2.11	6.9	1.97	8.0	1.87	9.4	1.76	11.1	1.64	13.6	1.53	15.9	1.38	20.5	1.18	24.3	1.04
23	3.1	2.40	3.6	2.32	4.3	2.23	5.1	2.12	6.6	1.98	7.7	1.88	9.1	1.77	10.8	1.65	13.2	1.54	15.5	1.39	20.1	1.19	23.8	1.05
24	3.0	2.41	3.4	2.33	4.1	2.24	4.9	2.13	6.3	1.99	7.4	1.89	8.8	1.78	10.5	1.66	12.9	1.55	15.1	1.40	19.7	1.20	23.4	1.06
25	2.8	2.42	3.3	2.34	3.9	2.25	4.7	2.14	6.1	2.00	7.1	1.90	8.5	1.79	10.2	1.67	12.6	1.56	14.8	1.41	19.3	1.21	23.0	1.06

續表 8-4-1 JIS Z9004 不良率型計量值單次抽樣檢驗表

σ未知(由 P₀,P₁ 查 n,k)α≒0.05 β≒0.10

P₀ \ n	0.1 P1	0.1 k	0.15 P1	0.15 k	0.2 P1	0.2 k	0.3 P1	0.3 k	0.5 P1	0.5 k	0.7 P1	0.7 k	1.0 P1	1.0 k	1.5 P1	1.5 k	2.0 P1	2.0 k	3.0 P1	3.0 k	5.0 P1	5.0 k	7.0 P1	7.0 k
26	2.7	2.43	3.2	2.35	3.7	2.26	4.5	2.15	5.9	2.01	6.9	1.91	8.3	1.80	9.9	1.68	12.3	1.57	14.5	1.42	18.9	1.22	22.6	1.07
27	2.6	2.44	3.1	2.36	3.6	2.27	4.3	2.16	5.7	2.02	6.7	1.92	8.1	1.81	9.6	1.69	12.0	1.58	14.2	1.43	18.5	1.22	22.3	1.08
28	2.5	2.45	3.0	2.37	3.5	2.28	4.2	2.17	5.5	2.02	6.5	1.93	7.9	1.82	9.4	1.70	11.7	1.58	13.9	1.43	18.2	1.23	22.0	1.08
29	2.4	2.46	2.9	2.38	3.4	2.29	4.1	2.18	5.3	2.03	6.3	1.93	7.7	1.82	9.2	1.71	11.4	1.59	13.6	1.44	17.9	1.23	21.7	1.09
30	2.3	2.47	2.8	2.39	3.3	2.30	4.0	2.19	5.1	2.04	6.1	1.94	7.5	1.83	9.0	1.71	11.2	1.60	13.4	1.45	17.7	1.24	21.4	1.09
35	1.9	2.52	2.3	2.43	2.7	2.34	3.4	2.22	4.6	2.07	5.6	1.97	6.7	1.86	8.1	1.74	9.9	1.61	12.3	1.48	16.5	1.27	20.1	1.11
40	1.7	2.55	2.0	2.46	2.4	2.37	3.3	2.25	4.1	2.10	5.0	2.00	6.1	1.89	7.5	1.77	9.1	1.65	11.5	1.50	15.4	1.29	19.0	1.14
45	1.5	2.58	1.8	2.49	2.2	2.39	2.8	2.28	3.8	2.13	4.6	2.02	5.7	1.91	6.9	1.79	8.5	1.67	10.8	1.52	14.7	1.31	18.2	1.16
50	1.3	2.60	1.6	2.51	2.0	2.41	2.5	2.30	3.5	2.15	4.2	2.04	5.3	1.93	6.5	1.81	8.1	1.69	10.3	1.54	14.1	1.33	17.5	1.17
55	1.2	2.62	1.5	2.53	1.8	2.43	2.3	2.32	3.3	2.17	3.9	2.06	4.9	1.95	6.2	1.83	7.7	1.70	9.8	1.55	13.6	1.34	16.9	1.19
60	1.1	2.64	1.4	2.55	1.7	2.45	2.2	2.34	3.1	2.19	3.7	2.08	4.7	1.96	5.9	1.84	7.7	1.72	9.4	1.56	13.1	1.35	16.4	1.20
65	1.0	2.66	1.3	2.57	1.6	2.47	2.1	2.35	2.9	2.20	3.5	2.09	4.5	1.97	5.6	1.85	7.0	1.73	9.1	1.57	12.7	1.36	16.0	1.21
70	1.0	2.67	1.2	2.58	1.5	2.48	2.0	2.36	2.7	2.21	3.3	2.10	4.3	1.98	5.4	1.86	6.7	1.74	8.8	1.58	12.3	1.37	15.6	1.22
75	0.9	2.68	1.1	2.59	1.4	2.49	1.9	2.37	2.6	2.22	3.2	2.11	4.1	1.99	5.2	1.87	6.5	1.75	8.5	1.59	12.0	1.38	15.2	1.23
80	0.9	2.68	1.1	2.60	1.4	2.50	1.8	2.38	2.5	2.23	3.1	2.12	3.9	2.00	5.0	1.88	6.3	1.76	8.3	1.60	11.7	1.39	14.9	1.23
85	0.8	2.70	1.0	2.61	1.3	2.51	1.7	2.39	2.4	2.24	3.0	2.13	3.8	2.01	4.8	1.89	6.1	1.77	8.1	1.61	11.4	1.39	14.6	1.24
90	0.8	2.71	1.0	2.62	1.2	2.52	1.6	2.40	2.3	2.25	2.9	2.14	3.7	2.02	4.7	1.90	5.9	1.77	7.9	1.62	11.2	1.40	14.3	1.24
95	0.7	2.72	0.9	2.63	1.1	2.53	1.6	2.41	2.2	2.26	2.8	2.15	3.6	2.03	4.6	1.91	5.7	1.78	7.7	1.63	11.0	1.41	14.0	1.25
100	0.7	2.73	0.9	2.64	1.1	2.54	1.5	2.42	2.2	2.26	2.7	2.16	3.5	2.04	4.5	1.92	5.6	1.79	7.5	1.63	10.8	1.42	13.8	1.26

調整型抽樣計劃—MIL－STD－414表

　　MIL－STD－414抽樣表與 MIL－STD－105E 抽樣表同屬於「調整型」的抽樣計劃表，前者為計量值抽樣表，後者為計數值抽樣表，MIL－STD－414抽樣表適用於品質特性為連續的數值，通常假設品質特性值具有常態分配，是以 AQL 為指標的保証方式而編製的，其與 MIL－STD－105E 抽樣表有許多共同點，分述如下：

　　1.皆依據 AQL 指標而編製。

　　2.有許多檢驗水準，MIL－STD－414表共有Ⅰ、Ⅱ、Ⅲ、Ⅳ、Ⅴ等五種檢驗水準，通常採用檢驗水準Ⅳ。

　　3.檢驗程度分為正常、嚴格和減量檢驗。

　　4.樣本代字由批量和檢驗水準來決定。

　　5.當 $\bar{P} \leqslant AQL$ 時，對生產者保護甚佳，但 $\bar{P} > AQL$ 時對消費者保護不佳，可利用嚴格檢驗來改善。

　　MIL－STD－414抽樣表，依據變異性的量度、規格形式及轉換規則可區分為各種方法，茲分別說明如下：

　　1.依據變異性之量測方式可分為：

　　　⑴標準差（σ）已知—標準差法（σ）。

　　　⑵標準差未知：

　　　　①平均全距法（$\bar{R}$）。

　　　　②估計標準差法（S）。

　　2.依據規格形式可分為：

　　　⑴單邊規格：

①形式1：不需估計批內不良率。

②形式2：需估計批內不良率。

⑵雙邊規格：

①上、下限同一個 AQL 值。

②上、下限不同一個 AQL 值。

3.依據轉換規則可分為：

①開始時採用正常檢驗。

②由正常檢驗轉為嚴格檢驗。

(a)前10批中估計之製程均數 $\bar{P}$ 大於允收品質水準 AQL 時。

(b)製程平均數 $\bar{P}$ 大於允收品質水準 AQL 之批數大於某一界限值 T 如（表8-5）。

③由正常檢驗轉為減量檢驗。

(a)前10批允收時。

(b)每批的製程平均數都小於所規定之下界限值時。

(c)生產狀態很穩定時。

④若實施減量檢驗時若有下列情形則改為正常檢驗：

(a)任一批被拒收。

(b)製程平均數 $\bar{P}$ ＞允收品質水準 AQL 時。

(c)生產狀態不正常且有所延誤時。

⑤若於實施嚴格檢驗時，若前10批之估計製程平均數 $\bar{P}$ 小於允收品質水準 AQL 時，則改為正常檢驗。

MIL－STD－414抽樣計劃共有五種不同的抽樣程序與判定方法，共有如下之優缺點：

(a)可用較少樣本獲得相同的品質保証，同時降低檢驗成本。

(b)可適用於破壞性檢驗。

(c)單件檢驗費用高。

(d)計算繁雜，不易為工廠所接受。

表8-5　嚴格檢驗時之 T 值表

樣本 大小代字	允收品質水準 AQL%														批 數
	.04	.065	.10	.15	.25	.40	.65	1.0	1.5	2.5	4.0	6.5	10.0	15.0	
B	*	*	*	*	*	*	*	*	*	*	*	*	*	*	
C	*	*	*	*	*	*	*	3 5 6	3 5 6	3 5 7	3 6 7	4 7 9	4 7 9	4 7 10	5 10 15
D	*	*	*	*	*	*	3 4 6	3 5 6	3 5 6	4 6 8	4 6 9	4 7 9	4 7 10	4 7 10	5 10 15
E	*	*	*	*	2 4 5	3 4 6	3 5 7	3 6 7	3 5 8	4 6 9	4 7 9	4 7 10	4 7 10	4 8 11	5 10 15
G	3 4 6	3 4 6	3 5 7	3 5 7	3 6 7	4 6 8	4 6 9	4 7 9	4 7 10	4 7 10	4 7 10	4 8 11	4 8 11		5 10 15
H	3 5 6	3 5 7	3 6 7	3 6 8	4 6 9	4 7 9	4 7 10	4 7 10	4 7 10	4 7 11	4 8 11	4 8 11	4 8 11		5 10 15
I	3 5 7	4 6 8	4 6 8	4 6 8	4 6 9	4 7 9	4 7 9	4 7 9	4 7 10	4 7 10	4 8 11	4 8 11	4 8 11	4 8 11	5 10 15
J	3 6 8	4 6 8	4 6 8	4 6 8	4 6 9	4 7 9	4 7 9	4 7 10	4 7 10	4 7 10	4 7 10	4 8 11	4 8 11	4 8 11	5 10 15
K	4 6 8	4 6 8	4 6 9	4 6 9	4 7 9	4 7 9	4 7 9	4 7 10	4 7 10	4 7 10	4 7 10	4 8 11	4 8 11	4 8 11	5 10 15
L	4 6 8	4 6 9	4 6 9	4 7 9	4 7 9	4 7 10	4 7 10	4 7 10	4 7 10	4 8 11	4 8 11	4 8 11	4 8 11	4 8 11	5 10 15
M	4 6 9	4 7 9	4 7 9	4 7 9	4 7 10	4 7 10	4 7 10	4 7 10	4 8 11	4 8 11	4 8 11	4 8 11	4 8 11	4 8 11	5 10 15
N	4 7 9	4 7 9	4 7 10	4 7 10	4 7 10	4 7 10	4 7 10	4 8 11	4 8 11	4 8 11	4 8 11	4 8 11	4 8 11	4 8 11	5 10 15

表8-6　AQL 轉換表

AQL 值在此範圍時	採用下列之 AQL 值
≤0.049	0.04
0.050～0.069	0.065
0.070～0.109	0.10
0.110～0.164	0.15
0.165～0.279	0.25
0.280～0.439	0.40
0.440～0.699	0.65
0.700～1.09	1.0
1.10～1.64	1.5
1.65～2.79	2.5
2.80～4.39	4.0
4.40～6.99	6.8
7.00～10.9	10.0
11.00～16.4	15.0

表8-7　樣本代字表

批　　量 N	檢驗水準				
	I	II	III	IV	V
3～8	B	B	B	B	C
9～15	B	B	B	B	D
16～25	B	B	B	C	E
26～40	B	B	B	D	F
41～65	B	B	C	E	G
66～110	B	B	D	F	H
111～180	B	C	E	G	I
181～300	B	D	F	H	J
301～500	C	E	G	I	K
501～800	D	F	H	I	L
801～1,300	E	G	I	K	L
1,301～3,200	F	H	I	L	M
3,201～8,000	G	I	L	M	N
8,001～22,000	H	J	M	N	O
22,001～110,000	I	K	N	O	P
110,001～550,000	I	K	O	P	Q
550,001以上	I	K	P	Q	Q

MIL－STD－414抽樣表之檢驗步驟如下：

    1.決定測量方法。

    2.決定品質基準。

    3.指定 AQL。

    4.找出 AQL 代表值。

    5.決定檢驗水準與檢驗程度。

    6.以批量及檢驗水準查出樣本代字。

    7.查表得 n,k 或 M 值。

    8.抽取樣本，並測量其品質特性。

    9.計算規格判定值（ T_u , T_L , Q_u , Q_L ，並查表得 P_u , P_L ）。

    10.判定送驗批品質，合格允收，否則拒收。

以下分別以範題說明九種不同形式的抽樣計劃及判定方法：

一、未知標準差（σ），以樣本標準差 S 估計，單邊規格界限：

規則 形式 規格界限	判定規則			
	形式1	形式2	形式1	形式2
指定規格上限	$T_u = \dfrac{U-\overline{X}}{S}$	$Q_u = \dfrac{U-\overline{X}}{S}$	$T_u \geq k$ 允收 $T_u < k$ 拒收	$P_u \leq M$ 允收 $P_u > M$ 拒收
指定規格下限	$T_L = \dfrac{\overline{X}-L}{S}$	$Q_L = \dfrac{\overline{X}-L}{S}$	$T_L \geq K$ 允收 $T_L < K$ 拒收	$P_L \leq M$ 允收 $P_L > M$ 拒收

〈範題〉某產品之熔點呈常態分配，現有100個產品送請檢驗，已知為正常檢驗，檢驗水準Ⅳ，AQL＝1％，試求樣本數 n 及係數 K。

〈解〉N＝100，檢驗水準Ⅳ查（表8−6,8−7,8−8−1），得 n＝10，K＝1.72

〈範題〉承上題，已知規格下限爲249℃，今抽出10個樣本之測量值，分別爲256,254,248,247,251,250,247,252,253,249，試判定此批產品是否允收或拒收？

〈解〉(1)形式1—不需估計批內不良率：

$$\overline{X} = \frac{256+254+248+247+251+250+247+252+253+249}{10}$$

$$=250.7$$

$$S=\sqrt{\frac{(256-250.7)^2+\cdots\cdots+(249-250.7)^2}{10-1}}=3.057$$

$$T_L=\frac{\overline{X}-L}{S}=\frac{250.7-249}{3.057}=0.556$$

由上題得知 $K=1.72>0.556=T_L$

∴此批拒收

(2)形式2—需估計批內不良率：

$$Q_L=\frac{\overline{X}-L}{S}=\frac{250.7-249}{3.057}=0.556\doteqdot0.56$$

由 $Q_L=0.56, n=10$

查（表8-9-1）得 $P_L=29.29\%$

由 $n=10, AQL=1\%$

查（表8-8-4）得 $M=3.26\%$

$P_L=29.29\%>3.26\%=M$

∴此批拒收

二、未知標準差（σ），以樣本平均全距（$\overline{R}$）估計，單邊規格界限：

規格界限 \ 規則形式	判定規則			
	形式1	形式2	形式1	形式2
指定規格上限	$T_u = \dfrac{U - \overline{X}}{\overline{R}}$	$Q_u = \dfrac{(U - \overline{X})}{\overline{R}}C$	$T_u \geq k$ 允收 $T_u < k$ 拒收	$P_u \leq M$ 允收 $P_u > M$ 拒收
指定規格下限	$T_L = \dfrac{\overline{X} - L}{\overline{R}}$	$Q_L = \dfrac{(\overline{X} - L)}{\overline{R}}C$	$T_L \geq K$ 允收 $T_L < K$ 拒收	$P_L \leq M$ 允收 $P_L > M$ 拒收

〈範題〉某電器用品之電阻呈常態分配，現有100個送請檢驗，已知為正常檢驗，檢驗水準為Ⅳ，AQL＝0.4％，試求樣本數 n 及係數 K

〈解〉由 N＝100，檢驗水準Ⅳ查(表8-8-2)得 n＝10,K＝0.811

〈範題〉承上題，已知電器用品電阻之規格不得低於650歐姆，今抽出10個樣本測量值，分別為：

第一組660,672,635,673,665

第二組680,685,655,651,665

試判定此批產品能否允收？

〈解〉(1)形式1—不需估計批內不良率

$$\overline{X} = \frac{660 + 672 + 635 + 665 + 680 + 685 + 655 + 651 + 665}{10}$$

$$= 664.1$$

$$\overline{R} = \frac{（第一組全距 R_1）+（第二組全距 R_2）}{2}$$

$$= \frac{38 + 34}{2} = 36$$

（當樣本數 n≧10時，將樣本分組，分別求每組之全距 R，再求其$\overline{R}$，當樣本數 n＜10時，可直接求$\overline{R}$）

$$T_L = \frac{\overline{X} - L}{\overline{R}} = \frac{664.1 - 650}{36} \doteqdot 0.392$$

由上題得知 K＝0.811＞0.392＝T_L

∴此批拒收

(2)形式2—需估計批內不良率：

由（表8-8-5）查得 C＝2.405

$$Q_L = \frac{(\overline{X} - L)C}{\overline{R}} = \frac{(664.1 - 650) \times 2.405}{36} = 0.942$$

由 Q_L＝0.942, n＝10，查（表8-9-2）得 P_L＝17.64％

由 n＝10，AQL＝0.4％查（表8-8-5）得 M＝1.14％

P_L＝17.64％＞1.14％＝M

∴此批拒收

三、已知標準差（σ），單邊規格界限：

規則 形式 規格界限	判定規則			
	形式1	形式2	形式1	形式2
指定規格上限	$T_u = \dfrac{U - \overline{X}}{\sigma}$	$Q_u = \dfrac{(U - \overline{X})V}{\sigma}$	$T_u \geq k$ 允收 $T_u < k$ 拒收	$P_u \leq M$ 允收 $P_u > M$ 拒收
指定規格下限	$T_L = \dfrac{\overline{X} - L}{\sigma}$	$Q_L = \dfrac{(\overline{X} - L)V}{\sigma}$	$T_L \geq K$ 允收 $T_L < K$ 拒收	$P_L \leq M$ 允收 $P_L > M$ 拒收

〈範題〉某鋼材之強度呈常態分配，現有80件送請檢驗，檢驗水準Ⅳ，正常檢驗 AQL＝1.5％，試求樣本數 n 及係數 K。

〈解〉由 N＝80，檢驗水準Ⅳ查（表8-8-3）得 n＝4, K＝1.53

〈範題〉承上題，已知該產品標準差 σ＝8kg/cm²，強度之規格下限為550kg/cm²，今抽出4個樣本測量值分別為560,570,545,575，試判定此批產品能否允收？

〈解〉(1)形式1—不需估計批內不良率：

$$\overline{X} = \frac{560 + 570 + 545 + 575}{4} = 562.5$$

$$T_L = \frac{(\overline{X} - L)}{\sigma} = \frac{562.5 - 550}{8} = 1.56$$

由上題得知 $K = 1.53 < 1.56 = T_L$

∴ 此批允收

(2)形式2—需估計批內不良率：

由（表8-8-6）查得 $V = 1.155$；$M = 3.87\%$

$$Q_L = \frac{(\overline{X} - L) \times V}{\sigma} = \frac{(562.5 - 550) \times 1.155}{8} = 1.80$$

由 $Q_L = 1.80$, $n = 4$，查（表8-9-1）得 $P_L = 3.593\%$

$P_L = 3.593\% < 3.87\% = M$

∴ 此批允收

四、雙邊規格界限：

	估計標準差法(S)	平均全距法(R̄)	標準差法(σ)	判定規則
上下限同 AQL 值	$Q_u = \frac{U - \overline{X}}{S}$	$Q_u = \frac{(U - \overline{X})C}{\overline{R}}$	$Q_u = \frac{(U - \overline{X})V}{\sigma}$	$P_u + P_L \leq M$ 允收 $P_u + P_L > M$ 拒收
上、下限不同 AQL 值	$Q_L = \frac{\overline{X} - L}{S}$	$Q_L = \frac{(\overline{X} - L)C}{\overline{R}}$	$Q_L = \frac{(\overline{X} - L)V}{\sigma}$	符合下列三條件允收 否則拒收 $P_u \leq M_u$, $P_L \leq M_L$, $P \leq \max(M_u, M_L)$

〈範題〉某容器之作業溫度規定最低為150℃，最高為175℃，今有
一批80個容器送請檢驗，檢驗水準Ⅳ，正常檢驗 AQL =
1%，由（表8-6）及（表8-7）得樣本數 n = 10，經抽樣測
量得其測量值分別為：160℃,165℃,172℃,177℃,170℃,
163℃,155℃,151℃,168℃,169℃試依下列方法，判定此
批產品是否允收？

(1)未知標準差 σ，以樣本標準差 S 估計，雙邊規格界限上

下限 AQL 同為1%。

(2)未知標準差 σ，以樣本平均全距$\overline{R}$估計，雙邊規格界限，上下限 AQL 同為1%。

(3)已知標準差 $\sigma = 8$，雙邊規格界限，上、下限 AQL 同為0.65%。

(4)未知標準差 σ，以樣本標準差 S 估計，雙邊規格界限，上限 AQL＝1%，下限之 AQL＝2.5%。

(5)未知標準差 σ，以樣本平均全距$\overline{R}$估計，雙邊規格界限上限 AQL＝1%，下限之 AQL＝2.5%。

(6)已知標準差 $\sigma = 8$，雙邊規格界限，上限 AQL＝0.65%，下限 AQL＝1.5%。

〈解〉(1)$\overline{X} = \dfrac{160 + 165 + 172 + 177 + 170 + 163 + 155 + 151 + 168 + 169}{10}$

$= 165$

$S = \sqrt{\dfrac{(160 - 165)^2 + \cdots\cdots + (169 - 165)^2}{10 - 1}} = 7.94$

$Q_u = \dfrac{(U - \overline{X})}{S} = \dfrac{185 - 165}{7.94} = 2.52$

$Q_L = \dfrac{\overline{X} - L}{S} = \dfrac{165 - 150}{7.94} = 1.89$

由 $Q_u = 2.52, n = 10$，查（表8－10）得 $P_u = 0.033\%$

由 $Q_L = 1.89, n = 10$，查（表8－10）得 $P_L = 1.81\%$

$P = P_u + P_L = 0.033\% + 1.81\% = 1.843\%$

由 $n = 10, AQL = 1\%$ 查（表8－8－4）得 $M = 3.26\%$

$P = 1.843\% < 3.26\% = M$

∴此批允收

(2)將前5個數據160, 165, 172, 177, 170為第一組，$R_1 = 17$

將後5個數據163, 155, 151, 168, 169為第二組 $R_2 = 18$

$$\overline{R} = \frac{R_1 + R_2}{2} = \frac{17 + 18}{2} = 17.5$$

由（表8-8-5）查得係數 $C = 2.405$

$$Q_U = \frac{(U - \overline{X})C}{\overline{R}} = \frac{(185 - 165) \times 2.405}{17.5} = 2.75$$

$$Q_L = \frac{(\overline{X} - L)C}{\overline{R}} = \frac{(165 - 150) \times 2.405}{17.5} = 2.06$$

由 $Q_u = 2.75$，$n = 10$ 查（表8-11）得 $P_u = 0\%$

由 $Q_L = 2.06$，$n = 10$，查（表8-11）得 $P_L = 0.63\%$

$$P = P_u + P_L = 0\% + 0.63\% = 0.63\%$$

由 $n = 10$，$AQL = 1\%$ 查（表8-8-5）得 $M = 3.23\%$

$$P = 0.63\% < 3.23\% = M$$

∴ 此批允收

(3) 由（表8-8-6）查得 $V = 1.054$，$M = 1.79\%$

$$Q_u = \frac{(U - \overline{X}) \cdot V}{\sigma} = \frac{(185 - 165) \times 1.054}{8} = 2.64$$

$$Q_L = \frac{(\overline{X} - L) \cdot V}{\sigma} = \frac{(165 - 150) \times 1.054}{8} = 1.98$$

由 $Q_u = 2.64$ 查（表8-9-3）得 $P_u = 0.415\%$

由 $Q_L = 1.98$ 查（表8-9-3）得 $P_L = 2.385\%$

$$P = P_u + P_L = 0.415\% + 2.385\% = 2.80\%$$

$$P = 2.85\% > 1.79\% = M$$

∴ 此批拒收

(4) 由(1)中得知 $P_u = 0.033\%$，$P_L = 1.81\%$，$P = 1.843\%$

由（表8-8-4）得 $AQL = 1\%$ 時，$M_u = 3.26\%$

$AQL = 2.5\%$ 時 $M_L = 7.29\%$

因 $P_u = 0.033\% < 3.26\% = M_u$

$P_L = 1.81\% < 7.29\% = M_L$

$$P = 1.843\% < \max(M_u, M_L) = 7.29\%$$

∴此批允收

(5)由(2)中得 $P_u=0\%$,$P_L=0.63\%$,$P=0.63\%$

由（表8－8－5）得AQL＝1％時，$M_u=3.23\%$

AQL＝2.5％時，$M_L=7.42\%$

因$P_u=0\%<3.23\%=M_u$

$P_L=0.63\%<7.42\%=M_L$

$P_L=0.63\%<\max(M_u,M_L)=9.42\%$

∴此批允收

(6)由(3)中得知，$P_u=0.415\%$，$P_L=2.385\%$,$P=2.80\%$

由（表8－8－6）得AQL＝0.65％時，$M_U=1.79\%$

AQL＝1.5％時，$M_L=3.63\%$

因$P_u=0.415\%<1.79\%=M_u$

$P_L=2.385\%<3.63\%=M_L$

$P=2.80\%<\max(M_u,M_L)=3.63\%$

∴此批允收

表8－8－1　σ未知時，正常及加嚴檢驗計劃之主抽樣表（標準差法）

（單邊規格界限─形式1）

樣本代字	樣本大小	AQL(正常檢驗)											
		T	.10	0.15	.25	0.40	0.65	1.00	1.50	2.50	4.00	6.50	10.00
		k	k	k	k	k	k	k	k	k	k	k	k
B	3							▼	▼	1.12	.958	.765	.566
C	4						▼	1.45	1.34	1.17	1.01	.814	.617
D	5				▼	▼	1.65	1.53	1.40	1.24	1.07	.874	.675
E	7			▼	2.00	1.88	1.75	1.62	1.50	1.33	1.15	.955	.755
F	10	▼	▼	2.24	2.11	1.98	1.84	1.72	1.58	1.41	1.23	1.03	.828
G	15	2.53	2.42	2.32	2.20	2.06	1.91	1.79	1.65	1.47	1.30	1.09	.886
H	20	2.58	2.47	2.36	2.24	2.11	1.96	1.82	1.69	1.51	1.33	1.12	.917
I	25	2.61	2.50	2.40	2.26	2.14	1.98	1.85	1.72	1.53	1.35	1.14	.936
J	35	2.65	2.54	2.45	2.31	2.18	2.03	1.89	1.76	1.57	1.39	1.18	.969
K	50	2.71	2.60	2.50	2.35	2.22	2.08	1.93	1.80	1.61	1.42	1.21	1.00
L	75	2.77	2.66	2.55	2.41	2.27	2.12	1.98	1.84	1.65	1.46	1.24	1.03
M	100	2.80	2.69	2.58	2.43	2.29	2.14	2.00	1.86	1.67	1.48	1.26	1.05
N	150	2.84	2.73	2.61	2.47	2.33	2.18	2.03	1.89	1.70	1.51	1.29	1.07
P	200	2.85	2.73	2.62	2.47	2.33	2.18	2.04	1.89	1.70	1.51	1.29	1.07
		.10	.15	.25	.40	.65	1.00	1.50	2.50	4.00	6.50	10.00	
		AQL(加嚴檢驗)											

表8-8-2 σ未知時，正常及加嚴檢驗計劃之主抽樣表（全距法）

（單邊規格界限──形式1）

樣本代字	樣本大小	AQL（正常檢驗）										
		.10	.15	.25	.40	.65	1.00	1.50	2.50	4.00	6.50	10.00
		k	k	k	k	k	k	k	k	k	k	k
B	3						▼	▼	.587	.502	.401	.296
C	4					▼	.651	.598	.525	.450	.364	.276
D	5			▼	▼	6.63	.614	.565	.498	4.31	.352	.272
E	7		▼	7.02	.659	.613	.569	.525	.465	.405	.336	.266
F	10	▼	.916	.863	.811	.755	.703	.650	.579	.507	.424	.341
G	15	.999	.958	.903	8.50	.792	.738	.684	.610	.536	.452	.368
H	25	1.05	1.01	.951	.869	.835	.779	.723	.647	.571	.484	.398
I	30	1.06	1.02	.959	.904	.843	.787	.730	.654	.577	.490	.403
J	35	1.07	1.02	.964	.908	.848	.791	.734	.658	.581	.494	.406
K	40	1.08	1.04	.978	.921	.860	.803	.746	.668	.591	.503	.415
L	50	1.09	1.05	.988	.931	.893	.812	.754	.676	.598	.510	.421
M	60	1.11	1.06	1.00	.948	.885	.826	.768	.689	.610	.521	.432
N	85	1.13	1.08	1.02	.962	.899	.839	.780	.701	.621	.530	.441
O	115	1.14	1.09	1.03	.975	.911	.851	.791	.711	.631	539	.449
P	175	1.16	1.11	1.05	.994	.929	.868	.807	.726	.644	.552	.460
Q	230	1.16	1.12	1.06	.996	.931	.870	.809	.728	.646	.553	.462
		.15	.25	.40	.65	1.00	1.50	2.50	4.00	6.50	10.00	15.00
		AQL（加嚴檢驗）										

表8-8-3　σ已知時，正常及加嚴檢驗計劃之主抽樣表

（單邊規格界限——形式1）

樣本代字	AQL(正常檢驗)											
	1.00		1.50		2.50		4.00		6.50		10.00	
	n	k	n	k	n	k	n	k	n	k	n	k
B	↓		↓		↓		↓		↓		↓	
C	2	1.36	2	1.25	2	1.09	2	0.936	3	0.755	3	0.573
D	2	1.42	2	1.33	3	1.17	3	1.01	3	.825	4	.641
E	3	1.56	3	1.44	4	1.28	4	1.11	5	.919	5	.728
F	4	1.69	4	1.53	5	1.39	5	1.20	6	.991	7	797
G	6	1.78	6	1.62	7	1.45	8	1.28	9	1.07	11	.877
H	7	1.80	8	1.68	9	1.49	10	1.31	12	1.11	14	.906
I	9	1.83	10	1.70	11	1.51	13	1.34	15	1.13	17	924
J	12	1.88	14	1.75	15	1.56	18	1.38	20	1.17	24	0.964
K	17	1.93	19	1.79	22	1.61	25	1.42	29	1.21	33	0.995
L	25	1.97	28	1.84	32	1.65	36	1.46	42	1.24	49	1.03
M	33	2.00	36	1.86	42	1.67	48	1.48	55	1.26	64	1.05
N	49	2.03	54	1.89	61	1.69	70	1.51	82	1.29	95	1.07
P	65	2.04	71	1.89	81	1.70	93	1.51	109	1.29	127	1.07
	1.50		2.50		4.00		6.50		10.00			
	AQL(加嚴檢驗)											

表8-8-4 σ未知時，正常及加嚴檢驗計劃之主抽樣表（標準差法）

（單邊規格界限及形式2——單邊規格界限）

樣本代字	樣本大小	AQL(正常檢驗)											
		T	.10	.15	.25	0.40	0.65	1.00	1.50	2.50	4.00	6.50	10.00
		M	M	M	M	M	M	M	M	M	M	M	M
B	3							▼	▼	7.59	18.86	26.94	33.69
C	4						▼	1.53	5.50	10.92	16.45	22.86	29.45
D	5				▼	▼	1.33	3.32	5.83	9.80	14.39	20.19	26.56
E	7			▼	0.422	1.06	2.14	3.55	5.35	8.40	12.20	17.35	23.29
F	10	▼	▼	0.349	.716	1.30	2.17	3.26	4.77	7.29	10.54	15.17	20.74
G	15	0.186	0.312	0.503	0.818	1.13	2.11	3.05	4.31	6.56	9.46	13.71	18.94
H	20	0.228	0.365	0.544	0.846	1.29	2.05	2.95	4.09	6.17	8.92	12.99	18.03
I	25	0.250	0.380	0.511	0.877	1.29	2.00	2.86	3.97	5.97	8.63	12.75	17.51
J	35	0.264	0.388	0.535	0.847	1.23	1.87	2.68	3.70	5.57	8.10	11.87	16.65
K	50	0.250	0.363	0.503	0.789	1.17	1.71	2.49	3.45	5.20	7.61	11.23	15.87
L	75	0.228	0.330	0.467	0.720	1.07	1.60	2.29	3.20	4.87	7.15	10.63	15.13
M	100	0.220	0.317	0.447	0.689	1.02	1.53	2.20	3.07	4.69	6.91	10.32	14.75
N	150	0.203	0.293	0.413	0.638	0.949	1.43	2.05	2.89	4.43	6.57	9.88	14.20
P	200	0.204	0.294	0.414	0.637	0.945	1.42	2.04	2.87	4.40	6.53	9.87	14.12
			.10	.15	.25	.40	.65	1.00	1.50	2.50	4.00	6.50	10.00
			AQL(加嚴檢驗)										

表8-8-5　σ末知時，正常及加嚴檢驗計劃之主抽樣表（全距法）

（單邊規格界限及形式2——單邊規格界限）

樣本代字	樣本大小	係數 C	AQL（正常檢驗）										
			.10	.15	.25	0.40	0.65	1.00	1.50	2.50	4.00	6.50	10.00
			M	M	M	M	M	M	M	M	M	M	M
B	3	1.910						▼	▼	7.59	18.86	26.94	33.69
C	4	2.234					▼	1.53	5.50	10.92	16.45	22.86	29.45
D	5	2.474			▼	▼	1.42	3.44	5.93	9.90	14.47	20.27	26.59
E	7	2.830		▼	.28	.89	1.99	3.46	5.32	8.47	12.35	17.54	23.50
F	10	2.405	▼	.23	.58	1.14	2.05	3.23	4.77	7.42	10.79	15.49	21.06
G	15	2.379	.253	.430	.786	1.30	2.10	3.11	4.44	6.76	9.76	14.09	19.30
H	25	2.358	.336	.506	.827	1.27	1.95	2.82	3.96	5.98	8.65	12.59	17.48
I	30	2.353	.366	.537	.856	1.29	1.96	2.81	3.92	5.88	8.50	12.36	17.19
J	35	2.349	.391	.564	.883	1.33	1.98	2.82	3.90	5.85	8.43	12.24	17.03
K	40	2.346	.375	.539	.842	1.25	1.88	2.69	3.73	5.61	8.11	11.84	16.55
L	50	3.342	.381	.542	.838	1.25	1.60	2.63	3.64	5.47	7.91	11.57	16.20
M	60	2.339	.356	.504	.781	1.16	1.74	2.47	3.44	5.17	7.54	11.10	15.64
N	85	2.335	.350	.493	.755	1.12	1.67	2.37	3.30	4.97	7.27	10.73	15.17
O	115	2.333	.333	.468	.718	1.06	1.58	2.25	3.14	4.76	6.99	10.37	14.74
P	175	2.331	.303	.427	.655	.972	1.46	2.08	2.93	4.47	6.60	9.89	14.15
Q	230	2.330	.308	.432	.661	.976	1.47	2.08	2.92	4.46	6.57	9.84	14.10
			.15	.25	.40	.65	1.00	1.50	2.50	4.00	6.50	10.00	15.00
			AQL（加嚴檢驗）										

表8−8−6 σ已知時，正常及加嚴檢驗計劃之主抽樣表
（單邊規格界限及形式2——單邊規格界限）

樣本代字	AQL(正常檢驗)																	
	0.65			1.00			1.50			2.50			4.00			6.50		
	n	M	V	n	M	V	n	M	V	n	M	V	n	M	V	n	M	V
B		↓			↓			↓			↓			↓				
C				2	2.73	1.414	2	3.90	1.414	2	9.27	1.414	3	17.74	1.225			
D	2	1.28	1.414	2	2.23	1.414	2	3.00	1.414	3	7.56	1.225	3	10.79	1.225	3	15.60	1.225
E	3	1.94	1.225	3	2.76	1.225	3	3.85	1.225	4	6.99	1.155	4	9.97	1.155	5	15.21	1.118
F	4	1.88	1.155	4	2.58	1.155	4	3.87	1.155	5	6.05	1.118	5	8.92	1.118	6	13.89	1.095
G	5	1.76	1.118	6	2.57	1.095	6	3.77	1.095	7	5.83	1.080	8	8.62	1.069	9	12.88	1.061
H	7	1.75	1.080	7	2.62	0.080	8	3.68	1.069	9	5.68	1.061	10	8.43	1.054	12	12.35	1.045
I	8	1.80	1.069	9	2.59	1.061	10	3.63	1.054	11	5.60	1.049	13	8.13	1.041	15	12.04	1.035
J	10	1.79	1.054	12	2.49	1.045	14	3.43	1.038	15	5.34	1.035	18	7.72	1.029	20	11.57	1.026
K	11	1.73	1.049	17	2.35	1.031	19	3.28	1.027	22	4.98	1.024	25	7.34	1.021	29	10.93	1.018
L	13	1.74	1.041	25	2.19	1.021	28	3.05	1.018	32	4.68	1.016	36	6.95	1.014	42	10.40	1.012
M	16	1.62	1.003	33	2.12	1.016	36	2.99	1.014	42	4.55	1.012	48	6.75	1.011	55	10.17	1.009
N	23	1.51	1.023	49	2.00	1.010	54	2.82	1.009	61	4.35	1.008	70	6.48	1.007	82	9.76	1.006
P	44	1.39	1.012	65	2.00	1.008	71	2.82	1.007	81	4.34	1.006	93	6.46	1.005	109	9.73	1.005
	1.0			1.50			2.50			4.00			6.50			10.00		
	AQL(加嚴檢驗)																	

表8－9－1 σ未知，估計批不合格率用表（標準差法）

Q_u 或 Q_L	樣本大小 n													
	3	4	5	7	10	15	20	25	30	35	40	50	75	100
0	50.00	50.00	50.00	50.00	50.00	50.00	50.00	50.00	50.00	50.00	50.00	50.00	50.00	50.00
.1	47.24	46.67	46.44	46.26	46.16	46.10	46.08	46.06	46.05	46.05	46.04	46.04	46.03	46.03
.2	44.46	42.33	42.90	42.54	42.35	42.24	42.19	42.16	42.15	42.13	42.13	42.11	42.10	42.09
.3	41.63	40.00	39.37	38.87	38.60	38.44	38.37	38.33	38.31	38.29	38.28	38.27	38.25	38.24
.31	41.35	39.67	39.02	38.50	38.23	38.06	37.99	37.95	37.93	37.91	37.90	37.89	37.87	37.86
.32	41.06	39.33	38.67	38.14	37.86	37.69	37.62	37.58	37.55	37.54	37.52	37.51	37.49	37.48
.33	40.77	39.00	38.32	37.78	37.49	37.31	37.24	37.20	37.18	37.16	37.15	37.13	37.11	37.10
.34	40.49	38.67	37.97	37.42	37.12	36.94	36.87	36.83	36.80	36.78	36.77	36.75	36.73	36.72
.35	40.20	38.33	37.62	37.06	36.75	36.57	36.49	36.45	36.43	36.41	36.40	36.38	36.36	36.35
.36	39.91	38.00	37.28	36.69	36.38	36.20	36.12	36.08	36.05	36.04	36.02	36.01	35.98	35.97
.37	39.62	37.67	36.93	36.33	36.02	35.83	35.75	35.71	35.68	35.66	35.65	35.63	35.61	35.60
.38	39.33	37.33	36.58	35.98	35.65	35.46	35.38	35.34	35.31	35.29	35.28	35..26	35.24	35.23
.39	39.03	37.00	36.23	35.62	35.29	35.10	35.01	34.97	34.94	34.93	34.91	34.89	34.87	34.86
.40	38.74	36.67	35.88	.5.26	34.93	34.73	34.65	34.60	34.58	34.56	34.54	34.53	34.50	34.49
.41	38.45	36.33	35.54	34.90	34.57	34.37	34.28	34.24	34.21	34.19	34.16	34.13	34.13	34.12
.42	38.15	36.00	35.19	34.55	34.21	34.00	33.92	33.87	33.85	33.83	33.81	33.79	33.77	33.76
.43	37.85	35.67	34.85	34.19	33.85	33.64	33.56	33.51	33.48	33.46	33.45	33.43	33.40	33.39
.44	37.56	35.33	34.50	33.84	33.49	33.28	33.20	33.15	33.12	33.10	33.09	33.07	33.04	33.03
.45	37.26	35.00	34.16	33.49	33.13	32.92	32.84	32.79	32.76	32.74	32.73	32.71	32.68	32.67
.46	36.96	34.67	33.81	33.13	32.78	32.57	32.48	32.43	32.40	32.38	32.37	32.35	32.32	32.31
.47	36.66	34.33	33.47	32.78	32.42	32.21	32.12	32.07	32.04	32.02	32.01	31.99	31.96	31.95
.48	36.35	34.00	33.12	32.43	32.07	31.85	31.77	31.72	31.69	31.67	31.65	31.63	31.61	31.60
.49	36.05	33.67	32.78	32.08	31.72	31.50	31.41	31.36	31.33	31.31	31.30	31.28	31.25	31.24
.50	35.75	33.33	32.44	31.74	31.37	31.15	31.06	31.01	30.98	30.96	30.95	30.93	30.90	30.89
.51	35.44	33.00	32.10	31.39	31.02	30.80	30.71	30.66	30.63	30.61	30.60	30.57	30.55	30.54
.52	35.13	32.67	31.76	31.04	30.67	30.45	30.36	30.31	30.28	30.26	30.25	30.23	30.20	30.19
.53	34.82	32.33	31.42	30.70	30.32	30.10	30.01	29.96	29.93	29.91	29.90	29.88	29.85	29.84
.54	34.51	32.00	31.08	30.36	29.98	29.76	29.67	29.62	29.59	29.57	29.55	29.53	29.51	29.49
.55	34.20	31.67	30.74	30.01	29.64	29.41	29.32	29.27	29.24	29.22	29.21	29.19	29.16	29.15
.56	33.88	31.33	30.40	29.67	29.29	29.07	28.98	28.93	28.90	28.88	28.87	28.85	28.82	28.81
.57	33.57	31.00	30.06	29.33	28.95	28.73	28.64	28.59	28.56	28.54	28.53	28.51	28.48	28.47
.58	33.25	30.67	29.73	28.99	28.61	28.39	28.30	28.25	28.22	28.20	28.19	28.17	28.14	28.13
.59	32.93	30.33	29.39	28.66	28.28	28.05	27.96	27.92	27.89	27.87	27.85	27.83	27.81	27.79
.60	32.61	30.00	29.05	28.32	27.94	27.72	27.63	27.58	27.55	27.53	27.52	27.50	27.47	27.46
.61	32.28	29.67	28.72	27.98	27.60	27.39	27.30	27.25	27.22	27.20	27.18	27.16	27.14	27.13
.62	31.96	29.33	28.39	27.65	27.27	27.05	26.96	26.92	26.89	26.87	26.85	26.83	26.81	26.80
.63	31.63	29.00	28.05	27.32	26.94	26.72	26.63	26.59	26.56	26.54	26.52	26.50	26.48	26.47
.64	31.30	28.67	27.72	26.99	26.61	26.39	26.31	26.26	26.23	26.21	26.20	26.18	26.15	26.14
.65	30.97	28.33	27.39	26.66	26.28	26.07	25.98	25.93	25.90	25.88	25.87	25.85	25.83	25.82
.66	30.63	28.00	27.06	26.33	25.94	25.74	25.66	25.61	25.58	25.56	25.55	25.53	25.51	25.49
.64	30.30	27.67	26.73	26.00	25.63	25.42	25.33	25.29	25.26	25.24	25.23	25.21	25.19	25.17
.65	30.97	28.33	27.39	26.66	26.28	26.07	25.98	25.93	25.90	25.88	25.87	25.85	25.83	25.82
.66	30.63	28.00	27.06	26.33	25.94	25.74	25.66	25.61	25.58	25.56	25.55	25.53	25.51	25.49
.67	30.30	27.67	26.73	26.00	25.63	25.42	25.33	25.29	25.26	25.24	25.23	25.21	25.19	25.17
.68	29.96	27.33	26.40	25.68	25.31	25.10	25.01	24.97	24.94	24.92	24.91	24.89	24.87	24.86
.69	29.61	27.00	26.07	25.35	24.99	24.78	24.70	24.65	24.62	24.60	24.59	24.57	24.55	24.54

註：表中數值均為百分率

250　☞品質管制

表8-9-2　σ未知估計批不合格率用表（全距法）

Qu 或 Ql	樣本大小 n															
	3	4	5	7	10	15	25	30	35	40	50	60	85	115	175	230
.70	29.27	26.67	25.74	25.14	24.80	24.56	24.39	24.35	24.32	24.31	24.28	24.27	24.25	24.24	24.22	24.21
.71	28.92	26.33	25.41	24.82	24.48	24.24	24.07	24.03	24.01	23.99	23.97	23.95	23.93	23.91	23.90	23.90
.72	28.57	26.00	25.09	24.50	24.17	23.93	23.76	23.72	23.70	23.68	23.66	23.64	23.62	23.60	23.59	23.29
.73	28.22	25.67	24.76	24.18	23.85	23.61	23.45	23.41	23.39	23.37	23.35	23.33	23.32	23.30	23.29	23.29
.74	27.86	25.33	24.44	23.86	23.54	23.30	23.14	23.10	23.08	23.07	23.04	23.03	23.01	23.00	22.98	22.98
.75	27.50	25.00	24.11	23.55	23.22	22.99	22.84	22.80	22.78	22.76	22.74	22.72	22.71	22.69	22.68	22.68
.76	27.13	24.67	2.79	23.23	22.91	22.69	22.53	22.49	22.47	22.46	22.43	22.42	22.41	22.39	22.38	22.38
.77	26.77	24.33	23.47	22.92	22.60	22.38	22.23	22.19	22.17	22.16	22.13	22.12	22.11	22.09	22.08	22.08
.78	26.39	24.00	23.15	22.60	22.30	22.08	21.93	21.90	21.88	21.86	21.85	21.83	21.81	21.80	21.78	21.78
.79	26.02	23.67	22.83	22.29	21.99	21.78	21.64	21.60	21.58	21.57	21.54	21.53	21.52	21.50	21.49	21.49
.80	25.64	23.33	22.51	21.98	21.69	21.48	21.34	21.30	21.28	21.27	21.26	21.24	21.22	21.22	21.20	21.20
.81	25.25	23.00	22.19	21.68	21.39	21.18	21.04	21.01	20.99	20.98	20.97	20.95	20.93	20.93	20.91	20.91
.82	24.86	22.67	21.87	21.37	21.09	20.89	20.75	20.72	20.70	20.69	20.68	20.66	20.64	20.64	20.62	20.62
.83	24.47	22.33	21.56	21.06	20.79	20.59	20.46	20.43	20.41	20.40	20.38	20.37	20.36	20.35	20.34	20.34
.84	24.07	22.00	21.24	20.76	20.49	20.30	20.17	20.15	20.13	20.12	20.10	20.09	20.08	20.06	20.06	20.06
.85	23.67	21.67	20.93	20.46	20.20	20.01	19.89	19.87	19.85	19.84	19.82	19.81	19.79	19.79	19.78	19.78
.86	23.26	21.33	20.62	20.16	19.90	19.73	19.60	19.58	19.57	19.56	9.54	19.54	19.52	19.51	19.50	19.50
.87	22.54	21.00	20.31	19.86	19.61	19.44	19.32	19.31	19.29	19.28	19.26	19.25	19.24	19.24	19.22	19.22
.88	22.42	20.67	20.00	19.57	19.33	19.16	19.04	19.03	19.01	19.00	18.98	18.98	18.97	18.96	18.95	18.95
.89	21.99	20.33	19.69	19.27	19.04	18.88	18.77	18.75	18.74	18.73	18.71	18.70	18.69	18.69	18.68	18.68
.90	21.55	20.00	19.38	18.98	18.75	18.60	18.50	18.48	18.47	18.46	18.44	18.43	18.42	18.42	18.41	18.42
.91	21.11	19.67	19.07	18.69	18.47	18.32	18.22	18.21	18.20	18.19	18.17	18.17	18.17	18.16	18.15	18.15
.92	20.66	19.33	18.77	18.40	18.19	18.05	17.96	147.95	17.93	17.92	17.92	17.90	17.89	17.89	17.88	17.88
.93	20.20	19.00	18.46	18.11	17.91	17.78	17.69	17.68	47.67	17.66	17.65	17.65	17.63	17.63	17.62	17.62
.94	19.74	18.67	18.10	17.82	17.64	17.51	17.43	17.42	17.41	17.40	17.39	17.39	17.037	17.37	17.36	17.36
.95	19.25	08.33	17.86	17.54	17.36	17.24	17.17	17.16	17.15	17.14	17.13	17.13	17.12	17.12	17.11	17.11
.96	18.76	18.00	17.56	17.26	17.09	16.98	16.91	16.90	16.89	16.88	16.88	16.87	16.86	16.86	16.86	16.86
.97	18.25	17.67	17.25	16.97	16.82	16.71	16.65	16.64	16.63	16.63	16.62	16.62	16.61	16.61	16.60	16.60
.98	17.74	17.33	16.96	16.70	16.55	16.45	16.39	16.38	16.38	16.37	16.37	16.37	16.36	16.36	16.36	16.36
.99	17.21	17.00	16.66	16.42	16.28	16.19	16.14	16.13	16.13	16.12	16.12	16.12	16.11	16.11	16.11	16.11
1.00	16.67	16.67	16.36	16.14	16.02	15.94	15.89	15.88	15.88	15.88	15.87	15.87	15.87	15.87	15.87	15.87
1.01	16.11	16.33	16.07	15.87	15.76	15.68	15.64	15.63	15.63	15.63	15.63	15.62	15.62	15.62	15.62	15.62
1.02	15.53	16.00	15.78	15.60	15.50	15.43	15.40	15.39	15.39	15.39	15.39	15.38	15.38	15.38	15.37	15.38
1.03	14.93	15.67	15.48	15.33	15.24	15.18	15.15	15.15	15.15	15.15	15.15	15.15	15.15	15.15	15.15	15.15
1.04	14.31	15.33	15.19	15.06	14.98	14.94	14.91	14.91	14.91	14.91	14.91	14.91	14.91	14.91	14.91	14.91
1.05	13.66	15.00	14.91	14.79	14.73	14.69	14.67	14.67	14.67	14.67	14.67	14.68	14.68	14.68	14.68	14.68
1.06	12.98	14.67	14.62	14.53	14.48	14.45	14.44	14.44	14.44	14.44	14.44	14.45	14.45	14.45	14.45	14.45
1.07	12.27	14.33	14.33	14.27	14.23	14.21	14.20	14.21	14.21	14.21	14.21	14.22	14.22	14.22	14.22	14.22
1.08	11.51	14.00	14.05	14.01	13.98	13.97	13.97	13.98	13.98	13.98	13.98	13.99	13.99	13.99	14.00	14.00
1.09	10.71	13.67	13.76	13.75	13.74	13.73	13.74	13.75	13.75	13.75	13.76	13.76	13.77	13.77	13.78	13.78

註：表中數值均為百分率

表 8－9－3　σ已知時，估計批不合格率用表

Q_U或Q_L	%	Q_U或Q_L	%	Q_U或Q_L	%	Q_U或Q_L	%	Q_U或Q_L	%	Q_U或Q_L	%	Q_U或Q_L	%	Q_U或Q_L	%	Q_U或Q_L	%	Q_U或Q_L	%	Q_U或Q_L	%	Q_U或Q_L	%	Q_U或Q_L	%	Q_U或Q_L	%
.00	50.000																										
.01	49.601	.26	39.743	.51	30.503	.76	22.363	1.01	15.625	1.26	10.383	1.51	06.552	1.76	03.920	2.01	02.222	2.26	01.191	2.51	00.604	2.76	00.289	3.01	00.131	3.26	00.056
.02	49.202	.27	39.358	.52	30.153	.77	22.065	1.02	15.386	1.27	10.204	1.52	06.426	1.77	03.836	2.02	02.169	2.27	01.160	2.52	00.587	2.77	00.280	3.02	00.126	3.27	00.054
.03	48.803	.28	38.974	.53	29.806	.78	21.770	1.03	15.150	1.28	10.027	1.53	06.301	1.78	03.754	2.03	02.118	2.28	01.130	2.53	00.570	2.78	00.272	3.03	00.122	3.28	00.052
.04	48.405	.29	38.591	.54	29.460	.79	21.476	1.04	14.917	1.29	09.853	1.54	06.178	1.79	03.673	2.04	02.068	2.29	01.101	2.54	00.554	2.79	00.264	3.04	00.118	3.29	00.050
.05	48.006	.30	38.209	.55	29.116	.80	21.186	1.05	14.686	1.30	09.680	1.55	06.057	1.80	03.593	2.05	02.018	2.30	01.072	2.55	00.539	2.80	00.256	3.05	00.114	3.30	00.048
.06	47.608	.31	37.828	.56	28.774	.81	20.897	1.06	14.457	1.31	09.510	1.56	05.938	1.81	03.515	2.06	01.970	2.31	01.044	2.56	00.523	2.81	00.248	3.06	00.111	3.31	00.047
.07	47.210	.32	37.448	.57	28.434	.82	20.611	1.07	14.231	1.32	09.342	1.57	05.821	1.82	03.438	2.07	01.923	2.32	01.017	2.57	00.508	2.82	00.240	3.07	00.107	3.32	00.045
.08	46.812	.33	37.070	.58	28.096	.83	20.327	1.08	14.007	1.33	09.176	1.58	05.705	1.83	03.362	2.08	01.876	2.33	00.990	2.58	00.494	2.83	00.233	3.08	00.103	3.33	00.043
.09	46.414	.34	36.693	.59	27.760	.84	20.045	1.09	13.786	1.34	09.012	1.59	05.592	1.84	03.288	2.09	01.831	2.34	00.964	2.59	00.480	2.84	00.226	3.09	00.100	3.34	00.042
.10	46.017	.35	36.317	.60	27.425	.85	19.766	1.10	13.567	1.35	08.851	1.60	05.480	1.85	03.216	2.10	01.786	2.35	00.939	2.60	00.466	2.85	00.219	3.10	00.097	3.35	00.040
.11	45.620	.36	35.942	.61	27.093	.86	19.489	1.11	13.350	1.36	08.691	1.61	05.370	1.86	03.144	2.11	01.743	2.36	00.914	2.61	00.453	2.86	00.212	3.11	00.094	3.36	00.039
.12	45.224	.37	35.569	.62	26.763	.87	19.215	1.12	13.136	1.37	08.534	1.62	05.262	1.87	03.074	2.12	01.700	2.37	00.889	2.62	00.440	2.87	00.205	3.12	00.090	3.37	00.038
.13	44.828	.38	35.197	.63	26.435	.88	18.943	1.13	12.924	1.38	08.379	1.63	05.155	1.88	03.005	2.13	01.659	2.38	00.866	2.63	00.427	2.88	00.199	3.13	00.087	3.38	00.036
.14	44.433	.39	34.827	.64	26.109	.89	18.673	1.14	12.714	1.39	08.226	1.64	05.050	1.89	02.938	2.14	01.618	2.39	00.843	2.64	00.415	2.89	00.193	3.14	00.084	3.39	00.035
.15	44.038	.40	34.458	.65	25.785	.90	18.406	1.15	12.507	1.40	08.076	1.65	04.947	1.90	02.872	2.15	01.578	2.40	00.820	2.65	00.402	2.90	00.187	3.15	00.082	3.40	00.034
.16	43.644	.41	34.090	.66	25.463	.91	18.141	1.16	12.302	1.41	07.927	1.66	04.846	1.91	02.807	2.16	01.539	2.41	00.798	2.66	00.391	2.91	00.181	3.16	00.079	3.41	00.032
.17	43.251	.42	33.724	.67	25.143	.92	17.879	1.17	12.100	1.42	07.780	1.67	04.746	1.92	02.743	2.17	01.500	2.42	00.776	2.67	00.379	2.92	00.175	3.17	00.076	3.42	00.031
.18	42.858	.43	33.360	.68	24.825	.93	17.619	1.18	11.900	1.43	07.636	1.68	04.648	1.93	02.680	2.18	01.463	2.43	00.755	2.68	00.368	2.93	00.169	3.18	00.074	3.43	00.030
.19	42.465	.44	32.997	.69	24.510	.94	17.361	1.19	11.702	1.44	07.493	1.69	04.551	1.94	02.619	2.19	01.426	2.44	00.734	2.69	00.357	2.94	00.164	3.19	00.071	3.44	00.029
.20	42.074	.45	32.636	.70	24.196	.95	17.106	1.20	11.507	1.45	07.353	1.70	04.457	1.95	02.559	2.20	01.390	2.45	00.714	2.70	00.347	2.95	00.159	3.20	00.069	3.45	00.028
.21	41.683	.46	32.276	.71	23.885	.96	16.853	1.21	11.314	1.46	07.214	1.71	04.363	1.96	02.500	2.21	01.355	2.46	00.695	2.71	00.336	2.96	00.154	3.21	00.066	3.46	00.027
.22	41.294	.47	31.918	.72	23.576	.97	16.602	1.22	11.123	1.47	07.078	1.72	04.272	1.97	02.442	2.22	01.321	2.47	00.676	2.72	00.326	2.97	00.149	3.22	00.064	3.47	00.026
.23	40.905	.48	31.561	.73	23.270	.98	16.354	1.23	10.935	1.48	06.944	1.73	04.182	1.98	02.385	2.23	01.287	2.48	00.657	2.73	00.317	2.98	00.144	3.23	00.062	3.48	00.025
.24	40.517	.49	31.207	.74	22.965	.99	16.109	1.24	10.749	1.49	06.811	1.74	04.093	1.99	02.330	2.24	01.255	2.49	00.639	2.74	00.307	2.99	00.139	3.24	00.060	3.49	00.024
.25	40.129	.50	30.854	.75	22.663	1.00	15.866	1.25	10.565	1.50	06.681	1.75	04.006	2.00	02.275	2.25	01.222	2.50	00.621	2.75	00.298	3.00	00.135	3.25	00.058	3.50	00.023

註：表中數值均為百分率

表8-10 σ未知（標準差法），估計批不合格率使用表

Q_u 或 Q_L	樣本大小 n			
	7	10	15	20
1.88	1.06	1.88	2.34	2.54
1.89	0.99	1.81	2.28	2.47
1.90	0.93	1.75	2.21	2.40
2.50	0.000	0.041	0.214	0.317
2.51	0.000	0.037	0.204	0.304
2.52	0.000	0.033	0.193	0.292

表8-11 σ未知（全距法），估計批不合格率使用表

Q_u 或 Q_L	樣本大小 n			
	7	10	15	25
2.05	0.10	0.67	1.17	1.54
2.06	0.08	0.63	1.12	1.49
2.07	0.06	0.60	1.08	1.45
2.74	0.000	0.000	0.053	0.107
2.75	0.000	0.000	0.049	0.102
2.76	0.000	0.000	0.46	0.097

習題

1. 某工廠生產一零件一批，其外徑之品質特性值如下表，試建立 JIS Z9003之抽樣計劃。

　(1)若 $m_0 = 30mm$，$m_1 = 29mm$，σ 已知（根據表中數值求算），$\alpha = 5\%$，$\beta = 10\%$。

　(2)若 $m_0 = 30mm$，$m_1 = 32mm$，σ 已知（根據表中數值求算），$\alpha = 5\%$，$\beta = 10\%$。

某零件之外徑（單位：mm）

29	29	32	31	35	33	34	30	30	31
32	37	33	29	29	36	30	29	31	32
35	41	34	28	28	30	32	28	34	30
28	27	35	27	29	34	35	29	36	28
27	28	34	34	32	38	30	30	30	37
29	26	30	40	31	37	29	32	28	29
30	31	28	32	34	36	28	31	29	31
30	32	29	30	35	28	30	30	35	30
31	35	27	31	35	36	34	33	34	32
32	33	38	32	30	35	32	31	30	29

2. 承上題，並依下述情況為其建立 JIS Z9003之抽樣計劃。

　(1)其零件外徑之品質特性的規格上限為36mm，若外徑超過規格上限之零件低於1.5%（$P_0 = 1.5\%$），則允收。若外徑超過規格上限之零件高於10%（$P_1 = 10\%$），則拒收。σ 根據表中數據求算，$\alpha = 5\%$，$\beta = 10\%$。

　(2)其零件之品質特性的規格下限為28mm，若外徑不足28mm的零件少於2%（$P_0 = 2\%$），則允收。若外徑不足28mm的

零件多於10%（$P_1 = 10\%$），則拒收。σ根據表中數據求算，$\alpha = 5\%$，$\beta = 10\%$。

(3)同習題2中之(1)(2)，若 σ 未知，試以 JIS Z9004求抽樣計劃（n.k）。

3.某工廠生產數種零件外銷國外，出廠前需經過一系列之抽樣檢驗，請依下述不同條件，並採用 MIL－STD－414表（σ 已知）為該工廠建立不同之抽樣計劃，並判定是否可出口，測量值依序為17,19,21,25,18,23,21,17,22,24（依抽樣計劃之樣本數由前往後取至所需個數為止）。

(1)送驗批 N＝200件，品質特性值之規格上限 U 值為20mm，檢驗水準Ⅱ，AQL＝1.5%,σ＝6.5mm。

(2)送驗批 N＝200件，品質特性值之規格上限 L 值為20mm，檢驗水準Ⅲ，AQL＝1.5%,σ＝6.5mm。

(3)請依(1)及(2)兩種情況，分別就正常檢驗，加嚴檢驗及減量檢驗建立其抽樣計劃（不需估計送驗批不良率）。

4.同習題3，需估計送驗批之不良率，請為該工廠建立各種抽樣計劃。

5.同習題3，需估計送驗批之不良率，請依下述不同情況為該工廠建立各種抽樣計劃。

(1)送驗批 N＝200件，品質特性值之規格上限 U 值為20mm，規格下限 L 值為18.5mm，檢驗水準Ⅱ，對 U,L 給定綜合 AQL＝1.5%，σ＝6.5mm。

(2)送驗批 N＝200件，品質特性值之規格上限 U 值為20mm，規格下限 L 值為18.5mm，檢驗水準Ⅱ，$AQL_U = 2.5\%$，$AQL_L = 1.5\%$,σ＝6.5mm。

(3)請依(1)及(2)兩種情況，分別就正常檢驗，加嚴檢驗及減量檢

驗建立其抽樣計劃（K法）。

6. 某工廠生產數種零件外銷國外，出廠前需經過列之抽樣檢驗，
請依下述不同條件，並採用 MIL－STD－414表（σ未知）為
該工廠建立不同之抽樣計劃，並判定是否可出口，測量值依序
為17, 19, 21, 25, 18, 23, 21, 17, 22, 24（依抽樣計劃之樣本數由
前往後取至所需個數為止）。

(1) 送驗批 N＝200件，品質特性值之規格.上限 U 值為20mm，
檢驗水準Ⅱ，AQL＝2.5％。

(2) 送驗批 N＝200件，品質特性值之規格下限 L 值為20mm，
檢驗水準Ⅲ，AQL＝2.5％。

(3) 請依(1)及(2)兩種情況，分別就正常檢驗、加嚴檢驗及減量檢
驗建立其抽樣計劃（不需估計送驗批不良率）。

7. 同習題6，需估計送驗批之不良率，請為該工廠建立各種抽樣
計劃。

8. 同習題6，需估計送驗批之不良率，請依下述不同情況為該工
廠建立各種抽樣計劃。

(1) 送驗批 N＝200件，品質特性值之規格上限 U 值為20.5
mm，規格下限 L 值為18mm，檢驗水準Ⅱ，對 U、L 給定
綜合 AQL＝1.5％。

(2) 送驗批 N＝200件，品質特性值之規格上限 U 值為20mm，
規格下限 L 值為18.5mm，檢驗水準Ⅱ，AQL_U＝2.5％，
AQL_L＝1.5％。

(3) 請依(1)及(2)兩種情況，分別就正常檢驗、加嚴檢驗及減量檢
驗建立其抽樣計劃。

第 九 章

品質改善方法之應用

生產線於正常的生產程序下，所產出的成品，大致均會呈現穩定的分布情形，然而，經由長時間的生產過程，難免會產生一些不良品，造成不良品的原因，一是機遇性原因，另一是非機遇性原因，而非機遇性原因通常係由下列因素所導致。

1.使用不合格的材料。

2.機器故障或工具磨損。

3.人員疏失。

4.標準設定不當或不按規定操作。

以上造成異常之原因，對產品品質的變化有非常重大的影響，應儘可能及早發現會予以消除。

在品質管制中會消除異常原因最基本且常用的工具，包括有：

1.QC 七大手法。

2.新 QC 七大手法。

3.品管圈。

4.無缺點計劃。

QC 七大手法

QC 七大手法，即品質改善的七種工具，分別是：

1.柏拉圖（Pareto Diagram）。

2.特性要因圖（Cause and Effect Diagram）。

3.檢核表（Checksheet）。

4.直方圖（Histogram）。

5.層別法（Stratification）。

6.散布圖（Scatter Dram）。

7. 管制圖（Control Chart）。

8. 柏拉圖（Pareto Diagram）。

柏拉圖的意義　柏拉圖是由義大利經濟學家 Vifredo Pareto 所提出，最初是用在分析財富之分布，他發現少數人（20%）擁有較多財富（80%），而大多數人（80%）擁有的財富較少（20%），大部分的財富由少數人所支配，品管學家 Juran 將此觀念導入品管工作，創造了兩個名詞，重要的少數（Vitat Few）及不重要的多數（Trivial Many）。

　　柏拉圖主要就是將不良品及缺點等內容加以分類，然後依照大小順序，利用累積數據來表示的一種圖形，可以很清楚就看出重點項目，故又稱重點分析圖，因其將不良品及缺點等內容分成各類別（A 類、B 類⋯）故又稱 ABC 分析圖，而時常提及之20/80原則，亦與柏拉圖之原理一致。故柏拉圖爲可針對問題找出最重要關鍵因素的一種品質改善工具。

柏拉圖之功用

1. 瞭解問題的最大癥結，作爲降低不良的依據。

2. 預測改善後的整體效益，作爲決定改善目標的依據。

柏拉圖的繪製

1. 選定主題，蒐收數據：首先，須先確立要分析的主題，再針對主題蒐收有關數據。

2. 決定數據的分類項目：將所蒐收之數據，依各不良項目別、日期別、場所別、材料別、機械別、操作人員別⋯等來整理，數據少者，可歸於「其他」類。

3. 製作計算表：數據整理後，將各項目的數據由大到小依次

排列，並製作計算表。

4. 計算累積不良數（累積次數、累積損失額），百分率及累積不良率。

5. 左縱軸標示發生次數（損失金額），右縱軸標示百分率，橫軸表示項目，依各項目之數據大小繪成柱形圖。

6. 將累積次數或累積百分率點繪在每一柱形圖，右上方並以直線連結、即得柏拉圖。

〈範題〉某工廠從事化粧品充填工作，於本週調查其不良情形，而得到下表之數據，試以不良情形及損失金額繪製不良個數柏拉圖及損失金額拍拉圖，並提出改善之道。

不良項目	每一個損失金額	不良數	損失金額合計
容器破損	140	10	1400
容器外觀污點	150	48	7200
充填破損	80	56	4480
接著不良	25	21	252
標籤髒污	42	15	630
內襯破損	110	45	4950
外包裝破損	70	15	1050
其他	2	5	10
合計		215	20245

〈解〉

不良數統計表

不良項目	不良數	累積不良數	累積不良百分率（％）
充填破損	56	56	26.05
容器外觀污點	48	104	48.37
內襯破損	45	149	69.30
接著不良	21	170	79.07
標籤髒污	15	185	86.05
外包裝破損	15	200	93.02
容器破損	10	210	97.67
其他	5	215	100
合計	215		

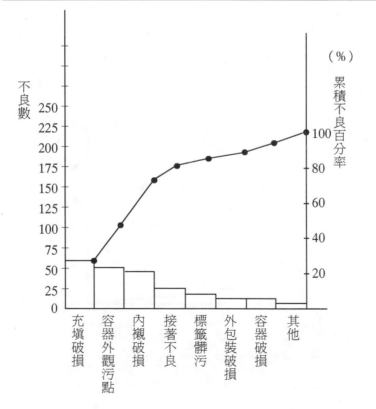

不良品損失金額統計表

不良項目	損失金額	累積損失金額	累積損失金額百分率（％）
容器外觀污點	7200	7200	35.56
內襯破損	4950	12150	60.01
充填破損	4480	16630	82.14
容器破損	1400	18030	89.06
外包裝破損	1050	19080	89.06
標籤髒污	630	19710	97.36
接著不良	525	20235	99.95
其他	10	20245	100
合計	20245		

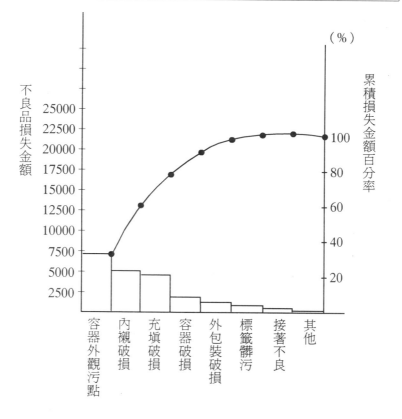

在不良數及損失金額方面，充填破損、容器外觀污點，內襯破損在次數及損失金額皆為多數，故須針對此三方面加以改善

繪製柏拉圖注意事項

1. 左縱軸以金額表示較佳：繪製柏拉圖的主要目的在於找出影響成本的最大項目，如以縱軸表示不良數、缺點數，通常不易顯示其耗費金額的多寡，尤其每一單位不良品、缺點數，因不良項目不同而有所差異時，以損失金額表示較佳。

2. 數據少的項目可併入「其他」項，置於圖的最右端：分類項目很多時，如將所有項目置於橫軸，常使圖輻相當廣，故可將若干次數少之項目合併為「其他」項，不論次數是否為最小，均置於圖的最右端。

特性要因圖（Cause and Effect Diagram）

特性要因圖的意義 特性要因圖將有系統地整理工作的結果（特性）與原因（要因）間的關係，並以箭號連結，用以分析原因或對策的一種圖形。為石川馨博士所發展出來，因此又稱石川圖（Ishikawa Diagram），由於圖的結構類似魚骨，因此又稱為魚骨圖（Fish bone Diagram），如（圖9-1）所示：

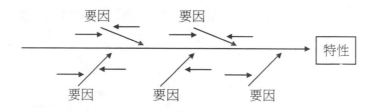

圖9-1　特性要因圖架構

特性要因圖之功用

1. 改善分析：在進行現狀分析時，特性要因圖可針對各個原因所產生的影響程度提出善對策。
2. 製程管制：當進行製程管制時，若有點子出現在管制界限外，判定有異常原因時，可使用特性要因圖加以查明其原因。
3. 制定操作準則：當使用特性要因圖分析問題時，對於製程的變異已有充分把握，則可究其原因或對策設定標準。
4. 實施品管教育：當全員針對問題加以討論時，可利用特性要因圖將每一個人的經驗及技術整理成要因圖，供大家參考學習，增進分析能力。

特性要因圖之繪製

1. 決定問題特性：此問題特性可視為工作的結果，即在品質方面產生了品質不良的結果或品質特性改善，此特性或結果應儘可能具體而不模糊。
2. 畫上主幹：在圖紙中央畫一條較粗的箭線，是為主幹，箭頭右方寫上問題特性。
3. 記入支幹：將可能影響特性的要因記入支幹，並以□圈起來，一般品質特性之變異通常起因於4M（材料、機器、人員、方法）。

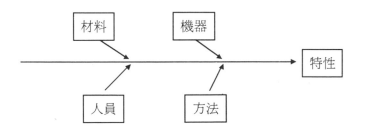

4.記入分支、細支：將支幹之原因，再細分更小的原因，將
　具有因果關係者歸於同一支幹。

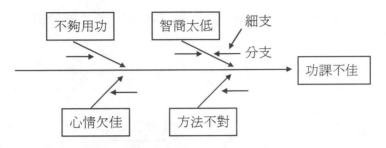

5.檢核是否有遺漏：填完主幹、支幹、分支、細支後，重新
　整理檢查是否有要因遺漏。
6.找出影響較大的原因：從許多要因中，找出影響較大的要
　因，用紅圈圈起，紅圈即為影響問題點的重要因素。

繪製特性要因圖注意事項

1.針對該特性，將現場實況與操作標準的內容作比較，以決
　定是否修訂標準、改善、實施及檢討。
2.特性要因圖所列出的原因，必須經由全員充分討論，再決
　定改善的事項及實施的步驟，方能按部就班逐步解決問題
　並檢討所得的結果是否有效。
3.確認要因的重要程度。由全員的技術與經驗共同來分析決
　定原因的順序，並彙總全員的意見，以表決的方式決定其
　重要性。
4.貼在工作現場上，並追加原因。特性要因圖須掛在工作場
　所附近，俾便於問題發生時，可就近集合全員加以討論，
　並尋找過去未注意的原因追加上去，若有不同意見或看法
　時，則進一步蒐集數據作成統計分析。

5.重新製作特性要因圖,加以分析,使所有參與人員易於瞭解,便於採取改善措施。

〈範題〉某學生上課搭公車經常遲到,試以特性要因圖分析其遲到的可能原因。

〈 解 〉

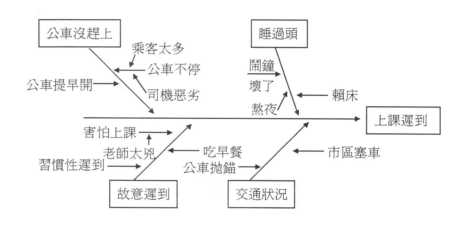

檢核表（Checksheet）

檢核表之意義 檢核表是將數據或工作之結果以簡單的符號記錄,並在蒐集、歸納數據之後,為確認並防止遺漏的查檢,將結果繪製成簡單的圖表,稱之檢核表或查檢表,可依此看出工作上是否有遺漏或錯誤,是相當簡易的方法,一般可分為兩種,一種是檢查用檢核表,主要功用在於防止不小心的失誤,用以檢查作業上是否確實,另一種是記錄用檢核表,主要功用在於根據蒐集之數據,整理記錄下來,作為掌握現狀,調查的基礎。

檢核表之功用 除以上針對兩種檢核表之功用說明外,大體上,檢核表尚具有下列功用:

1.作為日常品管作業的點檢。

2.作為安全維護作業的點檢。

3.提供事故調查之參考依據。

檢核表之繪製

1.決定製作檢核表之目的。

2.決定分類項目並蒐集數據。

3.決定記錄的格式。

4.決定記錄數據的記號並整理成次數。

5.記入有關標題、日期等事項。

繪製檢核表之注意事項

1.檢核表上之記錄符號，盡可能簡單，如卌，正，ˇ，×，
 ♯，△皆可，避免用文字或數字。

2.檢核表之格式要能看出整體點檢的目的，且隨時檢討，隨
 時增加必要項目，刪除不必要的項目。

3.檢核表對需要層別的記錄須有所記載。

4.檢核表上所表現之訊息，該有何反應對策應須訂明。

5.現場操作若不適用填寫記錄，可採用各種小東西，如小螺
 絲，小螺帽等替代。

〈範題〉針對前述特性要因圖之範題—上課遲到；加以解析，擬蒐
 集數據，試作出記錄用的檢核表：

〈解〉

上課遲到檢核表　　　年　月　日　製表人：		月日 月日	月日	月日	月日	月日	月日	合計
睡過頭	賴床							
	熬夜							
	鬧鐘壞了							
交通狀況	公車拋錨							
	塞車							
故意遲到	害怕上課							
	習慣							
沒趕上公車	公車提早							
	公車不停							
合計								

268　☞品質管制

〈範題〉某生剛從五專畢業，正在找工作，後天要去面試，請製作
　　一張檢查用檢核表來準備後天之面試。

〈解〉

面試檢核表　　年　月　日　　製表人：

項目 階段	準　備　項　目	點檢
事備前事準項	製作簡報資料	
	面試服裝儀容之準備	
	交通狀況之查詢、安排	
	事先決定出門時間以防遲到	
當天攜帶物品	車票	
	筆記用具	
	簡報資料	
	錢包	
	領帶	
	計算機	

直方圖（Histogram）

直方圖之意義　直方圖是以次數分配表上所區分之區間，
以長條圖的形式表現出來。依據直方圖的圖形，可判定數據的分
布型態，以及離散程度的大小，在品管作業上是常使用的工具。

直方圖之功用　直方圖在品管作業上，具有下列的功用：

1.測知製程能力：由直方圖所呈現的分布情形，可瞭解製程
　中心及分散情形，以及製程的分配型態，如（圖9-2）所
　示。直方圖之重心即為製程中心（平均數$\bar{X}$），而其分散
　情形即為圖中彎曲點至平均數之距離（標準差），而其分
　布型態趨於常態分配。

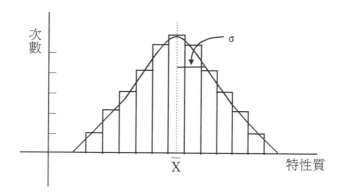

圖9-2　常態分配型直方圖

2.計算產品不良率：在直方圖上加上兩條規格界限，即可看出有多少產品品質落於規格界限外，可藉以計算出產品不良率，如(圖9-3)所示：

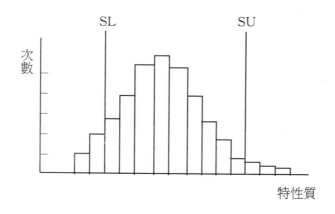

圖9-3　有規格界限之直方圖

3.調查是否混入兩個以上不同群體：若直方圖由兩個不同位置的製程中心所組成，以致形成所謂雙峰分配的直方圖，如(圖9-4)所示，則可能混合了兩個不同的群體，其原因

可能是所蒐集的數據，來自於兩部不同機器或兩個不同之班別或兩種不同之原料或兩個不同生產線等，可利用層別法加以追查原因。

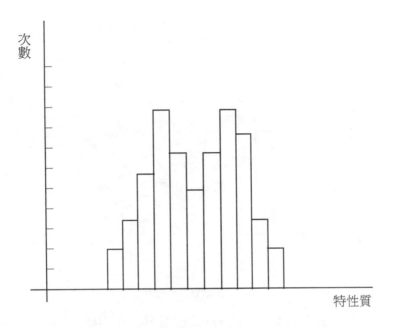

圖9-4　雙峰分配型直方圖

4.測知有無假數據：若在品管作業採行全數檢驗的方式，將不良品剔除或在製造過程中，作業員私自將不良品丟棄，則將產生峭壁型的直方圖，如（圖9-5）所示：

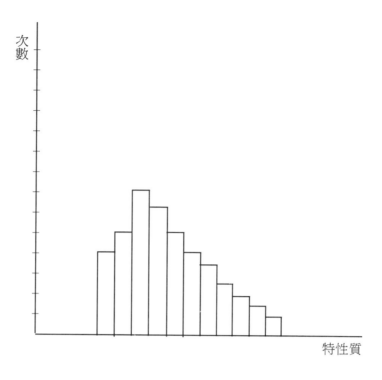

次數

特性質

圖9-5　峭壁型直方圖

5. 測知分配型態：由直方圖可瞭解其分布型態，如前述之常
　　態型、雙峰型、峭壁型等，除了以上幾種外，尚有離島
　　型、右偏型、缺齒型等，茲分述如下：

　(1) 離島型直方圖：此種直方圖的型態如（圖9-6），表示可
　　　能由某種異常原因造成，如測量誤差、抄寫數據錯誤或
　　　數據來自某特別機器或作業員等，應詳加追查原因。

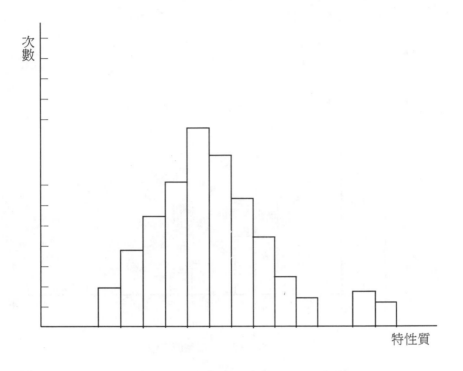

圖9-6　離島型直方圖

(2)右偏型直方圖：此種直方圖的型態，如（圖9-7），通常
　　發生在品質特性之數據，只有單邊規格界限時或產品的
　　不良率，缺點數近於0時，此種情形亦應調查其原因。

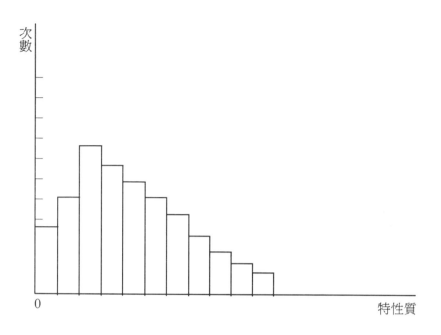

圖9-7　右偏型直方圖

(3)缺齒型直方圖：此種直方圖的型態，如(圖9-8)通常係
　　因測定值或計算有偏差或次數分配不當所造成。

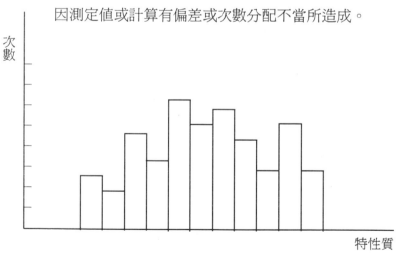

圖9-8　缺齒型直方圖

6.藉以訂定規格界限：在未訂定規格界限前，可由所蒐集之數據編成次數分配表作成直方圖，再依據圖形分配，檢定是否爲常態分配，並可求出平均值及標準差，再運用平均數加減若干倍標準差，則可訂出規格界限。

7.與規格或標準值比較。

如同前述（圖9－3）所示，可瞭解製程能力與規格界限的差異。

直方圖之繪製

1.蒐集數據，分組並計算次數。

2.編成次數分配表。

3.製作直方圖：以橫軸爲產品的特性質，縱軸爲次數，將各組數據以長條圖形繪於圖上即可完成。

層別法（Stratification）

層別法之意義　影響產品品質的原因很多，可能來自於人員、材料、製造方法及機器設備等，但在生產過程中，這些因素皆牽涉其中，若無法將品質變異的原因分析出來，品質就無法獲得改善，所以，爲了要明瞭品質變異的原因來自何處，就必須針對各項因素分開蒐集數據，加以比較，因此，將人員、材料、製造方法或機器設備等分開蒐集數據，以找出其間的差異，並針對差異加以改善的方法稱爲層別法。

層別法之功用　層別法爲一概念性的方法，可配合其他品質改善方法一併使用，透過分層蒐集數據，找出品質改善的最佳方法。

層別法之步驟

1.確定使用層別法之目的。

2.決定層別項目，如依時間別、作業員別、機械別、原料別
……。

3.搜集數據。

4.解析原因，比較差異。

散布圖（Scatter Diggram）

散布圖之意義 作業現場所發生的問題相當複雜，有時往往不知從何著手解決，甚至不知有那些因素相互關連，因此若能在導致問題的原因與結果之間，找出其相關性，或許可藉其瞭解問題發生的原因，因此，爲研究兩個變量間之相關性而蒐集成對的兩組數據，在圖紙上以點來表示出此兩個特性值之間的相關情形之圖形，稱爲「散布圖」。

散布圖之功用

1.瞭解兩組數據（原因與結果）之間的相關程度。

2.可由兩組數據之變化，求出方程式，作爲訂定標準與預測之用。

3.在抽樣檢驗中，若已知兩組數據的相關性，可抽驗其中一組較易測試或檢驗成本較低的產品，依其相關係數，求出另一組之品質特性，以降低檢驗成本。

散布圖之繪製

1.蒐集成對的數據，整理成數據表。

2.找出兩組數據之最大與最小值，便於劃分等長刻度。

3.畫出縱軸與橫軸（橫軸代表因，縱軸代表果）。

4.將各組數據標於圖上。

5.記入必要事項，如主是頁、時間、製圖者等。

散布圖之判讀

1.正相關：x 增大時，y 亦增大。

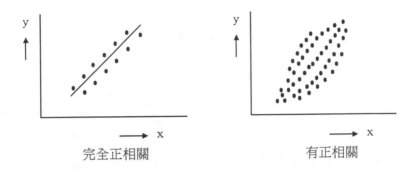

完全正相關　　　　　　　　　　有正相關

2.負相關：x 增大時，y 反而減少。

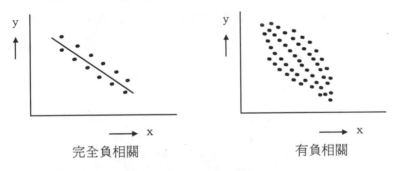

完全負相關　　　　　　　　　　有負相關

3.零相關：(1)x 與 y 之間看不出有何相關關係。

　　　　　(2)x 增大時，y 並不改變。

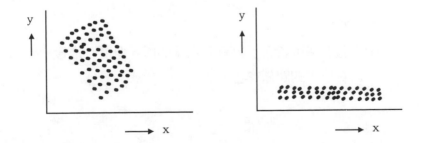

4.由線相關：x 開始增大時，y 亦增大，但達到某值後，則 x 增大時，y 卻減小。

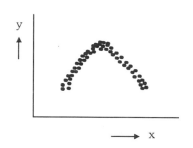

繪製散布圖注意事項

1.注意有無異常點：對異常點應調查原因，原因查明之後，即刪除異常點，但若原因未查明，一般仍要列入判斷。異常點甚多，可能是因測定誤差或混入不良品等特別原因所引起。

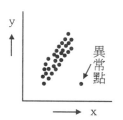

2.是否有層別必要：

 ⑴全體看時可能看不出有何相關關係，但層別之後有時可以看出相關關係存在。

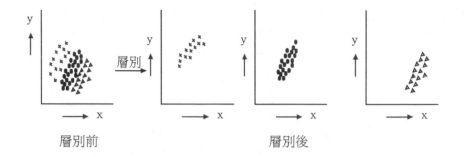

層別前 　　　　　　　　　　層別後

⑵全體看時，有相關關係，但層別之後卻沒相關關係。

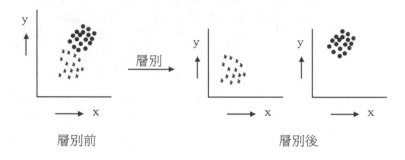

層別前 　　　　　　　　　　層別後

3.是否為假相關：依據技術經驗，可能認為沒有任何相關，但經散布圖分析之後卻有相關之趨勢，應加以檢討有否任何原因造成假相關？

4.數據太少，容易發生誤判。

〈範題〉某化學工廠製造產品時，反應溫度應控制在30℃～40℃，且公司採輪班制度，有早班及夜班員工，其生產量之數據如下，試繪製散布圖說明溫度與生產量之關係？若將兩班之數據加以層別方式比較有何差異？

班別	溫度℃	產量（包）	班別	溫度℃	產量（包）
1	33	79	1	32	80
2	35	85	2	36	86
1	34	83	1	34	82
2	34	82	2	32	82
1	35	83	1	35	82
2	33	84	2	34	85
1	32	79	1	35	84
2	31	80	2	33	81
1	34	81	1	32	78
2	34	83	2	35	85
1	33	81	1	32	80
2	36	84	2	36	89
1	33	80	1	35	80
2	36	85	2	30	82
1	35	82	1	35	81
2	30	78	2	31	84
1	31	78	1	34	80
2	34	81	2	32	84

〈解〉

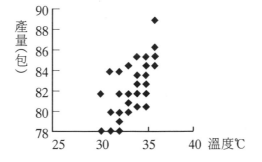

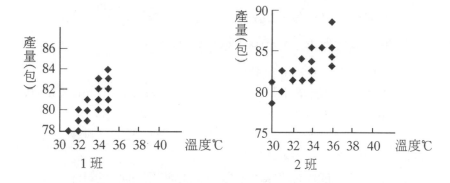

1 班

2 班

　由圖中可看出似有正相關的形態，但不明顯，經層別後可看出較爲明顯的正相關。

管制圖（Control Chart）

　管制圖是使用統計方法、計算出管制界限，並將樣本統計量點繪於圖，藉以判定製程品質是否產生變異的圖形，此部分已在第三章至第五章詳細介紹過，在此不再加以贅述。

新 QC 七大手法

　新 QC 七大手法不是新發明的技法，而是以往皆使用於品質管制以外的領域，但時至今日，品質管制已變成了企業的所有部門，所有階層皆須共同參與的全面品管時期，光靠舊有的品管七大手法是不夠的，因此若能再加以活用新 QC 七大手法於品質管制之領域，將有助於全面品管的推進。

　新 QC 七大手法包含下列七種工具：

　1.關連圖（Relations Diagrams）。

　2.親和圖（Affinity Diagram）。

　3.系統圖（Systematic Diagram）。

4.矩陣圖（Matrix Diagram）。

5.矩陣數據分析（Matrix Data Analysis）。

6.箭線圖（Arrow Diagram）。

7.過程決策計劃圖（Process Decision Progromn Chart, PDPC 法）。

關連圖（Relations Diagrams）

　　關連圖是一種描述問題之因果關係的圖形輔助工具，它是將原因↔結果，目的↔手段等糾纏在一起的問題明確化，找出適切的解決對策，可分為①中央集中型②單向集中型③關係表示型④應用型四種，（圖9-9）為中央集中型關連圖。

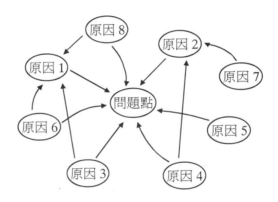

圖9-9　中央集中型關連圖

　　關連圖與特性要因圖的特性相類似，只不過是在各分支、細支的要因之間找出其關連的關係。

親和圖（Affinity Diagram）

　　親和圖是就未知或未曾經驗過的問題，於混淆不清的狀態中用文字資料來掌握事實，提出構想，依其相互間之親和性作出統合的圖形，以引導出解決方法，又稱為 KJ 法，適用在公司剛成

立時或開拓新事業、開發新產品時，其製作時包含下列步驟：

　　1.決定主題。

　　2.文字資料蒐集。

　　3.將文字資料記錄於卡片上。

　　4.將卡片分組，每組給一適當標題。

　　5.繪製親和圖。

　　6.發表成果。

〈範題〉某公司決定將品質意識加以推展，使全公司每一位員工對
　　　　品管的重視，若你是公司的主管，試以親和圖法來描述
　　　　「如何將品管意識普及於公司內」。

〈解〉

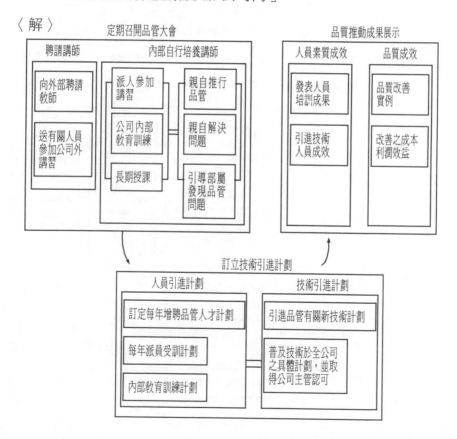

系統圖（Systematic Diagram）

　　系統圖為一種針對事象發生的原因或解決的方法，以一有系統且合乎邏輯的方式加以分析推展，其型態有如樹狀圖，如（圖9－10）所示，一般分為「構成要素展開型」及「方案展關型」兩類，它可以有組織地激發構想，經由二次、三次、四次甚至五次的展開即可得到問題的癥結及解決方法，且對整事件的成因及架構能夠一目瞭然，能使參與問題討論的人員對問題能有通盤性的瞭解。

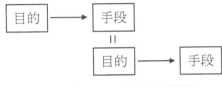

圖9－10　系統圖的架構

〈範題〉某公司行政部門、行政效率不彰，公司主管擬針對此問題進行改善，委託 A 君加以分析，並提出報告。若你是 A 君，試用系統圖法加以分析，並提出解決方法。

〈解〉

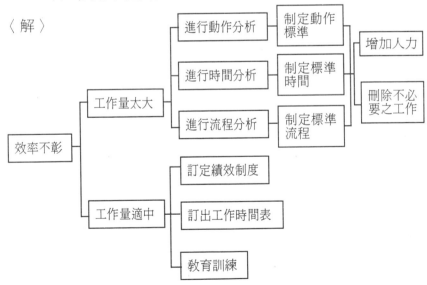

矩陣圖（Matrix Diagram）

　　矩陣圖是採用多元性的思考方式，找出問題的重心，並使之明確化，再針對此明確化的重點，提出解決方案。一般可分為①L型矩陣②T型矩陣③X型矩陣④Y型矩陣⑤C型矩陣等5種，最簡單且常用的為L型矩陣，如（圖9-11）所示，其主要將影響問題的兩大主要素分別置於行與列，從行與列中構思影響的因素，再將各因素加以彙總，找出影響最大之因素，即為開始著手之構思重點，此圖最大的優點為可在極短的時間內獲得有關構想之資料，且整理成表，可使問題的重點更加明確。

C R	C_1	C_2	…	…	C_n	合計 權值
R_1		○				
R_2	△		○		◎	
R_3		△			△	
⋮	○		◎			
⋮		△			○	
R_m						
合計權值						

◎高度相關　○中度相關　△低度相關

圖9-11　L型矩陣

〈範題〉甲公司想開一家大型超市，擬針對超市及傳統市場的優缺點加以評估，今委託行銷部之林經理加以評估，並提出報告，若你是林經理，試以L型矩陣圖法，提出分析報告。

〈解〉超市與商品特性及顧客型態的相關性

特性 / 顧客型態	營業時間	商品種類	商品價格	環境清潔	商品新鮮度	促銷活動	服務態度	合計	
家庭主婦	△	○	◎	△	◎	○		○	23
職業婦女	◎	◎	○	△	◎	○	◎	○	31 ←構思點
學生	○	△		△	○	○	○	△	18
夜貓族	◎		△	△	◎	○	◎	○	27
單生貴族	○	△	△		◎	○	◎	○	26
餐飲業者	◎		◎		○	△			15
合計	23	15	17	11	26	17	18	13	

構思點

◎有密切關係 5　○有關係 3　△似有關係 2　空白：無關係 0

由表中可知顧客對超市所重視的為商品新鮮度，而超市對職業婦女的影響性較大，可從這兩方面再進行分析。

矩陣數據分析（Matrix Data Analysis）

矩陣數據分析是用在矩陣圖之要素可以定量化的情況，並應用多變量分析中的主成分分析法來加以分析，是品管新七大手法中唯一的數據資料解析法，由於其分析方法涉及統計或電腦軟體，請參閱有關書籍，在此不加以贅述。

箭線圖（Arrow Diagram）

箭線圖就是 PERT 所使用的日程計劃圖，它是一種用於規劃、協調與控制複雜專案的網路分析技術，可作為日程計劃與進度管理之工具，其優點在於能掌握整個工作流程與進度，隨時查核其進展情形，並可發覺問題而採取因應措施，（圖9-12）為推行品管教育訓練計劃之箭線圖。

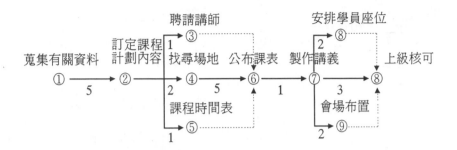

圖9-12　品管教育訓練計劃箭線圖

過程決策計劃圖（Proccss Decision Program Chart，PDPC）

PDPC 圖是一種發展過程策略之工具，是東京大學工學部的近藤次郎教授於1968年對東大紛爭所開發出解決問題的方法，其著眼點是任何欲達成目標的計劃未必都會如預測般的結果推展下去，有時會有出乎意料的結果出現，而 PDPC 法就是爲防止這種現象產生，乃事先加以預測各種可能結果，並儘可能將其引導至所預期的結果，此圖的優點在於可事先對可能造成非預期的結果進行預防，並採取對策，將其引導至希望的結果，可避免突發狀況，使結果不如預期時而不知所措。PDPC 圖包含了一些圖像及說明，（圖9-13）爲一 PDPC 法的例子。

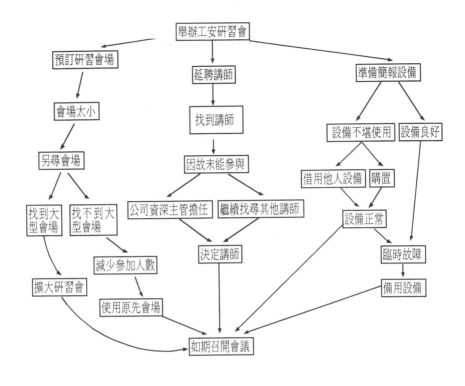

圖9-13 舉辦工安研習會之 PDPC 圖

品管圈

品管圈的意義

所謂品管圈（Quality Control Circle）是同在一工作現場的員工組成幾個小組以自動自發的方式進行品質管制活動，並以相互啟發的方式，運用各種統計方法，不斷地對現場所發覺的問題進行改善的活動，這樣的小組，稱為品管圈，其成員大多為同一工作性質之員工，通常3~15人為原則。

品管圈活動起源於日本，由日本東京大學教授石川馨博士所創始，其活動的著眼點主要是希望由現場第一線的工作人員自動自發地發掘自己工作上的問題，並加以解決，由於日本在品管圈活動的成就，使得日本在品管方面保持領導的地位，日本產品品質的優越已受到國際間的公認，各國相繼引進，並加以採用推行，時至今日，品管圈活動已成為各國推行品質管制活動不可或缺的工具。

品管圈活動的基本精神

　　尊重人性　創造和諧愉快的工作環境，品管圈活動所強調的是自動自發的觀念，對於人性採取性善的說法，認為人人都想把事情做好，都想實現自己的抱負，藉由和諧愉快的工作氣氛，達到預定的目標。

　　發揮人的潛力，開發無限腦力資源　品管圈活動主要是集合眾人的智慧，針對問題加以研討，每個人不分職位高低皆有同等發表意見的自由，則個人才華可盡情發揮，而集合眾人之能力，形成一股團隊力量亦足以解決現場所發生的問題。

　　改善企業體質，提升競爭力　由於員工的自動自發精神，使得各部門的問題得以改善，品質因此而提昇，企業體質亦獲得改善，公司的整體競爭力亦相形提高。

品管圈活動的基本步驟

　　主題的選定　品管圈活動的主要目的是希望現場員工經由工作上的作業流程去發覺工作中所存在的問題，並依據公司主管的指示或個人的經驗選定一重要問題點，當作主題來進行品管圈的活動。

　　分析現狀及目標設定　確定活動的主題後，便可進行現

狀分析，一般常用之方法乃是應用腦力激盪法，5W1H（What, Where, When, Who, How, Why）及4M（Men, Machines, Materials, Methods）等方法來發掘問題，製作特性要因圖，瞭解影響品質的要因後，可提出改善對策及所欲達成之目標。

　　作成活動計劃　將推行品管圈活動的各項細節，包括圈員的角色派任及活動的進度內容，加以訂定並作成計劃。

　　要因的解析　針對前面所製作之特性要因圖之各種要因，進行探討、剖析並提出對策。

　　對策的檢討與實施　品管圈活動的最終目的在於找出有效的改善對策，並付諸實施，因此，對於改善對策的構想應提出具體的內容，並進行實際改善行動，若遭遇問題即刻修正再行實施，務必找出最佳之對策。

　　效果確認　找出最佳之改善對策後，必須進行評估，確認實際效果，並與目標值作比較，實施改善前後之成果對照，成果最好以金額表示，若實施結果不盡理想，則必須另行實施另一對策，再行評估。

　　制定標準化並徹底實施　當所提出之方法經效果之確認，實為一優良之方法，應將實施方法標準化，制定作業標準，並充分落實，徹底實施，如此效果才能維持下去。

無缺點計劃

　　無缺點計劃（Zero Defects Program）簡稱 ZD，是美國馬丁公司承製潘與飛彈時所發展一種對員工激勵的管理哲學，它基本上是一種心理建設，主要是要求企業全體員工在工作過程中儘量避免人為的疏失，以防止產品產生任何缺點或瑕疵，儘量一次就

把事情做好，不但可縮短工時，節省人力，更可提昇品質。

由於國人常有「人非聖賢，熟能無過」的觀念，以致造成員工養成偶而失誤是可被原諒的消極態度，無形中造成管理上的缺憾，因此無缺點運動的推展，就是要激發每位員工有追求完美的心，以積極自動的態度，由本身做起，隨時注意做好本份工作，防止任何缺點的產生。無缺點計劃具有下列的基本特性。

1. 無缺點計劃要求並非絕對的零，而是以零爲最終目標。
2. 無缺點計劃是一種哲理而非一種技術。
3. 把「人難免犯錯」的觀念轉變爲「人可以不做錯」的觀念。
4. 建立自己的信心，要求第一次就把事情做好做對。
5. 主動去發現缺點並消除。

無缺點計劃的推行，事先要有充分的準備及周詳的計劃，不可貿然實施，否則難收成效，一般實施步驟可分爲下列幾項：

1. 籌組無缺點計劃委員會，負責計劃制訂，實施督導，績效評鑑等工作。
2. 由委員會擬定推行計劃方針及手冊，分送各有單位；並彙整各有關單位意見。
3. 參酌各單位意見，研擬可行的方案，送請上級核示。
4. 經核准後，即可印製「計劃手冊」，分送各單位參照實施至全公司。
5. 由各部門成立無缺點計劃工作小組，並設近程、中程、遠程目標。
6. 針對各小組需要施以適當教育訓練，增進有關技能。
7. 委員會應全力推動無缺點計劃並擴大層面，設法引發員工

的參與興趣，以達全面性的效果。

8.考核各小組的實施績效，並適時予以表揚，以激勵員工，
確保計劃長期之推行。

習題

1.一種用來說明品質特性及影響品質之主要因素與次要因素三者
間，因果關係的圖形是　(A)柏拉圖　(B)魚骨圖　(C)散布圖　(D)
檢核表。

2.下列那一種品管技巧是用少數控制多數，以最少的努力獲取最
大效果的原則　(A)柏拉圖　(B)魚骨圖　(C)散布圖　(D)檢核表。

3.對問題的癥結所在，按機器別、操作別、時間別、原料別等分
別觀察，所使用的品管技巧為　(A)柏拉圖　(B)特性要因圖　(C)
散布圖　(D)層別法。

4.列舉各主要管制項目並加檢查，查看操作上或安全上有無遺漏
現象的方法為：　(A)特性要因圖　(B)檢核表　(C)柏拉圖　(D)層
別法。

5.調查兩個以上不同群體是否混入，可用那種圖形研判　(A)柏拉
圖　(B)特性要因圖　(C)散布圖　(D)直方圖。

6.由直方圖的圖形研判，若因測定值或換算方法有偏差，次數分
配不妥當所造成的圖形可能為　(A)常態型　(B)缺齒型　(C)離島
型　(D)峭壁形。

7.為尋找影響問題或特性之各個原因或解決問題之各個對策所採
行品管技巧為　(A)柏拉圖　(B)特性要因圖　(C)檢核表　(D)散布
圖。

8.為研究兩個度量間之相關性而蒐集或對二組數據在方格紙上以

點來表示二個特性值之相關情形的圖形為　(A)柏拉圖　(B)散布圖　(C)魚骨圖　(D)管制圖。

9. 為明瞭方法改變前與改變後之工作效率是否有顯著不同，宜採用　(A)常態機率紙　(B)符號檢定法　(C)散布圖　(D)檢核表。

10. 相關係數為－1時，表示　(A)完全相關　(B)低度相關　(C)中度相關　(D)高度相關　(E)完全負相關。

11. 相關係數用以表示直線相關的　(A)方向　(B)程度　(C)方向和程度　(D)以下皆非。

12. 當某變數增加，另一變數也隨著增加之直線關係稱為　(A)正相關　(B)負相關　(C)零相關　(D)以上皆非。

13. 當某變數增加時，另一變數先增加（或減少）後減少（或增加）之相關關係稱為　(A)直線相關　(B)二次曲線相關　(C)無相關　(D)以上皆非。

14. 用以作現狀分析，以便進行重點管理的技巧為　(A)柏拉圖　(B)魚骨圖　(C)散布圖　(D)以上皆非。

15. 下列那種圖形可以用來表示製程能力並與規格界限作比較，以判定製程是否在界限內　(A)柏拉圖　(B)直方圖　(C)魚骨圖　(D)散布圖。

16. 直方圖若有二個或二個以上的高峰則表示所引用的數據可能來自　(A)同群體　(B)不同群體　(C)無法判定　(D)以上皆非。

17. 以下針對無缺點計劃的敘述何者為真　(A)是一種心理建設，要求第一次就把事情做好　(B)並非要求絕對的零，而是以零為最終目標　(C)是一種製造哲學而非技術　(D)以上皆是。

18. 組成品管圈的適當人數為　(A)100人　(B)50人　(C)3～15人　(D)愈多愈好。

19. 品管圈推行成果的好壞是誰的責任　(A)圈長　(B)圈員　(C)各階

層人員　(D)以上皆非。

20.所謂無缺點計劃是表示　(A)不許有任何缺點發生　(B)一種口號　(C)盡力排除缺點　(D)以上皆是。

21.品管圈為何人所倡導　(A)費根堡　(B)石川馨　(C)裘蘭　(D)戴明。

22.下列何者不是無缺點計劃的基本特性：　(A)要求並非絕對的零　(B)是一種製造技術　(C)把人「難免會犯錯」轉變為「人可以不做錯」的觀念　(D)缺點要自己發現並且主動消除。

23.在新 QC 七大手法中又稱為 KJ 法的是　(A)關連圖　(B)親和圖　(C)系統圖　(D)矩陣圖。

24.在新 QC 七種手法中，唯一用到數據分析的技巧為　(A)矩陣圖　(B)箭線圖　(C)PDPC 法　(D)矩陣數據分析法。

25.用以描述問題之因果關係，將原因↔結果、目的↔手段等糾結在一起的問題明確化的技巧為　(A)親和圖　(B)關連圖　(C)矩陣圖　(D)箭線圖。

26.下列那種圖形就是 PERT 所使用的日程計劃圖　(A)親和圖　(B)關連圖　(C)矩陣圖　(D)箭線圖。

27.於混淆的狀態中找出問題點，以引導出解決方案的方法是　(A)親和圖法　(B)矩陣圖法　(C)箭線圖法　(D)以上皆非。

28.經由多元性的思考，使問題明確化的方法為　(A)KJ 法　(B)系統圖法　(C)矩陣圖法　(D)以上皆非。

29.新 QC 七大手法中，以設定各種結果而將問題導向最希望的結果之方法為　(A)KJ 法　(B)PDPC 法　(C)箭線圖法　(D)以上皆非。

30.下列何者不是新 QC 七大手法　(A)KJ 法　(B)層別法　(C)矩陣圖法　(D)PDPC 法。

31.試比較關連圖與特性要因圖之異同？

32.試說明柏拉圖的功用？

33.試說明直方圖之功用？

34.何謂 PDPC 法？有何用途？

35.試說明無缺點計劃的基本特性？

歷屆試題

1.品質受到製程上很多原因影響，為顯示此因果關係通常可用
   (A)直方圖　(B)圓形圖　(C)柏拉圖　(D)魚骨圖　來表示。

2.品管圈的運動應求　(A)自我發揮　(B)排除異己　(C)和諧氣氛
   (D)唯命是從。

3.品管圈是　(A)要對品質負責　(B)全面品質管制　(C)一群自動自
   發之作業人員組織而成　(D)美國 shewhart 博士所創始。

4.為明瞭方法改變前及改變後之工作效率是否顯著不同時，宜採
   用　(A)符號檢定法　(B)常態機率法　(C)魚骨圖　(D)檢核表。

5.直方圖向規格上限及下限外延伸時表示　(A)平均數過大　(B)平
   均數過小　(C)平均數過小，變異數亦過小　(D)變異數過大。

6.當表示各個不良項佔全部不良品的百分比而繪製的圖形為　(A)
   柏拉圖圖形　(B)歷史線圖形　(C)要因分析圖形　(D)直方圖形。

第 十 章

可靠度概論

可靠度的定義

可靠度的（Reliability）是用來衡量長期的品質績效，其定義為「產品在規定的使用環境下和使用時間內操作，能無故障地發揮其預定的功能之機率」這其中包含四項因素：

機率

將可靠度數量化，一般以機率表示，例如，一批燈泡產品的可靠度為90％，代表在規定時間內100個燈泡產品將有90個能達到預定的功能。

預定功能

每件產品皆有其預定的功能，依其原先設計的預定功能來衡量產品的可靠度，才具實質意義，例如，螺絲起子之預定功能是用來開啟螺絲，而不是用來鑽孔的。

環境

產品的使用皆有其使用的環境條件及儲存、運送的方式，例如，洗衣機正常的使用環境應置於室內而不是置於室外受風吹、日曬、雨淋。

使用時間

亦即是產品的預定壽命，例如，燈泡可使用的小時數，汽車輪胎可使用的年限或公里數。

可靠度的機率函數

一般常見的可靠度機率分配型態有指數分配，常態分配及韋

氏分配。由於可靠度與時間有關，因此這些分配皆爲時間的函數，而在進行可靠度的運算前，有兩個名詞需加以介紹。

平均故障壽命（Mean Time To Failure, MTTF）

一般非修理性產品的可靠度，必須等到產品使用到失去效用後，才能得知其使用壽命，因此「平均故障壽命」的意義即是「非修理性產品自開始使用至故障更換爲止的平均時間」。

平均故障間隔（Mean Time Between Failure, MTBF）

可修護性的產品可靠度，是以產品的平均故障間隔或故障率來表示，平均故障間隔是指兩次產品失效的間隔時間的平均值，而故障率在指數分配型態時爲平均故障間隔的倒數，爲一固定值。

$$\lambda = \frac{1}{\text{MTBF}} \qquad \lambda：故障率$$

假設 t 代表產品故障時間，T 代表產品壽命的預定時間，則產品失效的機率可以下列函數表示：

$$F(t) = P(t \leqslant T), t \geqslant 0$$
$$= \int_0^t f(t) \, dt$$

F（t）爲故障率函數（Failure Rate Function）

而產品在時間 t 時，並未失效而能繼續使用其預定功能之機率爲：

$$R(t) = 1 - F(t)$$
$$= 1 - \int_0^t f(t) \, dt, t \geqslant 0$$

R（t）即爲產品之可靠度函數（Reliability Function），由

可靠度函數 R（t）可推導出指數分配，常態分配及韋氏分配型態的可靠度公式，如（圖10-1）所示：

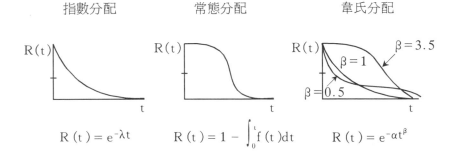

指數分配 　　　　常態分配 　　　　韋氏分配

$$R(t) = e^{-\lambda t}$$ 　　　 $$R(t) = 1 - \int_0^t f(t)dt$$ 　　　 $$R(t) = e^{-\alpha t^\beta}$$

（α、β皆爲參數）

圖10-1　各機率分配之可靠度函數圖形

〈範題〉假設某廣播系統之失效時間呈指數分配，其失效率爲6×10^{-5}/hr 試回答下列問題

　　　①此系統在5000hr 時之可靠度？

　　　②平均失效時間爲何？

〈解〉①指數分配之可靠度公式爲：

$$R(t) = e^{-\lambda t} = e^{-(6 \times 10^{-5} \times 5000)} = 0.7408$$

　　　②指數分配之失效率（故障率）爲平均故障間隔的倒數

　　　故 $MTBF = \dfrac{1}{\lambda} = \dfrac{1}{6 \times 10^{-5}} = 16667$（hr）

〈範題〉有10件產品經由可靠度試驗30小時後，得到下列結果：

　　　有5件產品分別在5、13、18、24、28小時後故障，另5件在30小時後仍能繼續使用，試求：

　　　①故障率λ？②平均壽命？

〈解〉①故障率 $\lambda = \dfrac{故障件數}{每件試驗時間之總和}$

$$= \frac{5}{5+13+19+24+28+5\times30} = 0.021$$

②平均壽命（MTTF）$= \frac{1}{\lambda} = \frac{1}{0.021} = 47.62$（小時）

〈範題〉假設某系統失敗之機率呈指數分配：則系統運作時間為
　　　MTBF 的2倍時，求該系統仍能正常運作之機率？

〈 解 〉$\lambda = \frac{1}{\text{MTBF}}$　今已知 $t = 2\text{MTBF}$

$$R（t）= e^{-\lambda t} = e^{-（\frac{1}{\text{MTBF}}\times 2\text{MTBF}）}$$

$$= e^{-2} = 0.135$$

系統可靠度

　　系統是由一群零件組合而成且都為達成某些共同的目標而發揮其功能，因此，系統的可靠度乃與組合它的各個零件的可靠度以及零件之間的組合方式有關，一般的組合方式有串聯系統（Serial System），並聯系統（Parallel System）及混合系統（Combined System）三種。

串聯系統

　　串聯系統是指組成系統的零件成一串列方式組合，如（圖10-2），此一系統之可靠度為各零件個別可靠度之乘積：

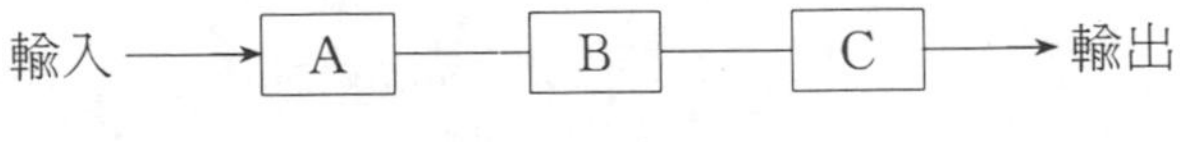

輸入 ──── A ─── B ─── C ──→ 輸出

圖10-2　串聯系統

$R_S = R_1 \times R_2 \times \cdots\cdots R_n$,（$R_S$:為系統可靠度;n:為零件個數）
若（圖11-12）中，$R_A = 0.9$，$R_B = 0.8$，$R_C = 0.95$

則　$R_s = 0.9 \times 0.8 \times 0.95 = 0.684$

在串聯系統中，當任一零件發生故障時，整個系統即無法運作，而系統可靠度隨著零件的增加而逐漸降低，每一串聯系統可靠度皆小於或等於系統中各零件之可靠度。

〈範題〉某串聯系統由二組件組成，其平均故障時間均為200hr，求系統操作1hr之故障率為多少？

〈解〉每一組故障率 $\lambda = \dfrac{1}{\text{MTBF}} = \dfrac{1}{200} = 0.005$

系統可靠度 $=(1-0.005)\times(1-0.005)=0.99$

系統故障率 $=1-0.99=0.01$

〈範題〉某串聯系統由 A、B、C 三零件組成，其平均故障間隔時間分別為100hr，500hr，1000hr，若其故障率呈指數分配，則整個系統的平均故障時間為多少？

〈解〉設 A、B、C 三零件之平均故障間隔時間分別為 θ_1，θ_2，θ_3，則　A 零件可靠度 $R_A(t) = e^{-\frac{t}{\theta_1}}$

B 零件可靠度 $R_B(t) = e^{-\frac{t}{\theta_2}}$

C 零件可靠度 $R_C(t) = e^{-\frac{t}{\theta_3}}$

串聯系統可靠度 $R_S(t) = R_A(t) \times R_B(t) \times R_C(t)$

$$= e^{-\frac{t}{\theta_1}} \times e^{-\frac{t}{\theta_2}} \times e^{-\frac{t}{\theta_3}}$$
$$= e^{-t(\frac{1}{\theta_1}+\frac{1}{\theta_2}+\frac{1}{\theta_3})}$$
$$= e^{-t(\frac{1}{100}+\frac{1}{500}+\frac{1}{1000})}$$
$$= e^{-t(\frac{13}{1000})}$$
$$= e^{-t/(\frac{1000}{13})}$$
$$\therefore \theta = \frac{1000}{13} \fallingdotseq 77 \text{（hr）}$$

並聯系統

　　並聯系統是指組成系統的零件成一並行排列的方式組合，如（圖10-3），在此並聯系統中，當每一個零件都故障後，整個系統才會無法運作，因此，可先求算系統的故障機率，再進而計算可靠度。

$$R_P = 1 - \prod_{i=1}^{n} (1 - R_i)$$
$$= 1 - [(1 - R_1) \times (1 - R_2) \times \cdots\cdots \times (1 - R_n)]$$

R_P：系統可靠度

$\prod_{i=1}^{n} (1 - R_i)$：系統的故障機率

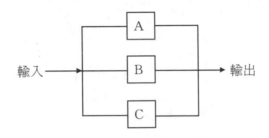

圖10-3　並聯系統

　　在並聯系統中，每增加一組零件，系統的故障機率隨之降低，因此系統的可靠度即隨之提高，所以每一並聯系統的可靠度比個別零件之可靠度要高，但不可為了提高可靠度而一味增加零件，尚必須考量成本因素。

〈範題〉某並聯系統結構如下，試計算其系統可靠度

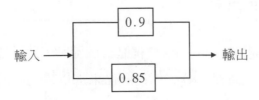

〈解〉$R_P = 1 - [(1 - 0.9) \times (1 - 0.85)]$
$= 1 - 0.015$
$= 0.985$

混合系統

　　大多數的系統常常是串聯與並聯混合排列的組合，其系統可靠度可依其組合方式，個別計算串聯組或並聯組元件，再求整個系統的可靠度。

〈範題〉有一系統由 A、B、C 三種零件組合而成，如圖所示，其中 A 零件可靠度0.9，B 零件可靠度0.8，C 零件可靠度0.85，試求此系統之可靠度。

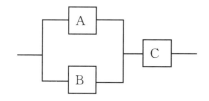

〈解〉可先求 A、B 並聯之可靠度

$R_{AB} = 1 - [(1 - 0.9) \times (1 - 0.8)] = 0.98$

再求與 C 串聯之可靠度

$R_S = R_{AB} \times R_C = 0.98 \times 0.85 = 0.8336$

產品壽命曲線

　　產品自開始使用到損壞會經歷三個階段，此三個階段可以用故障率（λ）及時間（t）二者的關係來加以描述，依照此關係所

繪之曲線稱爲產品壽命曲線或浴缸曲線（Bathtub Curve），如（圖10-4）所示。產品壽命曲線分爲三個階段，分別是除錯階段（Debugging Phase），機遇故障階段（Chance Fauilure Phase）及損耗階段（Wear－Out Phase）以下分別說明各階段產生的原因：

除錯階段

也稱爲早天（Early Failure）或燒毀（Burn－in）階段，這階段是在產品使用的早期，可能由於設計或生產上的缺陷所造成，這類失效，一旦被發覺修正，則不容易再出現，因此故障率會隨之降低，參數小於1（β<1）之韋氏分配可用來描述此階段故障的發生。

機遇故障階段

此階段之故障率保持固定，其故障是在隨機狀態下發生，固定故障率的假設適用於大多數的產品，且大部分探討產品可靠度和抽樣計劃的研究都與此階段有關，指數分配及參數等於1（β=1）的韋氏分配可用來描述此階段。

損耗階段

此階段之故障率突然隨時間增加而明顯升高，這是產品老化的現象，一般又稱老化階段。常態分配及參數大於1（β>1，一般爲β=3.5）之韋氏分配可用來描述此階段。

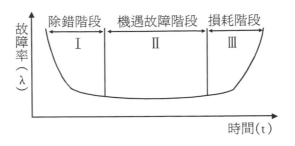

圖10－4　產品壽命曲線

可靠度的抽樣計劃與測試

　　產品可靠度的測試大都屬於破壞性試驗，因此，一般以抽取樣本來進行測試，其抽樣計劃通常與第七章所介紹的抽樣計劃類似，亦可用 OC 曲線來表示，所不同的是：可靠度的抽樣計劃所繪製的 OC 曲線是以平均壽命 θ 來代替不良率 p，由於假設故障率固定，所以，可由平均壽命之倒數求得故障率 λ，再由 λ 乘一常數 n・T（n 代表樣本數　T 代表試驗時間），則可得期望的平均失效率 $nT\lambda$，此與第七章介紹的 OC 曲線中的 np 值功用相同，因此，由卜瓦松分配可計算各平均壽命下的允收機率，進而繪製 OC 曲線，以下藉由範題來加以說明。

〈範題〉從一批產品中抽取8件作為樣本，進行可靠度試驗，每件試驗200小時，如果僅有2件或2件以下產品發生失效，就允收該批，試繪製此抽樣計劃之 OC 曲線。

〈解〉假定 $\theta = 100$，則 $\lambda = \dfrac{1}{\theta} = \dfrac{1}{1000} = 0.001$

　　　　$nT\lambda = 8 \times 200 \times 0.001 = 1.6$

　　　　由卜瓦松分配表可知 $nT\lambda = 1.6$，C＝2時

允收機率 $P_a = 0.7833$

將其他假定之 θ 值分別計算允收機率如下表：

平均壽命 θ	故障率 λ	期望平均失效數 nTλ	允收機率
200	0.005	8	0.0137
400	0.0025	4	0.2381
600	0.0017	2.72	0.4759
800	0.00125	2	0.6767
1000	0.001	1.6	0.7833
2000	0.005	0.8	0.9526

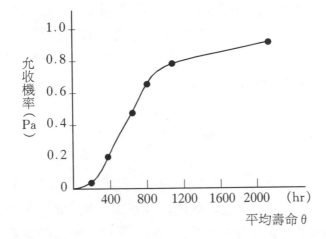

在產品可靠度的壽命試驗中，為考量產品單位成本和試驗的成本，可採取不同的試驗型式，一般有固定個數（Failure-Terminated）型、固定時間（Time-Terminated）型及逐次（Sequential）型三種，分別說明如下：

固定個數型

這類壽命試驗的抽樣計劃是當樣本發生了預定數目的故障

時，立即終止試驗，然後將試驗的累積時間除以故障個數，得平均值，此平均值若大於規定的平均壽命，則此批貨將允收，否則拒收。

固定時間型

這類壽命試驗的抽樣計劃是當樣本到了預定的試驗時間，就停止試驗，若此試驗期間故障個數大於某特定值，則此批拒收，否則允收。

逐次型

這類壽命試驗的抽樣計劃與第八章介紹之逐次抽樣計劃類似，它不用事先規定故障數，也不用事先規定時間數，而是用壽命試驗的累積結果，來作允收或拒收的決定，它的優點是在決定批的允收前，所期望的試驗時間和故障數都比固定個數和固定時間的抽樣計劃爲少。

提高產品可靠度的方法

當產品愈複雜時，發生故障的機會就愈多，因此，要提昇產品品質，首先必須提高各組成件的可靠度，以減少故障的機會，一般要提高產品的可靠度，可由設計、製造、運輸和維護四方面著手，茲分別說明如下：

設計

產品的好壞，在設計階段就有決定性的影響了，若一開始設計不當，事後的補救都可能無濟於事或事倍功半，可見設計的重要性，以下提供幾個設計原則，說明如下：

簡單原則　產品愈複雜、零件愈多、失效機會愈大，故儘

量在能達到預定功能的前提下，設計愈簡單愈好。

備件原則　此即在產品設計時，採用備用組件，當其中一個組件失效，另一組件，可立即發揮作用，使產品得以繼續使用，此觀念與並聯組件的方式相類似。

過度設計原則　在產品設計過程中，採用較大的安全係數，可降低失效率，提高可靠度。如橋樑承載力。

安全裝置原則　當產品失效時，會造成重大傷害時，則必須使用安全裝置，如自動車床護罩未放下時，無法啟動。

保護裝置原則　產品設計之初，應考慮產品使用時所產生的衝擊力或震動力等磨耗，應設計防震墊圈等。

易於維修原則　產品的日常保養維修工作應力求簡易可行，以避免太過複雜而未實施維修保養工作。

製造

製造人員依照產品設計圖製造有關零組件時，面對可採行的零組件種類，除考量經濟因素外，亦應兼顧產品的品質，以具有較高可靠度的零組件來加以製造。

運輸

產品的使用者對產品的評價，才是最後的品質績效，因此產品出廠後，至送至使用者之前，運輸及包裝的處理方式是否會影響品質，值得加以防範。

維護

產品已到了需要維護的階段，但使用者並不瞭解，此時產品本身應備警告信號或其他足以引起使用者注意的訊息，以提醒使用者進行維護工作，且維護工作應簡單易行。

習題

1. 由可靠度的定義，下列何者不是其有關要素　(A)機率　(B)預定功能　(C)時間　(D)以上皆是。

2. 下列何者與可靠度定義無關　(A)使用壽命　(B)又叫信賴度　(C)操作條件　(D)以上皆非。

3. 那個部門對可靠度之改善幫助最大　(A)設計　(B)銷售　(C)製造　(D)以上皆非。

4. 串聯系統可靠度可根據下列何項原則計算　(A)乘法原則　(B)貝氏定理　(C)加法原則　(D)以上皆是。

5. 浴缸曲線的機遇故障階段，故障率　(A)漸增　(B)漸減　(C)固定　(D)以上皆是。

6. 表示故障率和時間二者關係的曲線稱為　(A)學習曲線　(B)浴缸曲線　(C)作業特性曲線　(D)以上皆非。

7. 浴缸曲線的機遇故障階段之可靠度為　(A)$R_{(t)} = e^{-\lambda t}$　(B)$R_{(t)} = e^{\lambda t}$　(C)$R_{(t)} = 1 - e^{-\lambda t}$　(D)$R_{(t)} = 1 - e^{\lambda t}$。

8. 串聯系統提高可靠度，應使組件數　(A)維持最少　(B)愈多愈好　(C)沒有一定標準　(D)以上皆非。

9. 某串聯系統二組件之平均故障時間均為200hr，則各組件操作1hr之故障率　(A)0.1　(B)0.01　(C)0.001　(D)0.0001。

10. 承上題，若串聯系統改成並聯系統，則故障率為　(A)0.025　(B)0.0025　(C)0.00025　(D)0.000025。

11. 試計算下列系統可靠度：

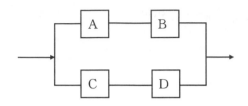

已知 P（A）＝0.9，P（B）＝0.8，P（C）＝0.95，P（D）
＝0.85，則　(A)0.9311　(B)0.9461　(C)0.9661　(D)0.9861。

12.某串聯系統由不同的組件組成，則系統可靠度爲　(A)可靠度之
和　(B)可靠度之積　(C)失敗機率之和　(D)失敗機率之積。

13.可靠度曲線中的指數分配，常態分配及韋氏分配乃視爲　(A)時
間　(B)成本　(C)次數　(D)以上皆非　的函數。

14.浴缸曲線在除錯階段是以參數 β　(A)大於1　(B)等於1　(C)小於
1　(D)以上皆非　的韋氏分配來描述。

15.有一產品抽樣計劃如下 n＝16，T＝600，c＝2，r＝3，若假定
產品的平均壽命爲2000hr，則允收機率爲　(A)0.142　(B)0.124
(C)0.241　(D)以上皆非。

16.有一 A、B、C 三種零件所組成之系統如下：

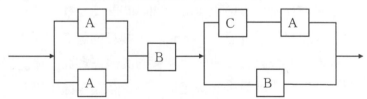

其中，A 零件可靠度爲0.8，B 零件可靠度爲0.85，C 零件可
靠度爲0.9，試求此系統之可靠度？

17.何謂可靠度？包含那些因素？

18.何謂浴缸曲線？試繪圖說明之？

19.何謂串聯系統？並聯系統？可靠度如何計算？

20.何謂 MTBF？與 MTTF 有何差異？

21.試說明提高產品可靠度的方法？

歷屆試題

1. 已知單一引擎能連續使10000小時不故障之機率為0.7，若要求飛機能連續飛行10000小時不發生故障之機率超過0.999，試問需多少部引擎並聯，才能達到上述目標　(A)3部　(B)4部　(C)5部　(D)6部以上。

2. 某個設備係由三個元件串聯而成，此三個元件之可靠度分別為0.95、0.90、0.85，則此設備能順利運轉之可靠度約為　(A)0.90　(B)0.85　(C)0.75　(D)0.7。

3. 承上題，若此設備由三個元件並聯而成，則系統可靠度為　(A)0.900　(B)0.9900　(C)0.9990　(D)0.9999。

4. 根據可靠度的定義，下列各敘述中，在可靠度專案中不可能發生的是　(A)可靠以機率加以量化　(B)對於工作的方式作清楚的界定並要求成功的執行任務　(C)說明設備不能運作的環境條件　(D)說明作業在失敗與失敗之間的時間。

5. 可靠度人員打破設計者的壟斷行為，其意為可靠度人員　(A)免除設計人員的設計責任　(B)企圖會同其他專家共同檢討設計　(C)堅持擁有該設計最後的決定權　(D)企圖在組織中提升可靠度工程師的位階，使其高過設計工程師。

6. 可靠度的工作是檢核所有可靠度計劃中的每一要項，而且　(A)皆由可靠度工程師加以執行　(B)皆由各部門原來的負責人加以執行　(C)加以定義，確認品質管制的各項工作已確實執行　(D)完成各項工作包含各部門原負責人無能力執行而工作。

第十一章

田口式品質工程概論

概說

　　田口式品質工程方法是由日本田口玄一博士（Dr. Genichi Taquchi）所提出，本方法包括生產線外的品質管制（Off－Line Quality Control）及生產線上的品質管制（On－Line Quality Control），生產線外的品質管制是強調在新產品開發設計階段，利用實驗設計的方法將影響產品品質，造成變異的因素（雜音）設法排除，將品質管制工作由傳統的製程管制提前到設計開發的管制階段，而生產線上的品質管制是運用傳統統計方法進行製程管制，本章主要探討生產線外的品質管制，以實驗計劃的方法來改善品質。田口博士的這套實驗計劃法是以變異性，成本及獲益性之間的關係為基礎，著眼於生產力和成本效益的提昇，更著重產品設計不當所造成的損失，此損失不只是針對產品本身，亦包括產品品質設計不良對社會所造成的損失，因此，田口博士對於品質的所下的定義不同於傳統式的觀念，認為只要品質符合規格即可，他對品質所下的定義為「產品的品質就是該產品售出後對社會的（最小）損失」，這裡的社會損失包括了產品品質低劣所引起的顧客抱怨與不滿、退貨、損失市場占有率、顧客因品質不良所耗費的時間和金錢等，這些因品質所造成的損失將會完全反應在消費者與生產者身上，而造成社會的損失。

　　田口方法主要是致力在產品生產前找出最佳的設計參數，並排除環境中各種影響品質變異的因素或降低此變異因素對產品的影響性，達到一個最佳化的產品設計，此最佳化的產品對所謂的雜音是最不敏感的，一般稱之為「堅耐性」（Robustness）。

　　前面所提及的雜音因素（Noise Factors）就是指對產品機能

造成變異，使其偏離目標值的因素，一般雜音因素分為三種。

1. 外部雜音：指產品使用的外在環境，如，溫濕度、壓力等或人為的因素所造成的誤差。

2. 內部雜音：指產品內部組件的劣化或變質，所造成的影響因素。

3. 產品間雜音：指以相同規格製造出來的產品間亦存在不同的差異性。

產品在製造過程中，此三類雜音均有可能出現，例如，在已充分安排就序的產品製程中所製造出來的產品，有些具有原先所設計之目標機能，有些則否，這可能由產品間雜音所造成，而當產品在使用過一段時間後，其功能降低或產生機能障礙；則可能由於內部雜音或組件劣化所引起，而若產品在正常使用條件下，功能一切正常，但遇到高溫或高壓環境時，其功能降低或失去原有功能，則可能因外部雜音所導致。

品質損失函數

田口方法對品質的定義是「品質是產品銷售後帶給社會的損失」，此損失可分為兩類，一類為因機能的變異所造成的損失，另一類為因弊害效應所造成的損失，前者為產品品質偏離了目標值所引起，後者則為產品品質可能未偏離目標值，但因產品本身的產生的副作用造成消費者的損失，例如，鎮靜劑可控制病人情緒，但可能導致藥物上癮這些損失，在田口方法的觀念裡都是必須設法降低的。

在過去傳統的品質觀念認為，只要品質特性落於規格界限內

時，就不會產生任何損失如（圖11－1）所示，但田口方法的觀念是，產品品質特性與當初設計的目標值有所偏差時，損失即產生，只有在產品品質特性正落於目標值上才不會產生損失，因此，為符合這種損失的觀念，田口博士認為二次式的品質損失函數，才能評估由於品質特性偏離目標值所造成的損失。

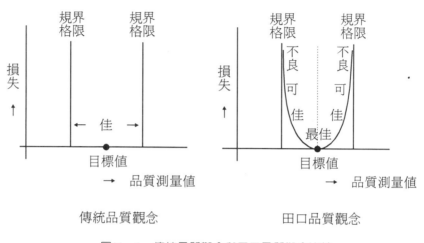

傳統品質觀念　　　　　田口品質觀念

圖11－1　傳統品質觀念與田口品質觀念比較

在探討田口方法的品質損失函數之前，必先對品質特性有所瞭解。一般，品質特性可分為計量特性、計數特性及動態特性三種，而計量特性又分為望目、望大、望小三類，以下針對計量特性來加以探討：

1. 望目（Nominal The Better）：此種產品的品質特性具有特定的目標值，測量值愈接近目標值愈好，例如，尺寸、黏度、重量、間隙等。

2. 望大（Bigger The Better）：此種產品的品質特性目標值愈大愈好，極限值為無限大，例如，產品強度、壽命、硬度等。

3.望小（Smaller The Better）：此種產品的品質特性目標值愈小愈好，極限值為零，例如，磨耗程度、故障率、污染性等。

依據田口方法對損失的觀念，可知品質特性值若偏離目標值，就會產生損失，偏離目標值愈遠，損失愈大，特性值與目標值相等時，損失為零，因此，田口博士的損失函數以目標值 m 為中心的泰勒級數展開式的近似值。

$$L（y）=L（m+y-m）=L（m）+\frac{L'（m）}{1!}（y-m）+$$
$$\frac{L''（m）}{2!}（y-m）^2+\cdots\cdots$$

由假設知 L（m）＝0，L'（m）·（y-m）＝0，而第三項以上可忽略，故此損失函數的近似式為

$$L（y）=\frac{L''（m）}{2!}（y-m）^2=K（y-m）^2$$

L（y）：當品質特性為 y 時，每單位產品的損失金額

y：品質特性質

m：y 的目標值

K：比例常數

K 值視品質特性在金錢上的重要性而定，重要性愈高，K 值愈大，一般係利用產品的製造允差及所需付出之成本來計算 K 值，例如產品的製造允差為 m±△₀，而必需付出之成本為 A，則：

$$損失函數 L（y）=K（y-m）^2 \Rightarrow A=K\triangle_0^2$$

$$\therefore K=\frac{A}{\triangle_0^2}$$

〈範題〉某項零件的尺寸規格為80 ± 5mm，若尺寸超出此規格界限範圍，則必須進廠換新，其成本為50元，試求：

①比例常數 K？

②若有一零件尺寸規格為83mm，雖符合規格界限但因其品質未落在80mm。可能品質不是非常良好，會帶給社會損失，請計算損失額為多少？

③若以8元的成本重新改良零件尺寸規格，則製造允差應為多少？

〈解〉①$50 = K (85 - 80)^2 = K (5)^2$

$\therefore K = \dfrac{50}{52} = 2$

②$L(83) = 2(83 - 80)^2$

$\qquad = 18$

$\therefore$帶給社會損失為18元

③$8 = 2 \triangle_0^2 \Rightarrow \triangle_0^2 = \dfrac{8}{2} = 4$

$\Rightarrow \triangle_0 = \pm 2$

$\therefore$製造允差為80 ± 2mm

產品設計

生產線外的品質管制活動是發生在產品和製程的設計階段，使用實驗計劃的方式，設計出最佳的產品和製程，這是本章所探討的重點，而生產線上的品質管制活動是發生在實際生產階段，運用統計方法建立管制系統，進行製程管制，而產品設計的過程包括系統設計、參數設計及允差設計三個階段，茲針對此三階段分別加以說明。

系統設計（System Design）

　　系統設計是一種機能設計，需要有專門領域的技術知識和經驗，來制定產品和製程的規格，它是以「關連技術」為中心，並不需要利用實驗計劃之類的設計來決定最佳方法。

參數設計（Paramenter Design）

　　參數設計是利用田口式實驗計劃來決定系統因素中的各參數數值的最佳組合，在不增加成本的情況下，將產品的變異降至最低的一種設計，是田口方法中最重要的步驟，常用的工具為直交表，參數設計在設計產品之初，先以最低層次，低成本的原料開始實驗，找出對雜音變數最不敏感的參數，以降低產品的變異性，但不去除產生變異的原因，這與傳統的實驗計劃對原因檢測並加以去除的方式不同，因為去除原因，通常是要增加成本的。

允差設計（Tolerance Design）

　　允差設計是當參數設計無法降低產品品質變異時才加以使用，當產品經由參數設計後，仍然產生較大變異，則可透過允差設計來縮小其允差範圍，如此，將會導致生產成本增加，因此，允差設計經常利用損失函數及變異數分析（ANOVA）的方法來評估，何項雜音因素所造成的變異，必須加以緊縮其允差，又不致損失太多成本，在品質與成本間取得最佳的平衡。

S/N 比

　　所謂 S/N 比，即信號雜音比（Signat to Noise Ratio），是用來衡量對產品品質特性影響的量測值，可表示產品的品質水準受雜音因素影響的多寡，顯示品質的穩定程度，當 S/N 比愈

高，損失則愈少，代表雜音的影響較小、品質特性未偏離目標值太多；故 S/N 比及損失函數皆可用來判定製程或品質之好壞。S/N 比亦可分為三種型態。

望大特性

當品質特性愈大愈佳時，如抗張強度、硬度等，則 S/N 比的計算公式為：

$$S/N = -10\log \frac{1}{n} \sum_{i=1}^{n} \left(\frac{1}{y_i^2} \right) \quad y_i：回應特性質$$

望小特性

當品質特性愈小愈佳時，目標值為0，如老化程度、噪音等，則 S/N 比的計算公式為：

$$S/N = -10\log \frac{1}{n} \sum_{i=1}^{n} y_i^2 \quad y_i：回應特性質$$

望目特性

當品質特性有特定目標時，必須針對平均值及變異性兩方面來探討，一方面先控制影響變異因素，使變異降至最低，再來與目標值做比較，以信號因素調整平均值，使其接近目標值，最後即可找到最佳組合。

〈範題〉某研究機構進行化學實驗，所得到之數據為35.2、28.8、30.7、32.4、34.5，若此數據屬望小特性，試計算 S/N 值。

〈解〉$S/N = -10\log \left[\frac{1}{5} \left(35.2^2 + 28.8^2 + 30.7^2 + 32.4^2 + 34.5^2 \right) \right] = -30.2$

直交表與線點圖

　　在進行田口方法之實驗計劃時，須針對各項因子及因子組合對產品品質的影響加以探討，找出何項因子或因子組合對產品品質的影響效果較大，並進而決定產品設計參數的最佳值，而實驗進行的方式，若針對各項因子水準的所有組合進行實驗，稱之為「全因素實驗」。例如，某實驗中，有7個因子，各有2個水準，則因子的全部組合為$2^7 = 128$種組合，亦即進行128次實驗，如此所耗費的時間相當大，所幸，田口博士提出了直交表（Orthogonal Array）及線點圖（Linear Graph），可簡化實驗。直交表是一種部分因素實驗，它使得實驗次數減少，但獲得與全因素實驗同樣有效的情報，一般常用的直交表有各因子具有2個水準系列的 L_4、L_8、L_{12}…等的直交表以及各因子具有3個水準系列的 L_9、L_{18}、L_{27}…等的直交表，而針對每一種直交表可畫出相對應的線點圖，用來決定各項因子之關係及應該被指定配置在直交表的那一行，以下以範題製作一 L_8 的直交表。

〈範題〉電腦螢幕所呈現的畫面，對面腦使用者的工作績效（每頁畫面搜尋的字數）有著密切的關係，今假設影響工作績效的螢幕因素，可能為色彩、對比、亮度、字體大小、字體型態、字距、螢幕仰角、視距等因素，每一因素各具有2種水準，如下表所示，試以實驗設計的方式建立 L_8 直交表（假設工作績效為計算後之 S/N 比）：

	實驗因子	水準1	水準2
1	A：色彩對比	白底/黑字	黑底/白字
2	B：亮度	$80cd/m^2$	$40cd/m^2$
3	C：字體大小	48×48	24×24
4	D：字體型態	楷書	隸書
5	E：字距	5mm	2mm
6	F：螢幕仰角	$10°$	$5°$
7	G：視距	50cm	30cm

〈解〉

L_8直交表 因子 ABCDEFG 列編號	A 色彩對比 1	B 亮度 cd/m² 2	C 字體 大小 3	D 字體 型態 4	E 字距 (mm) 5	F 螢幕仰角 6	G 視距 (cm) 7	工作績效 y 每項搜 尋字數
1　1 1 1 1 1 1 1	白底/黑字	80	48×48	楷	5	10	50	38
2　1 1 1 2 2 2 2	白底/黑字	80	48×48	隸	2	5	30	35
3　1 2 2 1 1 2 2	白底/黑字	40	24×24	楷	5	5	30	10
4　1 2 2 2 2 1 1	白底/黑字	40	24×24	隸	2	10	50	11
5　2 1 2 1 2 1 2	黑底/白字	80	24×24	楷	2	10	30	20
6　2 1 2 2 1 2 1	黑底/白字	80	24×24	隸	5	5	50	16
7　2 2 1 1 2 2 1	黑底/白字	40	48×48	楷	2	5	50	17
8　2 2 1 2 1 1 2	黑底/白字	40	48×48	隸	5	10	30	25

〈範題〉工廠員工的工作績效受到工廠環境的影響頗大，今針對環境因素，如照明、溫度、濕度、噪音等因素加以進行實驗，每個因素各具有2種水準。如下表所示，試建立L_8直交表及線點圖。

實驗因子	水準1	水準2
A：照明	200Lux	500Lux
B：溫度	25℃	33℃
C：濕度	20％	40％
D：噪音	80分貝	100分貝

〈解〉直交表

因子\NO	A	B	A×B	C	A×C	A×D	D	結果
	1	2	3	4	5	6	7	
1	1	1	1	1	1	1	1	Y_1
2	1	1	1	2	2	2	2	Y_2
3	1	2	2	1	1	2	2	Y_3
4	1	2	2	2	2	1	1	Y_4
5	2	1	2	1	2	1	2	Y_5
6	2	1	2	2	1	2	1	Y_6
7	2	2	1	1	2	2	1	Y_7
8	2	2	1	2	1	1	2	Y_8

點線圖

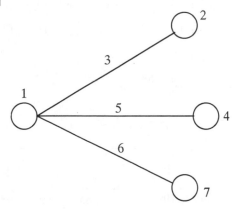

圓圈處1、2、4、7為影響實驗之 A、B、C、D 四項因子，3為 A×B 的交互作用，5為 A×C 的交互作用，6為 A×D 的交互作用。

回應表及回應圖

　　在實驗設計中，各個因素在實驗過程中所產生的平均變化，可利用回應表（Response Table）來加以分析、比較各因素在不同條件下的平均水準，亦可將結果繪成回應圖加以比較，茲以前述電腦螢幕之實驗範題來計算回應表，計算方式如下：

計算每一因素水準之總績效

如：

A_1：$38 + 35 + 10 + 11 = 94$　　　　E_1：$38 + 10 + 16 + 25 = 89$

A_2：$20 + 16 + 17 + 25 = 78$　　　　E_2：$35 + 11 + 20 + 17 = 83$

B_1：$38 + 35 + 20 + 16 = 109$　　　F_1：$38 + 11 + 20 + 25 = 94$

B_2：$10 + 11 + 17 + 25 = 63$　　　　F_2：$35 + 10 + 16 + 17 = 78$

C_1：$38 + 35 + 17 + 25 = 115$　　　G_1：$38 + 11 + 16 + 17 = 82$

C_2：$10 + 11 + 20 + 16 = 57$　　　　G_2：$35 + 10 + 20 + 25 = 90$

D_1：$38 + 10 + 20 + 17 = 85$

D_2：$35 + 11 + 16 + 25 = 87$

製作回應表，並比較每一因素之水準

水準 ＼ 因子	A	B	C	D	E	F	G
水準1	94	109	115	85	89	94	82
水準2	78	63	57	87	83	78	90
｜水準間差距｜	16	46	58	2	6	16	8

最佳因素水準之設定

回應表中水準間之差距發現最佳之條件爲 A_1、B_1、C_1、D_2、E_1、F_1、G_2，其中 B 因素（亮度）及 C 因素（字體大小）具有最強的效果。

繪製回應圖

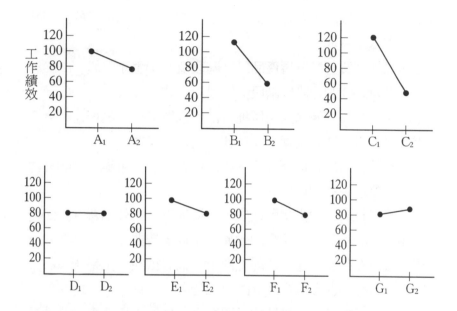

在最佳條件下，估計其平均值

$$\mu_{A_1B_1C_1D_2E_1F_1G_2} = \overline{T} + (A_1 - \overline{T}) + (B_1 - \overline{T}) + (C_1 - \overline{T}) + (D_2 - \overline{T}) + (E_1 - \overline{T}) + (F_1 - \overline{T}) + (G_2 - \overline{T})$$

（$\overline{T}$爲總平均值）

$$= A_1 + B_1 + C_1 + D_2 + E_1 + F_1 + G_2 - 6\overline{T}$$
$$= 94 + 109 + 115 + 87 + 89 + 94 + 90 - 6(86)$$
$$= 162$$

當獲得實驗的最佳條件後，應再進行確認實驗（Confirmation Experiment），以確認此結果的再現性。

習題

1. 田口博士對品質所提出的觀念爲　(1)品質是適合使用　(2)品質是產品出廠後給予社會的損失程度　(3)消費者認可下的最好狀況　(4)以上皆非。

2. 生產線外品質管制分爲產品設計階段及　(1)生產階段　(2)顧客服務階段　(3)製程設計階段　(4)以上皆非。

3. 生產線外品質管制係採用何種方法以求得工程上的最佳組合？(1)實驗計劃　(2)管制圖　(3)抽樣　(4)以上皆非。

4. 產品和製程對雜音最不敏感，我們稱之爲　(1)可靠性　(2)經濟性　(3)堅耐性　(4)再現性。

5. 由於元件材料等的劣化所造成的變異稱爲　(1)外部雜音　(2)內部雜音　(3)產品與產品間的變異　(4)以上皆非。

6. 田口方法在品質改進方法的方向上，係著重在　(1)系統設計　(2)允差設計　(3)參數設計　(4)以上皆非。

7. 田口方法與傳統實驗設計的不同點之一爲　(1)傳統實驗設計重視參數設計　(2)傳統實驗設計在乎成本　(3)田口以成本爲出發點　(4)田口方式不重視參數設計。

8. 田口博士認爲何種品質損失函數，能快而有效的評估由於品質特性偏離目標值所造成的損失　(1)一次式　(2)二次式　(3)三次式　(4)以上皆非。

9. 下列何者不需要利用諸如實驗計劃之類的設計最佳方法　(1)系統設計　(2)參數設計　(3)允差設計　(4)以上皆非。

10.何種設計可減少變異，但不必去除變異的原因　(1)系統設計　(2)參數設計　(3)允差設計　(4)以上皆非。

11.下列何者錯誤：傳統實驗計劃　(1)在於強調原因檢測和去除　(2)不以成本爲主要考量　(3)處理實驗所得之數據、平均值及變異數　(4)以上皆非。

12.下列對參數設計之敘述何者錯誤　(1)減少變異性而不必去除變異的原因　(2)改善品質而不需增加成本　(3)設計產品，剛開始從低成本零件或原料用起　(4)以上皆非。

13.下列對允差設計之敘述何者錯誤：　(1)經常利用損失函數以獲得品質和成本間的最佳取捨平衡　(2)用變異數分析的方法，決定各種因素導致的總變異量　(3)目的是決定可容許的變異範圍　(4)以上皆非。

14.試說明田口博士對品質所下的定義？

15.何謂雜音因素？可分爲幾種？

16.何謂「堅耐性」？

17.何謂 S/N 比？若假設某實驗數爲35.2、38.6、34.6、36.8，屬望大特性，試計算其 S/N 值？

18.試說明田口方法之產品設計分爲哪幾個階段？

19.何謂損失函數？有何功用？

20.試比較傳統實驗計劃與田口方法之異同？

21.假設錄影機的電源供應線路損失函數爲 $L = K(y-m)^2$，y 爲輸出電壓，m 爲目標值110伏特，若 y 落在110±10伏特的範圍之外時，需要重修或更換零件，平均成本爲100元，試求：

(1)比例常數 K？

(2)若此線路未重修，出廠時輸出電壓爲105伏特，則損失爲多少？

⑶若以每單位產品5元的成本重新調整輸出電壓，那麼製造允
　差應為多少？

參考資料

中文部分

⇨劉振　品質管制　民國79年4版　中興管理顧問公司出版

⇨張正賢　統計品質管制　民國81年初版　華泰書局出版

⇨傅和彥　品質管制　民國83年3版　前程企管出版

⇨李景文、張淸波　最新品質管理　民國82年2版、泰勒出版

⇨陳耀茂　田口實驗計劃法　民國82年2版　泰勒出版

⇨戴久永　品質管理　民國80年初版　三民書局

⇨周視亮　品質管制　民國84年修訂版　文京書局

⇨葉榮鵬　品質管制　民國86年8版　高立書局

⇨鄭春生　品質管理　民國86年初版　育友書局

⇨劉順容　品質管制　民國77年11版　育友書局

⇨王獻彰　品質管制　民國82年再版　全華科技

⇨QC手法研究小組　簡單易懂好用的QC手法　民國84年3版
先鋒企管

⇨莊晉等四人　統計學（上、下）　民國72年　科敎圖書出版

⇨江建良　統計學　民國85年初版　李唐文化

⇨顏月珠　現代統計學　民國81年初版　三民書局

⇨田墨忠　品質成本—改善管理工具　品質管制月刊第廿三卷第
三期

⇨蘇耀新　新品質管制七種方法與矩陣　品質管制月刊第廿二卷
第四期

⇨樓顯木　QCRG活動報導　品質管制月刊第廿二卷第四期

⇨戴久永　田口方法與實驗設計和QFD　品質管制月刊第廿七

卷第三期

⇨吳水丕、彭游、林晉寬　管理範題　民國81年　南宏書局
　歷屆二專及二枝聯招試題

英文部分

⇨Feigenbaum,A.V. " Total Quality Control ",1983.

⇨Dumcan,A.J. " Quality Control and Industrial Statistics ",
　1986.

⇨Eurick,N.L. " Quatity Control and Reliakility ",1972.

⇨Besterfield,D、H. " Quality Control ",1986.

⇨Juran,J.M. " Quality planning and Analysis ",1970.

⇨Juran,J.M. " Juran on Quality by Design ",1992.

⇨Barker,T.B. " Engineering Quality by Design ",1990.

品 質 管 制　　　　　　　工管叢書 14

著　　者 / 林成益

出 版 者 / 揚智文化事業股份有限公司

發 行 人 / 葉忠賢

總 編 輯 / 孟　樊

責任編輯 / 賴筱彌

執行編輯 / 黃美雯

登 記 證 / 局版北市業字第 1117 號

地　　址 / 台北市新生南路三段 88 號 5 樓之 6

電　　話 / 886-2-23660309　23660313

傳　　真 / 886-2-23660310

郵政劃撥 / 14534976

印　　刷 / 偉勵彩色印刷股份有限公司

法律顧問 / 北辰著作權事務所　蕭雄淋律師

初版四刷 / 2004 年 2 月

定　　價 / 新台幣 350 元

I S B N /957-8446-93-4

E-mail:service@ycrc.com.tw

網址:http://www.ycrc.com.tw

國家圖書館出版品預行編目資料

品質管制＝ Quality Control / 林成益著.--
初版.--臺北市：揚智文化， 1998[民 87]
面； 公分 .--(工管叢書:14)
參考書目；面
ISBN 957-8446-93-4 （平裝）

1．品質管理

494.56   87011406